河南林业生态省建设纪实

（2009）

王照平　主编

黄河水利出版社
·郑州·

图书在版编目(CIP)数据

河南林业生态省建设纪实. 2009 / 王照平主编. —郑州：黄河
水利出版社,2015. 1
ISBN　978-7-5509-1007-2

Ⅰ. ①河… Ⅱ. ①王… Ⅲ.①林业 – 生态环境建设 –
研究 – 河南省 –2009 Ⅳ. ①S718.5

中国版本图书馆 CIP 数据核字(2012)第 017601 号

组稿编辑:崔潇菡　 电话:0371-66023343　 E-mail:cuixiaohan815@163.com

出 版 社:黄河水利出版社
　　　　　地址:河南省郑州市顺河路黄委综合楼14层　 邮政编码:450003
发行单位:黄河水利出版社
　　　　　发行部电话:0371-66026940、66028414、66020550、66022620(传真)
　　　　　E-mail:hhslcbs@126.com
承印单位:河南新华印刷集团有限公司
开本:890mm×1 240 mm　 1/16
印张:12.75
字数:306 千字　　　　　　　　　　 印数:1 —1 000
版次:2015 年 5 月第 1 版　　　　　 印次:2015 年 5 月第 1 次印刷

定价:38.00 元

编 委 会 名 单

编委会主任	王照平

编委会副主任	刘有富　王德启　张胜炎　丁荣耀　乔大伟
	李　军　万运龙　谢晓涛　宋全胜

编委会成员　（按姓氏笔画排序）

孔维鹤　牛安濮　王学会　王明印　王清河

邓建钦　甘　雨　冯慰冬　史广敏　任　朴

邢铁牛　刘占军　师永全　朱延林　闫玉福

宋运中　宋孟欣　张玉琪　张百昂　张建友

张胜国　张顺生　陈　明　李天侠　李当彬

李志锋　李清河　李博文　李瑞华　杜民庄

杨朝兴　汪万森　卓卫华　周克勤　罗襄生

姚学让　赵海林　晋发展　徐　忠　徐立春

曹冠武　盛甲午　裴海潮

主　　　编	王照平
副　主　编	刘有富　万运龙
执 行 主 编	徐　忠　杨晓周
编 写 人 员	（按姓氏笔画排序）

马永亮　马国丽　马润淑　马淑芳　马智贵

尤利亚　王一品　王英武　王保刚　王晋生

王　翃　王　莹　王联合　邓建钦　冯　松

冯茜茜　申洁梅　刘玉明　刘宇新　孙丽峥

朱先文　何立新　吴玉珂　张顺生　张孟林

张雪洋　张新胜　李永平　李　冰　李灵军

李敏华　李　辉　杨文培　汪运利　肖建成

陈风顺　陈克铭　陈　明　陈振武　周　未

侯大兴　侯利红　胡建清　赵明华　赵奕钧

赵　蔚　柴明清　姬韶岭　殷三军　秦志强

袁黎明　夏治军　钱建平　常丽若　曹卫领

温保良　路　旭　鄢广运

编 辑 说 明

一、《河南林业生态省建设纪实（2009）》是一部综合反映河南省现代林业建设重要活动、发展水平、基本成就与经验教训的资料性工具书。每年出版一卷，反映上年度情况。本卷为 2009 年卷，收录限 2009 年的资料。

二、《河南林业生态省建设纪实（2009）》的基本任务是，为河南省林业系统和有关部门的各级生产与管理人员、科技工作者以及广大社会读者全面、系统地提供全省森林资源消长、森林培育、林政保护、森林防火、森林公安、林业产业、林业科研等方面的年度信息和有关资料。

三、2009 年卷编纂内容设 40 个栏目。每个栏目设"概述"和"纪实"两部分。

四、《河南林业生态省建设纪实（2009）》编写实行条目化，条目标题力求简洁、规范。全卷编排按内容分类。按分类栏目设书眉。

五、《河南林业生态省建设纪实（2009）》撰稿及资料收集由省林业厅各处、室（局），各省辖市林业局承担。

《河南林业生态省建设纪实》编委会

2014 年 10 月

目 录

造林绿化

一、概述

一年来，在林业厅党组的正确领导下，河南省造林绿化工作紧紧围绕《2009 年河南林业生态省建设实施方案》确定的目标，狠抓质量管理，严格督促检查，圆满完成了年度造林任务。

（一）领导重视，措施得力

一是提前安排，及早部署。元宵节刚过，省委、省政府即在洛阳召开全省林业生态建设现场会，安排部署 2009 年的林业生态建设工作。二是强化管理，提升质量。先后采取了如下措施：改革作业设计编制办法。制定了《河南省林业重点工程营造林作业设计编制办法》，变一个工程一本作业设计为所有工程一本作业设计、一套设计表格、一张设计图纸，大大避免了重复设计和施工的现象。规范作业设计审核制度。出台了《河南林业生态省建设重点工程年度作业设计审核办法（试行）》，规范了作业设计审核工作。继 2008 年 12 月下旬组织有关专家对 2008 年重点防护林工程中央新增投资项目进行审查以后，2009 年 1 月中旬，再一次组织有关专家对 2009 年省级林业重点生态工程造林作业设计进行了审查。完善检查验收、稽查办法。下发了《河南林业生态省重点工程检查验收和稽查办法（试行）》补充规定及有关问题说明，使检查验收和稽查工作更加具有可操作性。三是依靠科技，应对干旱。2 月 10 日，省林业厅下发了《关于做好当前抗旱造林工作的紧急通知》（内部明电 9 号），要求各地积极推广应用小鱼鳞坑整地、地膜覆盖、截干、根蘸泥浆或浸泡、ABT 生根粉处理、喷洒抗蒸腾剂等抗旱造林技术。组织 10 余名省内外的林业专家汇编出包括抗旱造林等 8 个方面 180 项实用技术的《林业实用技术汇编》，免费发放到基层广大林农、农村基层干部和林业职工，共发放 5000 余册。四是树立典型，推动工作。通过检查和调研，对许昌市的村镇绿化、鹤壁市的雨季造林、濮阳市的林下经济工作进行总结，及时召开现场会，推广先进经验，有力地推动了村镇绿化、雨季造林和林下经济工作的发展。

（二）认真落实省委、省政府十件实事

认真落实河南省委、省政府关于林业生态建设的十件实事，取得了良好的成效。据统计，全省共完成村镇绿化 16 267 个行政村，为年度任务的 162.67％；落实到位资金 2.4 亿元，为年度任务的 100％，其中省级财政资金 5 400 万元，市、县财政资金 7 546 万元，其他资金 11 054 万元；受益人数达 2 000 多万人。

（三）超额完成了营造林年度任务

据省级核查和稽查结果，全省共完成营造林合格面积 1 011.30 万亩，为年度任务的 109.25％，其中造林合格面积 715.29 万亩（生态造林 623.37 万亩、林业产业工程 91.92 万亩），为年度造林任务 638 万亩的 112.11％；森林抚育和改造合格面积 296.01 万亩（森林抚育工程 285.20 万亩、低质低效林改造 10.81 万亩），为年度任务的 104.45％。

（四）义务植树任务圆满完成

据检查结果，全省参加义务植树 5000 万人次，义务植树尽责率达 90.5％，植树 2.07 亿株，为年度任务 1.88 亿株的 110.11％。

（五）积极做好第二届中国绿化博览会各项筹备工作

自 7 月 6 日全国绿化委员会批准河南省郑州市举办第二届中国绿化博览会（全绿字〔2009〕11 号）以来，主要做了以下几项工作：一是协助选址绿博园。7 月 22 日，在郑州召开的全国绿化委员会办公室主任工作会议明确郑州绿博园选址在郑州市中牟县。二是协助举办绿博园工程项目奠基仪式。8 月 26 日，第二届中国绿化博览会的室外展区——绿博园工程项目奠基仪式在郑州举行，副省长刘满仓宣布绿博园工程建设正式启动。三是协助召开第二届中国绿化博览会新闻发布会。9 月 4 日，在北京人民大会堂举办了第二届中国绿化博览会新闻发布会。四是成立河南省第二届中国绿化博览会筹备工作协调小组。9 月 21 日，省政府下发了《关于成立河南省第二届中国绿化博览会筹备工作协调小组的通知》（豫政文〔2009〕185 号）。五是协助举办第二届中国绿化博览会倒计时一周年启动仪式。9 月 26 日，第二届中国绿化博览会倒计时一周年启动仪式在郑州市绿城广场举行。六是协助召开全国绿化委员会办公室主任会议。11 月 11 日，全国绿化委员会办公室主任会议在郑州召开，对绿博会筹备工作进行全面部署。

（六）生态省建设工作取得较好成效

一是得到各级领导的充分肯定。1 月 31 日，中共中央政治局委员，国务院副总理回良玉在河南省政府办公厅印发的《2009 年河南林业生态省建设实施意见》上作出重要批示："请志邦、育材同志阅。" 2 月 18 日，国家林业局向各省（市、自治区）转发了《2009 年河南林业生态省建设实施意见》和《2009 年河南省林业生态省建设省级重点生态工程奖励标准》，进一步推广河南省建设林业生态省的经验和做法。5 月 9 至 12 日，以国家林业局副局长李育材为组长、造林司司长王祝雄、计资司巡视员王前进、政法司副司长祁宏、速丰办副主任王连志、场圃总站副总站长刘红为成员的国家林业局调研组一行 10 人来河南调研林业生态省建设情况。李育材副局长对河南省林业生态建设所取得的成绩给予了高度评价。7 月 14 日，由国家林业局主办的《林业要情》第 66 期刊发了"关于河南林业生态省建设的调研报告"。二是提高了河南林业在全国的知名度。3 月 30 日，在

全国绿化委员会、国家森林防火指挥部组织召开的全国造林绿化和森林防火工作电视电话会议上，刘满仓省长作了题为"大力推进城乡绿化一体化建设、努力促进城乡经济和社会协调发展"的典型发言，重点介绍了河南省推进城乡绿化一体化建设情况的经验。8月25至26日，在全国绿化委员会、国家林业局组织召开的全国造林绿化现场会上，王照平厅长作了题为"强化质量管理，深化改革创新，大力推进造林绿化工作又好又快发展"的典型发言，重点介绍了近年来河南省在林业生态省建设中加强质量管理、深化改革创新，大力推进造林绿化工作又好又快发展的经验。

（七）存在的问题

主要表现在造林质量有待于进一步提高，一是个别地方在造林中仍然使用 II 级以下的不合格苗木，致使造林成活和保存率低下；二是部门地方造林后管护措施跟不上，造成新植幼树毁坏严重；三是个别地方造林自查不认真，造成造林面积不实、核实率较低。

（八）2010 年工作思路和主要措施

工作思路：认真按照省委、省政府和国家林业局的部署和厅党组的要求，全面落实《河南林业生态省建设规划》和《第二届中国绿化博览会实施方案》，强化督促、指导、协调，狠抓质量管理，深化机制创新，推进造林绿化工作顺利开展，确保森林资源培育年度目标和第二届绿化博览会河南展区建设任务的圆满完成。

主要措施：一是开展技术培训。组织开展作业设计、县级自查、实用造林技术等培训，提高基层林业人员的素质。二是严格作业设计审批。按照《河南省林业重点工程营造林作业设计编制办法（试行）》和《河南林业生态省建设重点工程年度作业设计审核办法（试行）》的要求，组织有关技术人员审查各县（市、区）造林作业设计，做好审批工作。三是强化质量管理。严把整地、苗木、栽植、管护、自查等五个关键环节，切实提高造林质量。四是组织造林督察。按照《河南省林业厅植树造林督察制度》的要求，制订冬春植树造林督察方案，组织开展督察活动，加快造林进度，确保造林质量。五是认真调查研究。充分利用督察和检查工作的机会，深入到基层，深入到造林现场，搞好调查研究，及时发现并解决问题，总结典型经验，推动工作。六是加强指导协调。针对部门绿化、义务植树、绿博会涉及面广、部门多的情况，加强部门间的沟通、协调与指导，确保造林绿化工作的顺利开展和绿博会的成功举办。

二、纪实

组织专家审查省级林业重点生态工程造林作业设计工作　1月中旬，组织有关专家对 2009 年省级林业重点生态工程造林作业设计进行了审查。

协助举办中央新增林业投资项目资金监督检查培训班　1月14~15日，中央新增林业投资项目资金监督检查培训班在南阳市举办。这次培训班由国家林业局驻武汉森林资源监督专员办事处主办，河南省林业厅协办。河南省和湖北省有关技术人员 10 多人参加，武汉专员办事处专员何美成出席培训班开班仪式并作重要讲话。

组织召开全省林业生态建设现场会　2月17~18日，全省林业生态建设现场会在洛阳市召开，安排部署全年林业生态省建设任务。省委副书记陈全国，省委常委、洛阳市委书记连维良，副省长刘满仓，省长助理何东成，省绿化委员会成员单位负责人，省辖市副书记、分管副市长、林业局局长，省林业厅相关处室及新闻媒体共 120 人参加了会议。省委副书记陈全国作重要讲话，省委常委、洛阳市委书记连维良致辞，副省长刘满仓主持会议。与会代表先后参观了宜阳县村镇绿化工程、环城绿化工程和嵩县廊道绿化工程、陆浑水库水土保持工程。

组织开展春季植树造林督察活动　2 月 25 日至 3 月 20 日，组织了由厅级干部带队的 9 个督察组，分赴全省各地督促检查造林进度和造林质量。

配合开展中央新增国债项目检查　3 月 1~14 日，配合国家林业局驻武汉森林资源监督专员办事处，对湖北省松滋县和巴东县的 2008 年中央新增国债项目进行了检查。3 月 ~11 日，配合国家林业局驻武汉森林资源监督专员办事处对河南省汝阳县和修武县 2008 年中央新增国债项目进行了检查。

国家林业局检查河南省春季植树造林工作　3 月 5~8 日，国家林业局植树造林司副司长黎云昆带领督察组一行，先后深入河南省信阳市新县和许昌市襄城县、许昌县，对春季抗旱造林、森林防火、资金运转、野生动物疫源疫病等方面进行检查指导。河南省林业厅副厅长张胜炎陪同检查。

省领导参加义务植树活动　3 月 11 日和 20 日，省委书记徐光春、省长郭庚茂等 26 名省级领导先后两次参加了由河南省林业厅组织的中牟林场义务植树活动。

第四次全省荒漠化和沙化监测电视电话会议召开　3 月 26 日，第四次全省荒漠化和沙化监测电视电话会议召开，张胜炎副厅长出席会议并作重要讲话。此次会议召开之前，10 个省辖市林业（农林）局和省林业调查规划院的有关人员在省林业厅的组织下收看了第四次全国荒漠化和沙化监测电视电话会议。

春季植树造林督察汇报会召开　4 月 3 日，春季植树造林督察汇报会在郑州召开。9 个督察组的联络员参加会议，张胜炎副厅长听取汇报并讲话。

全省造林绿化汇报会召开　4 月 16~17 日，全省造林绿化汇报会议召开。省林业厅领导，各省辖市林业（农林）局局长，厅机关全体人员、厅直单位处级干部参加会议。王照平厅长作重要讲话。

组织开展行业部门国土绿化检查　4 月 21~28 日，省绿化委员会组织交通、水利、城建、河务、铁路、部队等部门的负责人，并邀请省委办公厅、省人大办公厅、省政府办公厅、省政协办公厅分管绿化工作的负责人，对 33 分部确山基地的营区绿化、薄山水库的库区绿化、新泌和沪陕高速公路绿化、平顶山市城区和社区绿化、黄河防浪林建设、陇海铁路开封段绿化等工作进行了实地检查。

举办全省第四次荒漠化和沙化土地监测技术培训　5 月 8~11 日，受省林业厅的委托，省林业调查规划院举办了第四次全省荒漠化和沙化监测技术培训，组织有关人员学习外业调查办法和软件汇总，并在沙区中牟县进行了现场实习。

组织开展第四次全省荒漠化和沙化土地监测工作　5 月 13 日，第四次全省荒漠化和沙化监测工作开始启动。至 6 月 4 日，完成外业调查工作。6 月 5 日起，至 9 月底，进行内业汇总。11 月，编制出《河南省第四次荒漠化和沙化监测报告》。

《关于行业部门绿化检查情况的通报》发布 5月15日，省绿化委员会办公室发出了《关于行业部门绿化检查情况的通报》（豫绿化委员会办公室〔2009〕5号）。

国家林业局副局长李育材调研河南林业生态省建设情况 5月9~12日，以国家林业局副局长李育材为组长，造林司司长王祝雄、计资司巡视员王前进、政法司副司长祁宏、速生丰产林办公室副主任王连志、场圃总站副总站长刘红为成员的国家林业局调研组一行10人来河南调研林业生态省建设情况，先后对濮阳市高新区林农复合经营、林下经济、治沙造林、林纸林板和新乡市辉县市集体林权制度改革、凤泉区凤凰山城郊森林及洛阳市新安县安县水土保持林、宜阳县香鹿山城郊森林、嵩县陆浑水库水源涵养林、龙门西山绿化等工程建设情况进行了实地考察，并听取了林业生态省建设情况汇报。副省长刘满仓参加汇报会。省林业厅厅长王照平、副厅长张胜炎陪同考察。

组织召开全省村镇绿化现场会 5月26日，全省村镇绿化工作现场会在许昌召开。这次会议主要目的是，学习推广许昌市村镇绿化经验，进一步推进全省村镇绿化工作，全面落实省委、省政府关于承诺办好关系人民群众切身利益十件实事的精神和要求。各省辖市林业（农林）局主管造林绿化工作的副局长和造林科科长参加会议，许昌市副市长熊广田陪同参观，省林业厅副厅长张胜炎出席会议并作重要讲话。与会代表先后实地参观了许昌市襄城县湛北乡、紫云镇和许昌县苏桥乡、小召乡村镇绿化现场。

组织检查国家重点公益林中幼林抚育和珍稀树种栽培示范项目 6月3~至11日，组织有关国有林场技术人员，对2005~2008年国家林业局下达的11个重点公益林中幼林抚育项目和6个珍稀树种栽培示范项目进行了检查验收，同时组织开展了几项专题检查活动。

开展营造林自查工作 6月20~30日，按照《国家林业局办公室关于开展2009年营造林质量检查工作的通知》（办造字〔2009〕67号）的要求，组织有关单位技术人员，对鹤壁市淇滨区和周口市淮阳县2009年营造林质量进行了抽查，编写出《河南省2009年营造林自查报告》，上报国家林业局。

组织开展全国绿化模范单位评选推荐工作 6~11月，按照《全国绿化委员会关于开展"全国绿化模范城市（区）、"全国绿化模范县（市）"、"全国绿化模范单位"和2009年度"全国绿化奖章"评选工作的通知》（全绿字〔2009〕10号）的要求，经基层推荐、省级检查、媒体公示，向全国绿化委员会推荐"全国绿化模范城市（区）"2个、"全国绿化模范县（市）"10个、"全国绿化模范单位"9个、"全国绿化奖章"候选人14人。

全省雨季造林现场会召开 7月3日，全省雨季造林现场会在鹤壁召开。会议的主要内容是学习推广鹤壁市雨季造林的经验，动员各地抢抓机遇，科学造林，迅速掀起雨季造林高潮，确保圆满完成林业生态省建设年度造林任务。安阳、鹤壁、新乡、焦作市林业局分管植树造林工作的副局长、植树造林科科长及有雨季造林任务的11个县（市、区）林业局分管植树造林工作的副局长参加会议，鹤壁市副市长刘新勇致辞，省林业厅副厅长张胜炎出席会议并作重要讲话。与会代表先后参观了淇滨区大河涧乡张公堰黄连木生态能源林、肖横岭水土保持林和上峪乡雨季点播造林以及淇苑苗圃等现场。

协助召开全国绿化委员会办公室主任工作会议 7月21~22日，全国绿化委员会办公室主任工作会议在郑州召开。国家林业局党组副书记、副局长李育材，国家林业局造林司司长王祝雄以及国家各有关部委绿化委员会办公室的负责人，各省、自治区、直辖市及计划单列市绿化委员会办公室主任200余人参加了会议。会议贯彻落实了中央林业工作会议以及全国造林绿化和森林防火电视电话会议精神，总结了上半年的国土绿化工作，并提出了新形势下如何进一步落实全国动员、全民动手、全社会办林业、全民搞绿化的方针。会议还就第二届中国绿化博览会的工作方案，评比表彰全国绿化模范城市、全国绿化模范县、全国绿化模范单位的检查办法和《义务植树条例》的修改等重点工作进行了认真的讨论；组织与会人员参观了郑州市区的绿化建设工作，并考察了第二届绿博会的现场。

组织开展造林绿化土地资源摸底调查 7~9月，按照《全国绿化委员会办公室国家林业局办公室关于开展可用于造林绿化土地资源摸底调查的通知》（办造字〔2009〕114号）的要求，编制出了《河南省2010—2020年造林绿化规划》。

组织编制《河南省森林经营规划》 8月至10月上旬，按照《国家林业局关于组织编制全国森林经营规划纲要的通知》（林造发〔2009〕196号）的要求，编制出《河南省森林经营规划》。

第四次全国荒漠化和沙化监测工作中期会议在郑召开 8月18~20日，国家林业局防沙治沙办公室在郑州召开了第四次全国荒漠化和沙化监测中期工作会议。其目的是全面推进第四次荒漠化和沙化监测工作，总结前一阶段的工作经验，提高监测成果质量和水平，研究解决存在的突出问题，部署下一阶段的工作

召开长江流域防护林体系工程建设成效评估工作会议 9月17日，按照《国家林业局办公室关于开展长江流域防护林体系工程建设成效评估工作通知》的要求，河南省林业厅组织召开了全省长江淮河防护林体系工程建设成效评估工作会议，安排布置长江淮河防护林体系一期、二期工程建设成效评估工作。南阳、信阳、驻马店、平顶山、洛阳、漯河、许昌、周口、商丘、开封、郑州等11个省辖市林业（农林）局分管植树造林工作的副局长和植树造林科科长以及新县、桐柏、西峡、汝阳等4个县林业局分管植树造林工作的副局长参加了会议。省林业调查规划院的技术人员对县级自评报告编写提纲和调查统计表格等进行了讲解。

召开全省林下经济现场会 9月27日，全省林下经济现场会在濮阳召开。会议的主要内容是考察濮阳市林下经济现场，总结交流各地林下经济发展经验，安排布置下一步林下经济发展工作。各省辖市林业（农林）局分管植树造林的副局长和植树造林科科长及省林业厅有关处（室）单位负责人参加了会议，省林业厅党组成员、巡视员张胜炎出席会议并作重要讲话。与会代表实地参观考察了濮阳县温庄林下韭菜种植、华龙区马头宽窄行造林模式和林下养殖柴鸡、高新区班家林下禽类养殖和麦冬种植等现场。

全国绿化委员会办公室复查河南省2004年全国绿化模范单位 10月15~22日，全国绿化委员会办公室检查组对河南省2004年荣获全国绿化模范城市称号的漯河市、荣获全国绿化模范县称号的鹿邑县、荣获全国绿化模范单位称号的72928部队、荣获全国绿化先进集体称号的栾川县和长垣县黄河河务局进行了复查。

全国绿化委员会办公室主任工作会议在郑召开 11月11日，以部署第二届绿博会筹备工作为

主题的全国绿化委员会办公室主任工作会议在郑州召开。全国绿化委员会办公室委员、第二届绿博会组委会副主任、国家林业局副局长李育材在会上要求，全力以赴做好本届绿博会的筹备工作，将绿博会办成"中国一流，世界有影响"的绿化盛会。河南省省长助理何东成出席会议。

全国绿化委员会办公室核查河南省推荐的全国绿化模范城市许昌市 11月11~13日，由中国军事科学院副部长聂世新带队的全国绿化模范城核查组对河南省2009年申报的"全国绿化模范城市"许昌市进行了核查。在查阅了大量书面材料，实地查看市区街道、公园、企业、居民区、农田林网、生态示范园区的绿化情况之后，结合全国绿化模范城市评定标准，核查组给许昌市打出了98.5分的高分，已达到并超过全国绿化模范城评比标准。

《河南省长江流域防护林体系工程建设成效自评价报告》编制完成 11月中旬，由省林业厅牵头、全省各级林业部门共同努力，顺利编制完成了《河南省长江流域防护林体系工程建设成效自评价报告》。

农村林业改革与发展

一、概述

（一）主要工作及取得的成绩

（1）扎实推进确权发证工作。2009 年以来河南省集体林权制度改革工作认真贯彻落实《中共中央、国务院关于全面推进集体林权制度改革的意见》（中发〔2008〕10 号）和中央林业工作会议精神，在巩固上年改革成果的基础上，按照"主攻山区，完善平原"的总体工作思路，将改革重点由平原转到山区，全力组织山区攻坚。在山区集体林权制度改革攻坚中，在重点抓好占全省集体林权制度改革面积 60%以上的洛阳、三门峡、南阳、信阳四个省辖市整体推进工作的基础上，对集体林地面积在 200 万亩以上的嵩县、栾川、卢氏、灵宝、西峡、南召等林业大县的集体林权制度改革工作，实施重点攻坚。截至 9 月底，全省通过家庭承包和其他经营形式明晰产权 4 563 万亩，为集体林地总面积的 67.2%，平原地区已基本完成主体改革任务。

（2）积极开展配套改革探索。在推进主体改革的同时，鼓励已基本完成明晰集体林业产权任务的地方结合本地实际，积极开展配套改革。一是规范林木流转秩序。全省已建立林权交易和评估机构 24 个，流转林地 300 万亩，流转金额近 2.4 亿元。《河南省森林资源评估及流转管理办法》在广泛征求有关方面意见的基础上，已列入省政府规范性文件年度计划。二是开展集体林权制度改革金融服务。集体林权制度改革办与中国人民银行郑州中心支行等单位拟定的《关于进一步做好我省集体林权制度改革与林业发展金融服务工作的实施意见》和《河南省林权抵押贷款管理办法》（试行），目前已征求了相关部门意见，即将下发。新乡、信阳、漯河等地相继出台林权抵押贷款办法，采取多种林权抵押贷款方式为广大林农提供融资服务，包括林权直接贷款、林农小额循环贷款、森林资源资产收储中心担保贷款和林业专业合作社（公司＋基地＋林农）担保贷款。截至目前，全省已办理各种林权抵押贷款 1.7 亿元。三是发展林业合作组织。鼓励各地从本地实际出发，大力发展林业专业合作组织，有效解决一家一户分散经营与集约化经营、标准化生产之间的矛盾。目前全省已有各种林业专业合作组织 5 000 多个，包括家庭联合型、大户带动型、产业依托型、企业支撑型、科技引导型等，涉及造林、管护、林副产品生产、果品加工、林下经济等各个领域。

（3）加快进行平原集体林权制度改革理论研究。组织有关人员对平原集体林权制度改革模式进行调研，根据全省平原林业发展现状，就山区与平原地区林业发展模式、平原农区与南方集体林区林权管理制度及不同立地条件地区的集体林权制度改革特点进行比较，通过定量对比与定性分析，重点就平原地区森林资源特殊性及明晰产权、森林资源流转等 11 项课题开展专题研究，探索平原地区林业改革发展的一般性规律。目前，大部分研究课题已基本完成，下一步将组织有关专家进行论证评审。

（4）承担省政府考核目标任务基本完成。2009 年集体林权制度改革工作进入省政府考核目标，即年底前完成集体林地应明晰产权面积的 80% 左右。截至 9 月底，全省通过家庭承包和其他经营形式明晰产权 4 563 万亩，为集体林地总面积的 67.2%，平原地区已基本完成主体改革任务。

（二）采取的主要措施

一是完善集体林权制度改革推进机制。进一步落实"省统一部署，市加强指导，县（市）直接领导，乡（镇）负责组织，村组具体操作，部门搞好服务"的集体林权制度改革工作机制，督促市、县级党委、政府切实把集体林权制度改革列入重要议事日程，摆在林业生态省建设重要突破口的位置，形成上下联动、齐抓共管的工作局面。继续实施集体林权制度改革工作政府目标责任制，省政府把集体林权制度改革纳入政府工作报告年度目标考核体系，实行量化管理。市县乡级政府也逐级签订了集体林权制度改革目标责任书，纳入政府年度目标管理，确保了改革工作积极稳妥地推进。二是分类改革，分类指导。根据"主攻山区，完善平原"的集体林权制度改革工作总体思路和山区、平原区的不同情况，有针对性地加强指导，进一步完善工作推进机制，稳步推进改革。山区改革方面，坚持"以分为主、质量第一"的原则，重点抓好洛阳、三门峡、南阳、信阳四市的明晰产权、确权发证工作，重点是准确把握集体林权制度改革政策，把"以分为主"的集体林权制度改革精神落到实处。平原地区重点在做好对 2008 年集体林权制度改革工作自查完善的基础上，积极开展配套改革，主要在规范林木流转秩序、开展林权抵押贷款、建立林业专业协作组织、提高林业生产组织化程度等方面进行探索。在推进集体林权制度改革主体改革的同时，积极开展林权流转和金融服务。三是强化集体林权制度改革督导检查。省、市、县、乡各级政府组织集体林权制度改革督导组，下乡入村对集体林权制度改革工作进行督导，重点对集体林权制度改革工作的组织领导、集体林权制度改革的民主程序、规范操作及集体林权制度改革档案管理等进行检查。省集体林权制度改革办重点对省级集体林权制度改革试点及卢氏、灵宝、嵩县、栾川、西峡、南召等林业大县开展了督察指导，保证了全省集体林权制度改革工作质量和工作进度。

森林资源管理

一、概述

一年来，全省各级森林资源管理部门在省林业厅的领导下，密切配合，紧紧围绕"林业生态省建设"这一主题，积极开展森林资源管理工作，取得了显著成效，圆满完成了各项目标任务。

（一）进一步规范木材运输证发放管理工作

为认真贯彻落实省政府"两转两提"的工作部署，省林业厅在总结试点经验的基础上，就全省木材运输证发放管理工作作出了统一规范。自1月4日起，木材运输证签发管理统一使用河南省木材运输管理信息系统，实行网上办理。对申请材料齐全，符合受理条件的，应在接到申请之日起2日内核发木材运输证。同时，省林业厅委托全省县级林业行政主管部门审核签发《出省木材运输证》，对未设林业行政主管机构的县级区，由所在地的省辖市林业主管部门负责木材运输证的审核签发。对木材运输证的签发人员实行签发资格备案制度。省林业厅对全省木材运输证的签发工作实施监督，各省辖市林业（农林）局对所属县（市、区）木材运输证的签发工作实施监督。通过强化林业行政主管部门内部层级监督，进一步提升河南省森林资源林政管理水平，

（二）对林木采伐政策作出调整

1月19日，省林业厅出台了《关于下达2009年木材生产计划及结转2008年森林采伐限额和木材生产计划指标的通知》（豫林资〔2009〕11号），对河南省2009年木材生产指标作出调整。允许各编限单位将2008年尚未完成的森林采伐限额和木材生产计划指标结转2009年后各年度使用；各地在组织木材生产过程中，要以推进森林可持续经营为目的，优先保障中幼龄林抚育和低产林改造采伐林木的需要；同时强调，各地、各单位要进一步加强对林木采伐、木材运输和经营加工的监督管理，对乱砍滥伐林木、违法收购和私拉乱运木材、违规办理林木采运证件和变相倒卖木材运输证件等行为，要依法查处，并严肃追究相关责任人的责任。

（三）全面启动森林采伐改革试点工作

为进一步完善森林采伐管理机制，促进森林可持续经营，根据《国家林业局关于开展森林采伐

管理改革试点的通知》（林资发〔2008〕263号）要求，结合河南省实际，并报请国家林业局同意，确定洛宁和范县为全国森林采伐管理改革试点单位。省林业厅成立河南省森林采伐管理改革试点领导小组。由副厅长王德启任组长，副巡视员谢晓涛任副组长，全面负责试点工作领导和实施。试点工作从2009年开始，用两年时间重点在构建森林可持续经营框架和建立公开、公正、合理的采伐指标分配机制，进一步完善政策体系等方面进行探索创新，为河南省森林资源管理逐步实现由单纯指标管理向可持续经营管理转变发挥示范带头作用。

（四）圆满全省2009年营造林实绩核查工作

在河南省林业厅、有关市（县）政府和林业主管部门的大力支持和配合下，从7月8日至8月4日，历时28天，比原计划提前2天、圆满地完成了全省2009年营造林实绩全部核查工作。本次工作，共投入24名技术人员，完成7个县退耕地还林到期阶段验收、27个县退耕补查任务（上年度验收不合格面积）、22个县营造林综合核查、孟州市2008年度森林采伐限额执行情况检查、6个县征用占用林地检查、森林资源档案管理调研（调研了济源市、伊川县和淇县三个县市）六项任务，核查范围涉及62个县（市）。

（五）开展全国森林采伐管理改革试点工作

森林采伐管理改革是全面推进集体林权制度改革的必然要求，是全面推进现代林业建设的战略举措，是全面推进森林可持续经营的现实需要，是林业改革的重要组成部分。集体林权制度改革后，林业的生产关系发生了重大变化，广大林农拥有了林地承包经营权和林木所有权，为全面提升森林经营水平提供了重要条件。按照生态受保护，农民得实惠的改革要求，建立与健全现代林权制度相适应的森林采伐管理机制，对保障生态安全，释放林业生产力，加速传统林业向现代林业生态省建设步伐，促进广大林区的和谐发展具有重要意义。为此，河南省林业厅根据《国家林业局关于开展森林采伐管理改革试点的通知》（林资发〔2008〕263号）精神，结合河南省实际，积极开展森林采伐管理改革试点工作，在调研试点的基础上，报请国家林业局同意，确定洛宁县和范县为全国森林采伐管理改革试点单位。

二、纪实

省林业厅出台政策对2009年木材生产指标作出调整　1月19日，省林业厅出台了《关于下达2009年木材生产计划及结转2008年森林采伐限额和木材生产计划指标的通知》（豫林资〔2009〕11号），对河南省2009年木材生产指标作出调整。

省政府做出表彰全省森林资源连续清查工作先进集体和先进个人的决定　2月9日，《河南省人民政府关于表彰全省森林资源连续清查工作先进集体和先进个人的决定》（豫政〔2009〕12号）印发，对新密市林业局等54个先进集体和柴怀厚等120名先进个人予以表彰。

洛宁县和范县被定为全国森林采伐管理改革试点单位　3月27日，为进一步规范森林采伐管理，完善森林经营机制，促进森林可持续经营，根据《国家林业局关于开展森林采伐管理改革试点的通知》（林资发〔2008〕263号）精神，结合河南省实际，在调研试点的基础上，报请国家林业局同意，确定洛宁县和范县为全国森林采伐管理改革试点单位。

国家林业局驻武汉专员办事处完成对河南省的森林采伐管理情况调研工作 5月7日到18日，为深化森林采伐管理改革，国家林业局驻武汉专员办一行三人，按照国家林业局开展森林采伐管理情况调研工作的统一部署，对河南省范县、许昌县、商丘市睢阳区的森林采伐管理情况进行了实地调研。调研组所到之处，采取深入采伐现场，召开林农座谈会，抽取村组农户查看等方式就近三年来森林采伐限额执行情况、森林采伐管理政策的落实情况、森林采伐管理环节职责的履行情况和自实行森林采伐制度以来，对限额的设置、纳入限额管理的林木范围、采伐审批和监管环节中存在的与新形势下极不适应的政策法规等问题进行了认真调研。

开展群众满意的木材检查站评议活动 6月1日，为全面提升全省木材检查站的标准化建设水平，切实解决存在于木材检查站中群众反映比较突出的不正之风问题，提高执法人员思想道德素质、依法行政能力，根据《河南省纠正行业不正之风领导小组关于印发〈2009年河南省群众满意的基层站所评议活动实施意见〉的通知》（豫纠组〔2009〕12号）精神，结合林业行业实际，经研究，决定在全省100个木材检查站开展2009年河南省群众满意的木材检查站评议活动，评议的主要内容包括党风廉政建设方面、严格依法行政方面、提高服务质量方面、优化服务环境方面、健全长效机制等五个方面；评议活动共分动员、督导、推荐和表彰四个阶段，活动到11月30日结束。

全面启动森林采伐改革试点工作 6月5日，为进一步完善森林采伐管理机制，促进森林可持续经营，根据《国家林业局关于开展森林采伐管理改革试点的通知》（林资发〔2008〕263号）要求，结合河南省实际，并报请国家林业局同意，确定洛宁县和范县为全国森林采伐管理改革试点单位，全面启动森林采伐管理改革试点工作。

国家林业局来河南省调研 6月7日，按照国家林业局办公室《关于部署对外资企业经营森林情况开展调研工作的通知》（办资字〔2009〕37号）要求，国家林业局计资司张艳红副巡视员等一行四人来到河南，在听取省林业厅关于对外资企业经营森林情况汇报后，深入到信阳市、南阳市，对外资企业经营森林情况进行了实地调研，重点对息县、罗山县外资企业经营森林情况进行了实地查看。

获评省直机关五好党支部 6月，被中共河南省委组织部和中共河南省委省直机关工作委员会授予"2007~2008年省直机关五好党支部"。

全省木材检查站站长培训班圆满结束 7月2~5日，全省木材检查站站长培训班在洛阳市嵩县顺利举办。全省100个木材检查站站长及相关人员共计128人参加了培训。省政府纠风办公室领导在培训班上传达了2009年河南省群众满意的基层站所评议活动精神。

河南省2009年营造林实绩核查工作圆满结束 从7月8日至8月4日，历时28天，比原计划提前2天、圆满地完成了全年营造林实绩核查工作。本次核查共投入24名技术人员，全面完成了37个县退耕地还林到期阶段验收、27个县退耕补查任务（上年度验收不合格面积）；22个县营造林综合核查、孟州市2008年度森林采伐限额执行情况检查、6个县征用占用林地检查、森林资源档案管理调研（调研了济源市、伊川县和淇县三个县市）六项任务，涉及62个县（市）。

转发国家林业局关于改革和完善集体林采伐管理意见的通知 8月11日，省林业厅转发《国家林业局关于改革和完善集体林采伐管理的意见》（林资发〔2009〕166号），并就贯彻落实中应注重把握的有关事项提出具体要求。

国家林业局驻武汉专员办事处与豫鄂两省林业厅（局）召开第二次联席会议   9月17~19日，国家林业局驻武汉专员办与豫鄂两省林业厅（局）第二次联席会议在郑州召开。国家林业局驻武汉专员办、河南省林业厅、湖北省林业局主要领导和分管领导及国家林业局资源司、濒危动植物管理办公室领导出席会议并分别讲话。会议总结交流了集体林权制度改革、森林资源保护管理和监督工作的经验做法，查摆了存在的共性问题，提出下一步工作设想和对策。会议对联席会议制度发挥的沟通交流情况、探讨工作对策、协商处理问题等方面作用给予了肯定，对进一步完善联席会议制度形成了初步共识。同时会议还安排与会代表赴郑州、洛阳等地现场参观考察了河南省林业生态省建设成果。

洛宁县和范县森林采伐管理改革试点工作实施方案通过专家审定   10月16日，由省林业厅、河南农业大学、河南省林业调查规划院、河南省林业科学研究院等单位的有关专家组成评审组对洛宁县和范县的森林采伐管理改革试点实施方案进行了审定。与会专家在听取两县汇报和查阅相关材料及答疑的基础上，对两县《森林采伐改革试点实施方案》进行了认真审议。

河南省森林可持续经营规划编制工作取得新进展   10月16日，省林业厅邀请有关专家组成论证组，对《洛宁县森林可持续经营规划（2009~2020年）》和《范县森林可持续经营规划（2009~2020年）》进行了论证。这两个规划系国家林业局2009年新的《县级森林可持续经营规划编制指南》出台以后，省林业厅组织洛宁县和范县的林业技术骨干，在2007年两县森林资源规划设计调查数据的基础上，结合近期变化情况进行补充调查和调整，并根据两县的森林资源特点和自然社会经济情况，按照国家林业局的要求编制而出的。

积极开展重点处室、重点岗位评议活动   10月20日，省政府纠风办下发《河南省纠正行业不正之风领导小组关于印发〈2009年重点处（室）、重点岗位评议活动实施方案〉的通知》（豫纠组〔2009〕15号）。按照方案的要求，结合处室和岗位实际，认真制订了本处室的工作方案；认真选报了服务对象和行政相对人；对照工作职能和服务项目，面向服务对象和行政相对人，广泛征求意见建议；围绕自身职能和业务特点，以评议为契机，诚心诚意为群众办实事、坚持不懈做好事，求真务实，解决基层群众和服务对象关心的问题，以新的工作成效取信于民。

省林业厅召开全省编制"十二五"期间年森林采伐限额工作电视电话会议   12月2日，省林业厅召开全省编制"十二五"期间年森林采伐限额工作电视电话会议，传达国家林业局编制"十二五"期间年森林采伐限额工作精神，具体部署安排河南省编制"十二五"期间年森林采伐限额工作，同时，传达了全国木材运输管理工作会议精神。省林业厅副厅长王德启，省编制"十二五"期间年森林采伐限额工作办公室成员在省林业厅主会场与会；各省辖市林业局主管林政工作的副局长、林政科科长，各县（市、区）林业局局长、主管林政工作的副局长、林政股（科）长，各木材检查站站长共计620余人在各省辖市林业（农林）局电视电话会议室参加了会议。

举办全省编制"十二五"期间年森林采伐限额培训   12月8~13日，全省"十二五"期间森林采伐限额编制工作培训班在河南省林业学校开班，参加培训人员就全省"十二五"期间森林采伐限额编制的方法、结果上报方式等接受了培训。

第七次全国森林资源清查工作获国家林业局通报表彰   12月30日，河南省林业厅被国家林业局评为"第七次全国森林资源清查工作先进单位"，获得通报表彰。

国有林场和森林公园建设管理

一、概述

（一）森林公园建设及经营情况

2009 年河南省以集体林区为重点继续扩大森林公园规划建设范围。新建河南安阳内黄省级森林公园 1 处，该公园经营面积 784.8 公顷；截止到 2009 年底，河南省森林公园数量达到 114 处，其中：国家级 30 处、省级 68 处、市（县）级 16 处，经营总面积 267 191.7 公顷。组织开展了"走进森林　回归自然"2009 年河南省森林旅游年活动，全省森林公园直接收入达到了 5.57 亿元，其中门票收入 1.3 亿元，接待游客数量 2 531 万人次；森林公园建设累计投入 4.96 亿元，社会旅游从业人员 29 221 人。

（二）全面推进森林公园总体规划编制（修编）工作

为了扩大森林公园经营范围，提高经营效率，加强管理工作，省林业厅行业部门督促协调全省各森林公园，邀请省内外知名规划设计单位，高标准、高起点编制（修编）了全面推进森林公园总体规划。

（三）组织编制了《国有林场危旧房改造方案》、《国有林区饮水安全工程规划》、《国有林区道路建设规划》

在省、市、县各级林业、发展改革、建设（房管）等部门调查论证的基础上，编制了《河南省国有林场危旧房改造年度建设方案》，并上报了《河南省国有林场危旧房核实情况的报告》。在反复调查的基础上，还组织编制了《河南省国有林区饮水安全工程规划》、《河南省国有林区道路建设规划》，涉及 16 万人口的饮水安全问题，并拟建和改造林区道路 731 条，公路总里程 1 542 公里。

二、纪实

商城县黄柏山林场等获批国家首批森林经营示范国有林场　1 月 20 日，国家林业局下发《国家林业局关于公布首批森林经营示范国有林场的通知》（林场发〔2009〕16号），河南省商城县黄柏山林场、尉氏林场、舞钢市石漫滩林场榜上有名，获首批森林经营示范国有林场称号。

孙欣欣等5人获"走进国有林场"征文优秀奖　1月20日，在国家林业局"走进国有林场"征文活动中，河南省国有老君山林场孙欣欣、徐焕军，民权林场吴岁平，石漫滩林场刘政新，大虎岭林场王顺兴等5位职工获国家林业局颁发的优秀奖。

《河南省国有林场发展规划（2009~2020年）》编制完成　3~5月，在省林业厅行业部门的组织下，编制完成了以国有林场基础设施建设为主的《河南省国有林场发展规划（2009~2020年)》，规划总投资22.9亿元，已上报国家林业局。

举办河南省森林旅游年活动　4月25日，"走进森林回归自然"河南省森林旅游年活动在河南省博物院举行启动仪式，河南省林业厅副厅长王德启主持，副省长刘满仓、省林业厅厅长王照平出席了此次活动。森林旅游年启动仪式共有21个有代表性的森林公园参加，面向市民发放20万张森林公园免费门票，取得了良好宣传效果。

举办首届中南地区国有林场改革发展论坛　10月21~22日，首届中南地区国有林场改革发展论坛在登封林场举办，原林业部副部长、中国林场协会会长沈茂成出席论坛并致词。

河南省内黄森林公园获批建立　11月，以豫林护批〔2009〕33号批复同意在内黄林场二分场建立森林公园，定名为"河南省内黄森林公园"，建设面积11 772亩。至此，全省共有森林公园114处，其中国家森林公园30处，省级森林公园68处。经营面积400.788万亩。

《石漫滩森林公园总体规划》获得省林业厅批复　11月，河南省林业厅以豫林园〔2009〕46号文对石漫滩国家森林公园总体规划作出了批复。

自然保护区建设与野生动植物保护管理

一、概述

一年来，在厅党组的领导下，以年度工作计划为主线，以积极开展"讲党性修养、树良好作风、促科学发展"教育活动为动力，抓住重点，有计划开展各项工作，全面完成了年度各项工作任务。

（一）认真做好野生动植物保护管理工作，加强执法能力建设，珍稀濒危物种得到有效保护

组织开展了第二十八届"爱鸟周"和第十五届"野生动物保护宣传月"宣传教育活动。4月，开展了以"繁荣生态文化，建设生态文明"为重点的"爱鸟周"宣传活动，并在三门峡市天鹅湖虢山岛广场举办了全省"爱鸟周"启动仪式；10月，在全省范围内开展了以总结60年来当地野生动物保护工作所取得的成绩为主要内容的"野生动物保护宣传月"宣传教育活动。各地纷纷开展了丰富多彩、形式多样的宣传活动，取得了很好的效果，在社会上引起较大反响。

加强野生动植物保护行政管理执法能力建设，强化野生动植物保护管理手段。按照省政府法制办的要求，完成了省林业厅自然保护区与野生动植物保护管理处职责范围内行政处罚裁量权标准的制定工作。联合省工商局、畜牧局、卫生厅对活禽和活体鸟类经营市场进行了专项整治活动。加强基层野生动植物保护管理能力建设，安阳市野生动植物资源管理站、濮阳县野生动物保护站等5个单位监管设备已基本配备到位。加强象牙及其制品规范管理工作，对我省库存象牙原料及其制品等情况进行了调查。

珍稀动物保护取得新突破。2009年，董寨国家级自然保护区人工繁育朱鹮再获成功，产卵24枚，孵化幼鸟19只，成活17只，成活率达到了89.5%，取得了突破性进展。目前总存栏数已达到34只。

认真做好行政许可审批工作。全年共受理行政审批事项5项69件，其中，野生动植物允许进出口审核、审批3件，野生动物及其产品经营利用12件，国家重点保护陆生野生动物驯养繁殖许可证核发12件，野生动物及其产品运输许可证的审批39件；办理在国家级自然保护区修筑设施行政审核 3 件。所受理的行政审核审批事项均能按时办结，无超时办理情况，没有涉及行政审批投诉事件，受到省"两转两提"办的充分肯定。

组织完成野生动植物保护管理项目和奖项申报工作。一是组织完成了 9 个珍稀濒危物种野外救护与繁育和 6 个珍稀濒危物种调查监管项目的申报工作，共申请资金 362.44 万元；二是完成了河南省珍稀濒危野生动植物保护项目（2010~2011 年）的申报工作，项目总投资 1 748.632 万元，其中申请国家投资 1 361.74 万元；三是积极组织申报 2010 年度野生动植物保护资助项目，根据《中国野生动物保护协会关于组织申报 2010 年度野生动植物保护资助项目的通知》（中动协秘字〔2009〕66 号）要求，省野生动植物保护协会在组织有关单位申报的基础上，筛选出 3 个"2010 年度野生动植物保护资助"项目，总预算经费 35 万元，其中申请 2010 年度野生动植物保护资助经费 24 万元；四是认真组织河南省斯巴鲁生态保护奖申报工作，共向中国野生动物保护协会申报斯巴鲁生态保护奖先进集体 4 个、先进个人 8 名。

（二）继续强化自然保护区基础设施建设，积极推进湿地和自然保护区事业快速发展

积极组织开展以"从上游到下游，湿地连着你和我"为主题的"世界湿地日"宣传活动。配合中国湿地公园的布展筹备工作。根据国家林业局湿地中心的部署，在全省范围内遴选了 6 处湿地类型自然保护区和 1 处国家湿地公园，为中国湿地博物馆提供了文字、照片、影像等资料。组织完成了淮阳龙湖湿地和洛阳偃师伊洛河湿地建立国家湿地公园的申报工作。

2009 年共向国家林业局争取自然保护区基础设施建设项目 7 项，分别是：伏牛山国家级自然保护区烟镇管理局二期工程、伏牛山国家级自然保护区黄石庵管理局二期工程、伏牛山国家级自然保护区南召宝天曼管理局二期工程、伏牛山国家级自然保护区老君山管理局二期工程、太行山猕猴国家级自然保护区济源管理局二期工程、太行山猕猴国家级自然保护区焦作管理局二期工程、太行山猕猴国家级自然保护区新乡管理局二期工程。项目总投资 3 628 万元，其中中央财政投资 2 903 万元，地方配套投资 725 万元。2009 年落实国家投资 660 万元，其中鸡公山国家级自然保护区 170 万元，新县连康山国家级自然保护区 490 万元。

（三）野生动物疫源疫病监测工作稳步推进

春秋两季是鸟类大规模迁徙的季节，先后发出《关于进一步加强今春野生鸟类高致病性禽流感监测防控的紧急通知》（内部明电〔2009〕4 号）和《关于切实强化鸟类保护管理和野生动物疫源疫病监测防控的紧急通知》（内部明电〔2009〕36 号），要求各地认真开展监测工作，认真执行值班制度和信息日报告制度，全年分别向国家林业局野生动物疫源疫病监测总站和省政府防治高致病性禽流感指挥部办公室报信息报告单 364 份。为配合做好甲型 H1N1 流感防控工作，自 5 月 7 日起，全省暂停受理一切从甲型 H1N1 流感疫区进口野猪类动物及其产品的行政许可申请，对驯养繁殖基地、动物园等单位开展专项检查，努力切断疫病传播途径；为进一步加强野生动物疫源疫病监测体系，将新华区林业局省级野生动物疫源疫病监测站职能调整到平顶山市白龟山湿地省级野生动物疫源疫病监测站，新批建上蔡县小洪河流域省级野生动物疫源疫病监测站，至此，河南省省级野生动物疫源疫病监测站数量 18 个；国家林业局野生动物疫源疫病监测总站领导来河南检查指导，对商城鲇鱼山湿地保护区等 3 个国家级监测站野生动物疫源疫病监测工作给予了很高的评价。省林业厅自然保护区与野生动植物保护管理处组织对洛阳、三门峡辖区内的3个国家级监测站的工作开展、制度建设以及专项资金使用情况等进行了检查、调研。经过周密部署和严密监测，全省没有发生野生动物疫病疫情。

二、纪实

洛阳药材采购站库存的10公斤虎骨移交省野生动物救护中心代为封存保管　3月16日，国家林业局保护司下发《关于妥善处理洛阳药材采购供应站库存虎骨有关请示问题的复函》（护动函〔2009〕20号），同意将洛阳药材采购供应站库存的10公斤虎骨移交河南省野生动物救护中心代为封存保管。

救护中心接收的梅花鹿仔代调配给洛阳石化惠康物业管理公司代养　3月18日，国家林业局保护司下发《关于河南省野生动物救护中心调出梅花鹿有关请示问题的复函》（护动函〔2009〕21号），同意河南省野生动物救护中心将其2002年接收的由孟津县林业派出所查获的国家一级保护野生动物梅花鹿20头所产仔一代4只、仔二代6只，调配给洛阳石化惠康物业管理公司代养，代养期限截止到2011年11月30日。

全省"爱鸟周"启动仪式在三门峡市天鹅湖虢山岛广场举办　4月18日，河南省第28届"爱鸟周"启动仪式在三门峡市天鹅湖虢山岛广场举办，本届活动的主题是"关注鸟类保护自然"，省林业厅副厅长王德启出席启动仪式并作重要讲话。三门峡市四大班子领导、三门峡市林业局、园林局、三门峡职业技术学院、社会各界人士及新闻媒体记者6 000余人参加了此次活动。启动仪式上，发放了"保护湿地关爱白天鹅"宣传材料，向青年志愿者代表授"护鸟志愿者"红旗，开展了鸟类摄影展、摄影比赛、"保护湿地，关爱白天鹅"签名以及学生代表宣读"爱鸟护鸟倡议书"等活动。

省林业厅等部门联合开展对活禽和活体鸟类经营市场专项整治活动　3月，省林业厅联合省工商局、畜牧局、卫生厅等部门对活禽和活体鸟类经营市场进行了专项整治。整治工作至5月底结束，林业部门主要负责核实野生动物来源，查处非法经营野生动物及其产品行为。加强野生动物疫情监测，尤其是加强对野鸟驯养繁殖场等重点区域的病毒监测和隐患排查。

增加和调整省级野生动物疫源疫病监测站　4月8日，河南省林业厅下发《关于同意调整和新建省级野生动物疫源疫病监测站的批复》（豫林护批〔2009〕14号），同意将新华区林业局省级野生动物疫源疫病监测站监测职能调整到平顶山市白龟山湿地省级野生动物疫源疫病监测站，由平顶山市白龟山湿地自然保护管理中心负责监测工作；同意建立上蔡县小洪河流域省级野生动物疫源疫病监测站，监测范围为小洪河流域及其周边野生动物聚集、繁衍、迁徙停歇地。

调整郑州黄河湿地省级自然保护区范围和功能区　4月30日，河南省人民政府下发《关于调整河南郑州黄河湿地省级自然保护区的批复》（豫政文〔2009〕76号），同意河南郑州黄河湿地省级自然保护区范围和功能区调整。

河南郑州黄河湿地省级自然保护区调整获得确认　6月4日，省环境保护厅向郑州市人民政府致《关于调整河南郑州黄河湿地省级自然保护区的函》（豫环函〔2009〕125号），确认了郑州黄河湿地省级自然保护区调整后的面积、范围和功能区划。

商城金岗台省级自然保护区总体规划获得批复 6月9日，河南省林业厅以豫林护批〔2009〕21号对商城金岗台省级自然保护区总体规划作出批复，总面积2 972公顷，其中核心区面积1 065公顷，缓冲区面积568公顷，实验区面积1 339公顷。实行"管理局—保护管理站—保护点（检查站、瞭望台）"三级管理体系，保护区管理局下设5个保护管理站。保护管理站共下辖10个保护点、5个检查站、3个瞭望台。

宝天曼国家级自然保护区管理局成立科研监测中心 6月29日，河南省林业厅下发《关于河南宝天曼国家级自然保护区管理局成立科研监测中心的意见》（豫林文〔2009〕25号），同意宝天曼国家级自然保护区管理局成立科研监测中心。

日本国际协力机构"人与朱鹮共存的地区环境建设项目" 11月3~6日和11月13~15日，受日本国际协力机构派遣，藤谷浩至任团长的执行日本国政府中日合作"人与朱口共存的地区环境建设项目"详细计划制订调查团，先后两次赴董寨国家级自然保护区对合作项目进行实地考察。

举办全省第三期野生动物疫源疫病监测培训班 11月25~27日，全省第三期野生动物疫源疫病监测培训班在郑州举办，各省辖市林业局，国家级、省级监测站、沿黄各县及重点地区林业局负责野生动物疫源疫病监测的工作人员共70人参加了培训。

召开全省省级自然保护区研讨会 12月1~2日，河南省林业厅在洛阳召开全省省级自然保护区研讨会。全省各有关省辖市林业（农林）局保护科（站）长及全省省级自然保护区负责人共40人参加了研讨会。

两个国家湿地公园列入国家湿地公园试点单位 12月23日，国家林业局下发《关于同意河北坝上闪电河等62处湿地开展国家湿地公园试点工作的通知》（林湿发〔2009〕297号），河南省淮阳龙湖国家湿地公园和偃师伊洛河国家湿地公园列入试点单位。

河南太行山猕猴国家级自然保护区范围及功能区调整获批 12月7日，国家环保部下发了《关于调整天津古海岸与湿地等5处国家级自然保护区有关事项的通知》（环函〔2009〕301号），发布了河南太行山猕猴国家级自然保护区范围及功能区调整结果，调整后的保护区总面积56 600公顷，其中核心区面积30.789万亩，缓冲区面积16.9 537万亩，实验区面积37.158万亩，保护区的范围在东经112° 02′ -113° 45′，北纬34° 54′ -35° 42′。

河南洛阳熊耳山省级自然保护区面积和功能区调整规划获批 12月14日，河南省人民政府下发了《关于调整河南洛阳熊耳山省级自然保护区的批复》（豫政文〔2009〕368号），同意调整河南洛阳熊耳山省级自然保护区面积和功能区。调整后，保护区总面积减少19 605亩公顷，其中核心区面积减少2 850亩，缓冲区面积减少2 475亩，试验区面积减少14 280亩。

森林公安

一、概述

2009年，全省各级森林公安机关坚持以中国特色社会主义理论为指导，全面落实科学发展观，全力推进"三定"和人员过渡工作，大力改善基层办公、办案条件，加强队伍正规化建设，提高执法办案能力，全力维护生态安全和林区稳定，为河南林业生态省建设和构建和谐社会作出了应有贡献。

（一）充分发挥职能作用，严厉打击各类破坏森林和野生动植物资源违法犯罪活动

2009年，全省各级森林公安机关牢固树立"侦查破案"才是硬道理、硬任务的思想，按照"快破案、多破案、破大案、破要案"的奋斗目标，切实加大案件侦破力度，查处了一大批森林和野生动植物案件。据统计，全省森林公安机关共受理各类破坏森林和野生动植物资源案件10 452起，查处8 838起，其中刑事案件1 103起，重特大刑事案件26起；打击处理违法犯罪人员12 074人，刑事拘留1 248人，逮捕925人；查获犯罪集团13个，抓获作案成员34人；收缴木材6.1万立方米，野生动物7.6万只（头），其中国家二级以上保护动物132只（头）。

适时组织开展林业严打专项行动。一是积极开展"追逃"专项行动。为确保林区群众度过一个安乐、祥和、平安的春节和全国两会的胜利召开，省森林公安局于1月15日至2月15日，在全省组织开展了"追逃"专项行动，并专门下发通知，制订了行动方案，明确了行动时间、追逃重点、工作措施，要求各地继续实行"两巡"制，加大对林区内流动、暂住人口的排查力度，对新发的案件，迅速启动快速反应机制，做到快速反应，力争发一破一、不留积案、不增逃犯，尽可能从源头上控制新逃犯的产生。同时，深入开展规劝工作，宣传法律政策，摆明利害关系，晓之以理，动之以情，敦促逃犯及时投案自首。行动期间，开封、驻马店、信阳、漯河、济源、三门峡、商丘、南阳、平顶山、新乡、鹤壁等市按照省局的统一部署，采取设卡盘查、秘密布控、蹲点守候、网上追逃及宣传动员家属，敦促犯罪嫌疑人投案自首等方式，精心组织，积极行动，取得明显成效。行动期间共抓获涉案在逃人员 33 名，其中网上在逃人员 11 名。二是周密部署"绿盾三号行动"。为依法严厉打击各类涉林违法犯罪活动，切实加大森林和野生动物资源管理保护力度，确保林业生态省建设和林权制度改革的顺利进行，3 月 1 日至 5 月 1 日，省森林公安局在全省范围内组织开展了"绿盾三号行动"。制订下发了"绿盾三号行动"实施方案，明确了打击重点。省森林公安局要求各级森林公安机关深刻认识依法保护森林和野生动物资源的重要性和艰巨性，积极争取地方党委、政府和林业、公安部门的大力支持，切实将思想统一到专项行动的部署上来，进一步增强保护森林和野生动物资源的责任感和紧迫感，精心组织，周密部署，确保专项行动顺利开展。郑州、洛阳等省辖市按照省森林公安局的统一部署，积极开展专项行动。行动期间，各级森林公安机关共出动警力 15 440 人次，查处各类涉林案件 639 起，其中刑事案件 86 起。打击处理人员 652 人，其中刑事拘留 78 人，逮捕 33 人。三是认真开展"禁毒专项行动"。为进一步加大林区禁毒工作力度，严厉打击林区涉毒违法犯罪，确保非法种植毒品原植物活动得到有效遏制，省森林公安局于 5 月在全省组织开展了林区禁毒专项行动，行动期间，全省共铲除毒品原植物(罂粟)3 720 株，查获非法种植人员 31 人。四是组织开展"严厉打击破坏森林资源违法犯罪专项行动"。为依法严厉打击各类破坏森林资源违法犯罪活动，切实加大森林资源保护管理力度，确保林业生态省建设顺利进行，6 月 5 日至 8 月 31 日，省林业厅、省公安厅在全省范围内联合组织开展"严厉打击破坏森林资源违法犯罪专项行动"，下发了省林业厅、省公安厅《关于开展严厉打击破坏森林资源违法犯罪专项行动的通知》，并召开"全省严厉打击破坏森林资源违法犯罪专项行动"电视电话会议进行动员部署。成立了由省林业厅党组成员、副厅长李军和省公安厅原党委委员、副厅长孙世海为组长的专项行动领导小组，明确了指导思想、工作目标、行动重点和方法步骤，提出了工作要求。行动期间，许昌、信阳、商丘等市积极行动，精心组织，周密部署，认真开展专项行动。据统计，全省共出动人员 18 395 人次，其中：森林公安民警 13 122 人次；破获各类刑事案件 113 起，其中重特大刑事案件 6 起，查处行政案件 973 起；打掉犯罪团伙 4 个；打击处理违法犯罪人员 1 409 人，其中刑事拘留 172 人，逮捕 96 人，治安拘留 55 人，行政处罚 1 086 人，行政罚款 108.1 万元。五是积极开展"冬季严厉打击涉林违法犯罪专项行动"。专项行动自 12 月 10 日起，至 2010 年 1 月 10 日止。为此，省林业厅下发了《河南省林业厅关于组织开展全省"冬季严厉打击涉林违法犯罪专项行动"的通知》，成立了由副厅长李军任组长，副厅级侦察员、森林公安局局长宋全胜任副组长，省森林公安局、厅资源林政管理处、野生动植物保护处、防火办公室、宣传办公室主要负责人为成员的专项行动领导小组，并于 12 月 7 日在郑州召开了全省"冬季严厉打击涉林违法犯罪专项行动"电视电话会议，对行动进行了全面部署。行动开始后，鹤壁、新乡、济源等省辖市按照省林业厅统一的部署，精心组织，积极行动。12 月 19 日，为进一步推动专项行动的顺利开展，确保行动取得阶段性成效。省林业厅在全省组织开展了为期两天的集中统一行动，明确了行动重点，提出了工作要求。据统计，全省"冬季严厉打击涉林违法犯罪专项行动"共出动民警 6 555 人，破获各类刑事案件 22 起，查处行政案件 439 起；打掉犯罪团伙 6 个；打击处理违法犯罪人员 468 人，其中刑事拘留 35 人，逮捕 14 人，治安拘留 5 人，行政处罚 414 人；收缴木材 407.9 立方米，野生动物 2 472 只（头），行政罚款 43.1 万元。

认真组织开展"三考活动"。为进一步推动"三考"工作，提高森林公安机关"软实力"，建立"三考"工作长效机制，4月份省森林公安局在全省组织开展了"三考活动"。此次活动以"领导带头，全警参与，全面提高"为指导思想，按照"干什么、学什么"，"用什么、考什么"的原则，以实际运用能力为考核重点。要求各级森林公安机关特别是领导机关和领导充分认识抓好"三考"工作的重要性和必要性，正确认识开展"三考"工作与推进森林公安各项工作的一致性，采取有效措施，不断提升森林公安机关的办案质量和执法水平，切实提高森林公安机关"软实力"，全面推进"三基"工程建设。经过努力，我省取得全国排名第9的好成绩。

积极开展森林公安派出所等级评定工作。2008年12月至2009年2月，省森林公安局按照国家林业局森林公安局《森林公安派出所等级评定实施办法》和《河南省森林公安派出所等级评定办法实施细则》的有关要求，本着实事求是、客观公正的原则，开展了派出所等级评定工作。经初评、审核、评定，全省有10个森林公安派出所被评定为一级派出所，31个森林公安派出所被评定为二级派出所。经上级审核，确定我省4个一级所、20个二级所。

认真做好涉林举报案（事）件的督办工作。2009年，全省森林公安机关以解决群众实际问题为着力点，切实加大对涉林信访件的办理工作。对催办件，确定专人负责，做到有登记、有督促、有落实；对群众来信，不压不扣，及时查办、转办；对群众上访热情服务，认真登记，及时反馈。据统计，全年省森林公安局共受理并督办反映毁林的举报件152起，其中国家林业局领导批转件8起，省委主要领导批转件1起，省人大常委会批转件1起，省委政法委批转件3起，省公安厅及公安厅执法监督委员会批转件6起，省林业厅主要领导批转件6起。

同时，在全省组织开展了公务用枪安全大检查活动，有效地促进公务用枪管理使用工作制度化、规范化建设。积极协调省公安厅出台了《河南省公安厅关于森林公安机关管辖涉林治安案件的意见》（豫公通〔2009〕44号），明确了由省辖市、县（市）森林公安机关依照《治安处罚法》16个条款实施处罚，规定了管辖分工、权限、办理程序，以及行政拘留的执行、诉讼复议等有关问题。这一文件的出台，结束了我省森林公安机关对涉林治安案件管辖不明确的历史，为全面履行职责，充分发挥职能作用奠定了基础。

（二）多策并举，努力促进森林公安队伍正规化建设

积极推进森林公安队伍建设。一是扎实开展"三定"工作。积极抓好省编委《关于市县森林公安机构设置和核定政法专项编制问题的通知》的落实，通过召开会议、编发简报等形式，及时通报进展情况，督促各地尽快完成"三定"工作。2009年底，全省18个省辖市和96个县（市）出台了森林公安机构"三定"方案，省辖市森林公安局全部为副处级规格，积极抓好新机构班子配备工作，督促各地尽快实现新机构的正常运行。二是积极开展人员过渡工作。按照国人部发〔2008〕15号文件和省人事厅、林业厅豫人〔2008〕110号文件规定，积极配合省人事厅、林业厅做好森林公安现有人员过渡和考试录用工作。至2009年底，已授衔民警的直接过渡、考核过渡和考试录用过渡已经完成，经公示、考核、培训和公示、考试、体检、考察等程序合格，共过渡1 353人。三是认真抓了教育培训。省森林公安局组织举办了警衔晋升培训等，组织开展大轮训活动，成立了领导小组，下发了《河南省森林公安民警大轮训工作实施方案》，召开了大轮训工作动员会。从11月开始，在开封警校对全体已过渡民警进行全员轮训，共分五期，每期 30 天，以提高民警执法能力、增强实战技能为重点，全面提升森林公安队伍的整体素质和实战能力。2009 年完成第一期，共有 255 名民警参加了培训。四是认真组织开展森林公安人事信息系统的信息采集和录入工作。按照国家森林公安局的要求，组织举办培训班，对各地人事信息系统管理人员进行专项培训，督促做好信息的采集和录入工作。截至 2009 年底，全省森林公安人事信息系统已经启用。五是扎实做好宣传工作。在省森林公安局网站及时编发森林公安先进单位和优秀民警的事迹，并同省电视台《法治频道》合办《绿色法网》栏目，每月播出两期，及时宣传森林公安系统侦查办案中涌现出的先进事迹。组织开展了"爱国歌曲大家唱"群众性歌咏活动。六是组织开展立功创模活动。省森林公安局在全省森林公安机关组织开展立功创模活动，要求民警立足工作岗位，学先进，创佳绩，形成争先创优的良好局面。

进一步严格队伍管理。一是在人员过渡期间，严把资格审查关，对长期不在森林公安机关工作或受刑事处分的人员进行了清理。二是为进一步严把进人关，严格队伍管理，省森林公安局制定下发了《河南省森林公安机关人民警察警籍管理办法》，严格实行省级森林公安机关统一管理民警警籍制度，省辖市及以下森林公安机关调入、转任民警，必须经省森林公安局审批警籍，并对审批警籍的条件、要求以及办理时限作出明确规定。经林业厅党组研究，进一步明确了对省辖市森林公安局主要领导干部任免的协管工作程序。三是组织对转交的反映民警违法违纪信访举报件办理情况开展了集中清理。省森林公安局从 5 月份开始进行一次集中清理，要求各地组织专门力量逐件清理，做到件件有着落，事事有回音。组织开展了民主评议行风和警车整顿清理工作。四是认真抓了反腐倡廉工作。省森林公安局在加强对民警日常教育的同时，要求各级森林公安机关要求民警认真执行四大纪律八项要求、中央"五不许"规定和国家林业局"六不准"，严格遵守省委对各级领导干部廉洁从政作出的 12 项规定，进一步倡导节俭、文明的风气，严禁铺张浪费、用公款吃喝，滥发钱物。省森林公安局将《公安机关领导干部五个严禁》做成标牌，发放基层所有森林公安机关和派出所，要求严格遵守。

（三）克难攻坚，狠抓警务保障工作

积极争取森林公安的经费保障。一是认真贯彻落实中共中央办公厅、国务院办公厅《关于加强政法经费保障工作的意见》文件（以下简称中央两办〔2009〕32 号文件）精神，努力争取将森林公安各类经费纳入政法机关经费保障范围，从根本上解决森林公安经费保障问题。9 月 18 日，省森林公安局召开了各省辖市森林公安局长会议，传达了中央两办〔2009〕32 号文件精神，并对贯彻落实问题提出了要求。10 月 22 日，省森林公安局召开了有各省辖市林业局分管森林公安工作的副局长、计财科科长和森林公安局局长、负责装财工作的人员参加的全省森林公安经费保障工作会议，传达贯彻了中央两办〔2009〕32 号文件和国家财政部、公安部关于公安经费保障体制改革的有关文件精神，对进一步做好全省森林公安经费保障工作进行了安排部署。10 月 23 日，省林业厅向省财政厅发出了《关于理顺森林公安经费保障体制的函》（豫林函〔2009〕140 号），省森林公安局就全省森林公安机关经费纳入政法机关经费保障范围，享受中央转移支付资金支持问题进一步明确。12 月15 日，省森林公安局向国家林业局森林公安局写出了河南省森林公安机关贯彻落实中央两办〔2009〕32 号文件工作情况汇报，并提请国家林业局森林公安局进一步加大汇报、协调力度，努力

争取国家财政部将森林公安经费列入政法经费保障范围，下大力气改变森林公安经费保障落后局面。二是督促各级森林公安机关，抓住森林公安"三定"和机构独立设置以及贯彻落实中办〔2009〕32号文件的良好机遇，加强与当地财政部门协调，理顺经费供给渠道，将森林公安各类经费按地方公安机关的执行标准纳入同级财政预算并按时足额拨付，同时推进省、市、县三级森林公安机关财务账户单设，实行独立核算。三是积极争取经费支持。向国家林业局编制上报了《河南省森林公安派出所房屋建设基础设施项目投资建议方案》、《河南省森林公安一线民警单警装备项目投资计划方案》、《2010年森林公安专项工作补助项目申报书》，全年共争取了国家林业局拨付中西部派出所建设、弹警装备、警务试点等项目资金700余万元、省财政资金380万元。

努力推进"金盾工程"建设。一是进一步推进森林公安四级网络建设，加快偏远派出所公安网接入步伐。经多次协调公安厅、移动公司、联通公司、电信公司解决了24个偏远派出所通过公安专用加密卡接入公安网问题，并完成了公安专用加密卡的制作和配发工作。二是按照国家林业局森林公安局的要求，在深入调研和广泛征求意见的基础上，拟订了河南省森林公安警务信息平台建设方案，邀请本省业内有关专家组成方案评审委员会，对建设方案进行了评审。专家们普遍认为该方案目标明确、内容全面、技术先进、设计合理、概算适当，方案可行，一致同意通过评审。拟订了河南省森林公安指纹信息系统和打击违法犯罪系统建设方案。

狠抓装备和基础设施建设。一是与各省辖市森林公安局签订了目标管理责任书，落实了装备和基础设施建设的责任。二是督促各级森林公安机关积极争取各级党委、政府及林业主管部门对森林公安机关的资金扶持，按照《公安派出所建设标准》改善基础设施及办公、办案条件，努力解决办公办案场所不独立、办公用房不达标、业务和辅助用房不齐全的突出问题。三是进一步落实警车管理规定，严格警车编制管理和购置审批程序，规范了警车管理行为，有效地防范和阻止了警车从事非警务活动的扩展和蔓延。四是完成森林公安重点治安区设备项目的资产移交工作。下发了《关于做好重点治安区设备管理的通知》，并将项目所配发的全部设备明细表发放至各基层派出所，要求严格按照国有资产管理有关要求，建立健全设备管理制度和台账，确保项目配置设备的安全和完整。

二、纪实

开展"绿盾三号行动" 3月1日至5月1日，省林业厅在全省范围内组织开展"绿盾三号行动"。行动的打击重点，一是因开矿、修路、建厂、采石、挖沙、旅游景区设施建设等活动引发的毁林和非法占用林地违法犯罪行为，二是盗伐、滥伐林木违法犯罪行为，三是故意毁坏去冬今春新植幼树的违法犯罪行为，四是利用投毒、网捕、枪击、下套等手段，非法猎捕、杀害野生动物的违法犯罪行为，五是非法收购、出售、经营、加工、运输野生动物及其制品的违法犯罪行为，六是查处各类涉林信访案（事）件。行动期间，全省共出动森林公安民警15 440人次，查处各类涉林案件639起，其中刑事案件86起，打击处理人员652人，刑事拘留78人，逮捕33人。

全省森林公安工作会议召开 3月12日，全省森林公安工作会议在郑州召开。会议的主要任务是：以党的十七大精神为指导，认真贯彻落实全国政法工作、全国公安厅局长会议精神，总结回顾

2008年工作，分析当前面临的形势任务，进一步统一全省上下学习实践科学发展观、推动森林公安持续快速发展的思想认识，研究部署当前和下步全省森林公安工作。

"全省严厉打击破坏森林资源违法犯罪专项行动"电视电话会议召开　6月9日，"全省严厉打击破坏森林资源违法犯罪专项行动"电视电话会议在郑州召开。省林业厅副厅长李军，副厅级侦察员、森林公安局局长宋全胜出席会议并讲话。各省辖市、县（市、区）林业（农林）局分管森林公安工作的副局长，森林公安机关全体人员参加了会议。

林业行政执法检查在全省范围内开展　6月20日至7月15日，省林业厅在全省范围内组织开展了以案卷评查为重点的林业行政执法检查活动。重点对各省辖市林业行政执法部门2008年6月1日至2009年5月31日办理林业行政案件、实施林业行政执法行为的情况进行检查。全省18个省辖市共抽查林业行政处罚案卷175个，其中优秀卷29个，占抽查案卷总数的16.6%；合格卷137个，占抽查案卷总数的78.3%；不合格案卷9个（其中0分卷4个），占抽查案卷总数的5.1%。

程德民到省林业厅森林公安局检查指导工作　8月3日，省公安厅党委委员、副厅长程德民在治安总队曾建新总队长及相关人员陪同下，到省森林公安局检查指导工作。省林业厅副厅级侦察员、厅森林公安局局长宋全胜就河南森林公安的发展历程、取得的成就及"三定"工作的进展情况进行了汇报。程德民副厅长在讲话中通报了近期省公安厅主要工作，表示将义不容辞地支持森林公安的发展。他要求森林公安要坚持从严治警的方针，管好带好队伍，重视抓好林区治安稳定工作，为林区建设创造良好治安环境，确保河南林区的长治久安。

设置河南省森林公安局　9月4日，河南省机构编制委员会印发《关于设置省森林公安局的通知》（豫编〔2009〕27号）。经省政府2008年第三次会议研究同意撤销省林业厅森林公安局，设置河南省森林公安局，为省林业厅的直属机构，列入省公安厅建制序列，挂河南省公安厅森林警察总队牌子，受省林业厅和省公安厅双重领导，党政工作以省林业厅管理为主，公安业务以省公安厅管理为主。

全省林业法制人员培训班在洛阳开班　11月22~28日，省林业厅在河南省林业学校举办两期全省林业法制人员培训班。来自全省市、县资源林政、森林公安、林木种苗、植物检疫、林技推广等部门的360名林业执法人员参加了培训。重点学习了预防森林渎职犯罪、林业行政执法案件分析、林业行政处罚实践中有关问题的解析、林业行政处罚案件文书制作等方面的知识。

科技兴林

一、概述

2009 年，河南林业科技工作坚持"自主创新，重点跨越，支撑发展，引领未来"的科技方针，深化林业科技体制改革，加强林业科技创新、人才创新和管理创新，进一步强化林业科学研究、科技示范与推广、林业标准化，加大科普工作力度，充分发挥科技在全省林业建设中的巨大支撑作用，有力地促进了全省林业发展。

（一）紧紧围绕林业建设中心，组织开展科学研究和科技攻关

结合实施《河南林业生态省建设规划》、《河南省 2020 年林业科技创新规划》和林业重点工程建设，围绕森林资源培育、保护和高效利用三个方面，狠抓林业科学研究和技术攻关，全省林业系统完成林业科技成果 40 多项。全省建设 1 个省级重点实验室，3 个厅级重点实验室。有 13 项林业科技成果获得省政府科技进步奖，其中一等奖 1 项、二等奖 5 项，三等奖 7 项。

（二）强化林业科技示范推广工作，不断提高林业建设的科技含量

结合河南林业生态省建设，大力强化林业科技推广工作，促进了科技成果向现实生产力的迅速转化。对现有成果、技术进行了认真筛选和组装配套，引进、推广了泡桐、树梅等优良新品种 50 多个；重点推广了抗旱保水剂、GGR 绿色植物生产调节剂应用技术、抗旱造林技术、经济林丰产高效栽培技术等新技术 20 多项；采用不同造林模式 90 多个。有效地改善了我省的树种和林种结构，为推动林业生态省建设又好又快发展提供了有力的科技支撑。

（三）树立为民意识，促进科技服务林改工作的深入开展

切实加强对科技服务林改工作的领导，把科技服务林改作为当前林业科技工作的一项重要任务，列入重要议事日程。一是认真组织开展了林改调研工作，先后派出三批专家组对全省林改中的技术需求进行调研，研究制订了《河南省林业厅"科技服务林改"实施方案》，明确工作目标，落实工作责任，切实把科技服务林改落到实处。二是组织有关单位制订印发了《河南省林业实用技术汇编

(160 项)》、《河南适生树种栽培技术》等技术资料 10 万多份。三是大力开展技术培训和"送科技下乡"活动，充分发挥全省各级林业推广、科研机构和其他科技服务组织在培训林业职工和林农工作中的骨干作用，采取举办农民技术学校、各类技术培训班等多种形式加大培训力度。四是狠抓林业科技推广示范，以服务林农、服务林改为目标，以优化林种结构，提高林业建设质量和效益为目的，重点推广了泡桐 9501-9504，豫刺 1 号、2 号，豫楸 1 号、2 号，薄壳核桃、新郑灰枣等一批林果新品种；推广了 ABT 生根粉、抗旱保水剂等一批优良种苗繁育及其造林技术、森林保护技术等。组织和动员广大林业科技工作者深入基层，服务林改。五是召开了全省林业科技服务林改工作会议，12 月 18~19 日，在周口市召开了全省林业科技暨科技服务林改工作会议。省林业厅副厅长丁荣耀，周口市副市长刘国连，周口市林业局局长杜民庄等领导同志及全省 18 个省辖市林业局主管科技的副局长、科技科长、林技站站长等共 100 余名代表参加了会议。会上，丁荣耀副厅长作了题为《强化科技创新积极服务林改为河南林业生态省建设做出新贡献》的讲话，传达了全国林业科技服务林改工作座谈会精神，表彰了 2004~2009 年全省林业科技工作先进单位和先进工作者，并分组讨论交流了各地市的科技工作经验和先进做法，周口市、洛阳市、南阳市、新乡市、荥阳市还作了典型发言。

（四）以点带面，狠抓林业科技示范体系建设

坚持分类指导，加快建立新的林业科技示范体系。按照年度林业科技工作目标，督促 18 个省辖市、6 个扩权县新建立林业科技示范区、科技示范基地 50 多处，新建 3 个省级林业科技示范园区。围绕林业重点工程建设，狠抓科技示范基地建设，突出抓了西峡、长垣等 9 个科技支撑示范县（市）建设，使示范林面积达到了 1.5 万亩。鄢陵、西峡、荥阳被国家林业局命名为第一批"国家级林业科技示范县"。

（五）加快林业标准化步伐，不断提高林产品质量和效益

组织制定国家林业行业标准 4 项、河南地方标准 6 项。指导市、县级林业部门制定林业技术标准 25 项，新建立国家林业行业标准化示范区 1 个。新建立国家林产品质量检验监测站（郑州站）1 个。

（六）认真开展林业技术培训和送技术下乡活动

印发了《关于在全省开展送科技下乡活动的通知》和《河南省"林业科技活动周"方案》，组织 10 多名林业专家，联合新乡市林业局到新乡县龙泉苑开展了送科技下乡活动。新乡市各县、市、区部分林业职工，16 个林业科技示范园区的负责人和新乡县 1 000 多名林农参加了送科技下乡活动。向新乡县赠送了《林业实用技术汇编》等科普书籍 2 000 多册，举行专题讲座 4 个，展出科技版面 30 多幅，现场技术咨询 500 多人次，发放技术资料 4 000 多份，培训林业职工和林农 2 000 多人次，取得了良好的活动效果。据统计，科技活动周期间全省开展送科技下乡活动 2 000 次以上，共培训林业职工、林农 40 多万人次，发放技术资料 50 多万份，受教育人数 100 多万人。

（七）加强综合协调，认真抓好林业科技综合管理与改革

一是切实加强了对林业科技计划项目的管理工作，严把项目申报、立项、检查、验收关，进一步完善管理办法。实行项目指南指导下的项目申报制，项目实施实行合同管理。2009 年共安排下达科技兴林和林业科技推广项目 60 多个，全部签订了项目建设合同。此外，根据国家林业局的有关要求，组织"948"项目中期评估 1 项，组织到期的 2 个科技培训项目、2 个"948"项目进行了验收。二是认真组织开展调研活动，组织人员在全省开展了河南省林业科研工作现状、问题及对策的调研工作，撰写了调研报告。三是成功召开了河南省林业科技暨科技服务林改工作会议，总结了近五年林业科技暨科技服务林改工作，表彰了先进，安排部署了 2010 年林业科技工作。

（八）开展学术交流，推动林业科技水平不断提高

10 月 29 日，河南省林学会在郑州召开了 2009 年学术年会。各省辖市林学会、各有关单位的负责人、有关专家及优秀论文作者等共 120 余名代表参加了会议。本届年会共征集学术论文 100 多篇，经学术委员会专家评审，共评选出优秀论文一等奖 20 篇，二等奖 20 篇，三等奖 27 篇。年会授予郑州市林学会等 11 个单位"优秀组织奖"称号。全省各地市也积极开展学术交流活动，2009 年全省共开展学术交流 30 多次，参加人员 3 000 人以上。

二、纪实

鄢陵等 3 县获批国家级林业科技示范县　3 月 27 日，国家林业局印发了《关于命名国家级林业科技示范县（第一批）的通知》（林科发〔2009〕75 号），决定命名全国 70 个县（市、区）为第一批国家级林业科技示范县，河南省鄢陵、西峡、荥阳等 3 个县（市）榜上有名。

国家林业局郑州林产品检验检测中心获准成立　3 月，通过国家林业局组织专家现场评审，批准成立国家林业局郑州林产品检验检测中心。中心的成立，将为规范河南省林产品市场秩序，确保全省乃至我国中部地区森林食品安全发挥积极作用。

送科技下乡　5 月 12 日，河南省林业厅、新乡市人民政府联合在新乡县龙泉镇开展送科技下乡活动。省林业厅和市林业局选派的 10 余名林业专家，以及新乡市各县、市、区部分林业职工，16 个林业科技示范园区的负责人和新乡县农民群众共 2 200 余人参加了送科技下乡活动。活动期间，省林业厅向新乡县赠送《林业实用技术汇编》等科普书籍 2 000 多册，省林业科学研究院的专家分别为当地广大林农和林业职工讲解了梨、樱桃、核桃栽培技术，在现场进行了技术指导、技术咨询和现场示范。本次活动共举行专题讲座 4 个，展出科技版面 30 多幅，现场技术咨询 500 多人次，发放技术资料 4 000 多份，培训林业职工和林农 2 000 多人次，取得了良好效果。

国家林业局林产品质量检验检测中心（郑州）　7 月 16 日，国家林业局郑州林产品质量检验检测中心揭牌仪式在省林业科学研究院隆重举行。国家林业局科技司副司长杨林、处长冉东亚，省林业厅副厅长丁荣耀，省质量技术监督局、省工商管理局、郑州市消费者协会和省林业厅有关处室局、单位领导出席了揭牌仪式。河南省林产品质量监督检验站是经省质量技术监督局授权的一家省级法定质检机构，建站以来，承担了大量的省市技术监督局、工商局的检验检测任务。

河南省林业生态效益价值评估新闻发布会　8 月 6 日，河南省"森林生态效益价值评估"新闻发布会在白云山景区森林氧吧内举行。会议期间，河南广播电台与外派的三组专家小组现场互动，同时对白云山森林氧吧、郑州火车站、洛阳火车站三个地方中的空气负氧离子进行检测，结果显示分别为：每立方厘米 8 670 个、97 个、113 个，充分证明了森林增氧的功能。《人民日报》、《光明日报》、新华社等中央驻豫媒体，《大公报》、《文汇报》、《香港商报》、《经济导报》等香港驻豫媒体及《河南日报》、《大河报》、河南电视台等省直媒体共 30 余家媒体参加了此次新闻发布会。

河南省林学会举办学术年会　10 月 29 日，河南省林学会在郑州召开了 2009 年学术年会。各省辖市林学会、各有关单位的负责人、有关专家及优秀论文作者等共 120 余名代表参加了会议。本次年会是河南省林学会第二届理事会成立以来召开的首次学术年会，年会的主题是"科技支撑与现代林业建设"。年会邀请了河南农业大学、河南省林业科学研究院等单位的专家开展了学术讲座，67 篇优秀学术论文在会上进行了学术交流。会议还表彰了本届年会优秀组织奖和优秀论文奖，印发了年会优秀论文集。

河南省科学技术进步奖评选揭晓　11 月 2 日，河南省政府科技进步奖评选揭晓，全省有 13 项林业科技成果获得省政府科技进步奖，其中"泡桐丛枝病发生机理及防治研究"获得一等奖，另有 5 项成果获二等奖，7 项成果获三等奖。

全省林业科技暨科技服务林改工作会议召开　12 月 18 日，河南省林业科技暨科技服务林改工作会议在周口市召开，省林业厅副厅长丁荣耀，周口市副市长刘国连，周口市林业局局长杜民庄，全省 18 个省辖市林业局主管科技的副局长、科技科长、林技站站长，河南农大林学院和省林校负责人，以及巩义、项城、永城、邓州、中牟等县（市）的林业局副局长和相关科研企业负责人等共 100 余名代表参加了会议。会议传达了全国林业科技服务林改工作座谈会精神，表彰了 2004~2009 年全省林业科技工作先进单位和先进工作者，分组讨论交流了各地市的科技工作经验和先进做法，并组织与会人员实地考查了周口市林业科技示范园区。

林业法制建设

一、概述

2009 年，全省林业法制建设紧紧围绕林业生态省建设大局，坚持为林业中心工作服务、为领导决策服务、为执法实践服务的思想，立足依法治林实际，突出重点，全面推进林业法制建设，圆满完成了各项工作任务。

（一）加强林业立法，完善林业法制体系

一是根据河南省森林资源流转工作的实际需要，出台了《河南省森林资源流转管理办法》，进一步修改完善了《河南省森林防火条例》。二是完成了规范林业行政处罚裁量权工作。对现行与林业工作有关的 5 部法律、14 部行政法规、7 部地方性法规及相关规章所涉及的所有林业行政处罚事项进行了梳理、分类，制定出了《河南省林业行政处罚裁量标准（试行）》及《河南省林业行政处罚裁量标准适用规则》、《河南省林业行政处罚案件主办人制度》、《河南省林业行政处罚预先法律审核制度》、《河南省林业行政处罚案例指导制度》等内部制约制度，在河南省政府法制网和河南林业信息网上进行了公布，有效地促进全省林业行政执法人员依法行政、合理行政以及林业行政执法水平的全面提高。

（二）加大执法监督力度，规范行政执法行为

2009 年，组织开展了以案卷评查为重点的全省范围的林业行政执法检查活动。在全省 18 个省辖市 35 个县（市、区）抽评了林业行政处罚案卷 175 个，其中优秀卷 29 个，占抽查案卷总数的16.6%；合格卷 137 个，占抽查案卷总数的 78.3%；有 94.9%的林业行政处罚案卷合格。这次执法检查活动对规范执法行为、提高执法质量产生了极大影响。

（三）狠抓法制宣传教育，努力营造良好的执法氛围

一是强化林业法制人员培训力度。2009 年 11 月 22~28 日，在省林校举办了两期全省林业法制人员培训班。二是组织了公务员法律知识考试。2009 年 11 月 3 日，组织开展了厅机关全体公务员和参照公务员法管理的种苗站、森林病虫害防治检疫站、林业技术推广站工作人员的考试工作。三是切实加大了林业法制宣传力度。2009年是《中华人民共和国行政复议法》施行十周年纪念日，9月25日组织开展了《中华人民共和国行政复议法》宣传活动。

（四）强化调研，认真作好执法服务工作

2009年，先后组织开展了"林业生态省建设"、"河南省机关团体干部参与林业开发建设"、"林业在河南省粮食核心区建设中的作用"、"林业行政处罚自由裁量权"、"农村土地承包经营纠纷调解仲裁法"、"亿霖公司非法经营案件"等有关内容的研究和调研活动。

（五）圆满完成厅属企业改制工作任务

2009年是全省企业改制工作的攻坚年。通过多方面的努力和协调工作，省林业厅分别与河南省人民政府国有资产监督管理委员会和河南投资集团有限公司签订了《企业划转移交协议》（以下简称《协议》）。根据《协议》，河南省林业厅下属的河南省兴林科技开发公司划归省政府国资委管理，河南省林业厅下属的河南省三林联合开发公司、河南省林业厅物资站两家企业划归河南投资集团有限公司管理。《协议》的签订，标志着省林业厅厅属企业改制工作圆满完成。

二、纪实

向省政府研究室报送2009年林业课题项目 1月15日至2月17日，按照省政府研究室关于征集2009年河南省政府决策研究招标课题选题的通知要求，省林业厅在厅机关和厅直各单位认真开展了2009年省政府决策研究招标课题林业项目的选题工作，经整理筛选，向省政府研究室报送了三个课题项目，分别是：平原地区林粮双赢模式绩效研究、平原地区林业产业化发展研究、平原地区林权抵押贷款发展研究。

提请省政府审议《河南省森林资源流转管理办法》 5月15日，根据河南省人民政府2009年度立法计划，省林业厅正式行文，提请省政府审议《河南省森林资源流转管理办法》。

组织开展全省林业系统行政执法检查 6月20日至7月15日，组织开展了以案卷评查为重点的全省范围的林业行政执法检查活动。林业行政执法检查活动的对象和时间是各省辖市林业行政执法部门2008年6月1日至2009年5月31日办理林业行政案件、实施林业行政执法行为的情况。重点是林业行政执法案卷评查和案件办理。

完成河南林业法制建设回顾 8月，为配合新中国成立60周年河南林业成就展，完成了河南林业法制建设回顾资料整理和宣传图片收集工作。

完成规范林业行政处罚裁量权工作 8月，通过对现行的林业5部法律、14部行政法规、7部地方性法规及相关规章所涉及的林业行政处罚事项的梳理、分类，并多次座谈、广征意见、反复论证，制定出了《河南省林业行政处罚裁量标准（试行）》及《河南省林业行政处罚裁量标准适用规则》、《河南省林业行政处罚案件主办人制度》、《河南省林业行政处罚预先法律审核制度》、《河南省林业行政处罚案例指导制度》等内部制约制度，分别在河南省政府法制网和河南林业信息网上进行了公布，此项工作的完成有效的促进全省林业行政执法人员依法行政、合理行政和执法水平的全面提高。

开展调研工作 8月12~18日，按照省人大统一部署，结合河南省林业实际，省林业厅在全省林业系统范围内开展了学习贯彻落实《中华人民共和国农村土地承包经营纠纷调解仲裁法》情况的调研工作，并形成调研报告上报省人大。

开展《中华人民共和国行政复议法》施行十周年宣传活动 9月25日，为了进一步宣传行政复议制度，推动行政复议法及其实施条例的贯彻实施，充分发挥行政复议在化解行政争议、维护人民群众合法权益、促进行政机关依法行政、实现社会和谐稳定、推进林业生态省建设等方面的重要作用，省林业厅组织开展了《中华人民共和国行政复议法》施行十周年宣传活动。

组织开展有关抑制消费政策的清理工作 9月25日至12月15日，省林业厅组织开展了有关抑制消费政策的清理工作，对全厅制发的文件进行了逐件逐项清理。经清理，省林业厅制发的文件中没有涉及抑制消费的政策、收费项目和罚款项目。

通报执法检查情况 10月13日，就全省林业行政执法检查总体情况、存在问题、整改措施等，以省林业厅文件通报全省林业系统。全省18个省辖市共抽查林业行政处罚案卷175个，其中优秀卷29个，占抽查案卷总数的16.6%；合格卷137个，占抽查案卷总数的78.3%；不合格案卷9个，占抽查案卷总数的5.1%。

出版《林业政策法规汇编（第22辑)》 10月，《林业政策法规汇编（第22辑)》一书编辑出版，书中收集了2008年中共中央、国务院、国务院工作部门和中共河南省委、省人大、省人民政府及其有关厅局颁发的法律、法规、规章和规范性文件86篇，同时补录了2007年3篇。

组织开展公务员法律知识考试工作 11月3日，按照省委组织部、省委宣传部、省司法厅、省人力资源和社会保障厅、省依法治省办公室的统一部署，省林业厅组织开展了厅机关全体公务员和参照公务员法管理的经济林和林木种苗工作站、森林病虫害防治检疫站、林业技术推广站工作人员（除工勤人员外）的法律知识考试工作。全厅共有146人参加了考试。通过本次考试，更加激发了全厅机关公务员和参照公务员法管理的工作人员学法用法积极性，达到了预期效果。

举办全省林业法制人员培训班 11月22~28日，全省林业法制人员培训班在河南省林业学校举办。来自全省市、县资源林政、森林公安、林木种苗、植物检疫、林技推广等部门的360名林业执法人员参加了培训。这次培训针对2009年全省林业行政执法检查中发现的问题，以应掌握的林业行政处罚文书制作基本知识、涉林渎职犯罪的法律知识和业务技能为主，邀请省人民检察院渎职犯罪侦探中心的领导、具有多年基层实践经验和理论水平高的的专家讲授了丰富的内容。

开展"12·4"法制宣传日宣传活动 12月4日，开展了"12·4"法制宣传日宣传活动，组织全省林业系统开展内容丰富、形式多样的林业法制宣传活动。

厅属企业改制工作圆满完成 12月24日，河南省林业厅分别与河南省人民政府国有资产监督管理委员会和河南投资集团有限公司签订了《企业划转移交协议》（以下简称《协议》）。根据《协议》，河南省林业厅下属的河南省兴林科技开发公司划归省政府国资委管理，河南省林业厅下属的河南省三林联合开发公司、河南省林业厅物资站两家企业划归河南投资集团有限公司管理。

《河南省森林资源流转管理办法》出台 12月31日，《河南省森林资源流转管理办法》经河南省政府第 58 次常务会议审议通过，2010 年 1 月 14 日郭庚茂省长签署省政府令 130 号公布，自 2010 年 3 月 1 日起施行。《河南省森林资源流转管理办法》共 6 章 28 条，明确了流转范围与期限、流转程序与管理、流转资产评估、法律责任等。

森林防火

一、概述

2009 年，中原大地遭遇 50 年不遇的特大旱灾。严重的旱情，不仅导致农作物大面积受损、大范围人畜饮水困难，而且导致森林火灾显著多发。据统计，2008 年 11 月 1 日至 2009 年 12 月 31 日，全省共发生森林火灾 736 起，是常年平均值的 3 倍以上。特别是 2009 年春节期间，由于全省持续高温、干旱，风大物燥，加之祭祀、燃放烟花爆竹等人为活动剧增，森林火灾频繁发生，全省共监测到森林火灾热点 221 处，涉及全省 13 个省辖市 38 个县（市、区）。

面对森林火灾高发的严峻形势，全省各地紧急动员，严阵以待，全面贯彻落实党中央、国务院和省委、省政府关于森林防火工作的一系列部署，积极应对挑战，努力克服各方面不利因素，强化组织领导，狠抓宣传教育，认真修订预案，加大责任追究，全省森林防火工作实现了跨越式发展。

（一）森林防火工作取得的成就

一是森林火灾损失明显降低。所有森林火灾全部做到了快速发现、快速控制、快速扑灭，全省森林火灾过火总面积 38 755.2 亩，受害森林面积 14 027.4 亩，火灾控制率达到 19.65 亩每次，平均单次火灾受害面积与 2001~2008 年均值相比减少 42.29%；与 2008 年同期相比，全省森林火灾发生次数减少了 186 起，减少 20.74%，创造了大旱之年森林火灾发生率不升反降的良好成绩。新中国成立 60 周年大庆期间，由于防控措施到位，全省实现零森林火灾，为保障经济社会大局、推动生态文明建设做出了重大贡献，得到了国家护林防火指挥部和国家林业局的充分肯定。

二是基础建设快速推进。2009 年全省森林防火在建项目 8 个，总投资额近 8 000 万元，其中中央投入 5 800 余万元，全省基础建设投入创历史最高水平，项目区基本覆盖了太行山、伏牛山、桐柏山、大别山四大山系各重点林区。

三是制度建设明显突破。4 月 10 日，省政府办公厅印发了新修订的《河南省森林火灾应急预案》，进一步明确了各有关部门的职责，新增了森林防火预防、宣传、基础设施建设、队伍建设、物资储备、责任制等预防和应急准备内容，作出了为森林防火专职人员和专业森林消防队员购买人身意外伤害保险的规定，取得了保障森林防火工作人员生命安全等方面取得的重大突破。

四是问责机制初步形成。经省政府审核同意， 7月3日，联合省监察厅出台《河南省森林防火责任追究办法》，进一步明确了各单位、各部门和相关责任人职责，强调了八种追究形式，充分体现了责任追究的全面性和针对性。

五是森林防火队伍明显壮大。积极协调有关部门，着力解决困扰消防队伍发展面临的编制、经费、装备、日常训练等问题，强力推进专业、半专业森林消防队伍建设，并通过严格管理，严格训练，扑火能力明显增强。

六是森林防火工作作风明显好转。针对部分地方在工作部署、工作安排方向存在的拖沓扯皮问题，加大了整改力度，全省高度关注、高度重视森林防火的氛围全面形成。

七是森林防火意识全面增强。始终把宣传教育作为森林防火的第一道工序，营造了"森林防火，人人有责"的浓厚氛围。

八是森林防火天气信息资源实现共享。巩固与省气象部门共同建立的天气会商机制，及时会商，及时发布，为森林火灾的早预报、早准备、早处置、早扑灭打下了良好基础。

（二）采取的措施

一是切实加强组织领导。全省各级党委、政府对森林火灾防控高度重视。特别是在森林火灾集中暴发的春节期间，省委、省政府主要领导和分管领导分别就森林防火提出要求或作出批示，要求全力以赴做好森林防火工作。省政府两次召开电视电话会议，省政府护林防火指挥部指挥长、副省长刘满仓多次听取森林防火工作汇报，省政府护林防火指挥部多次召开会议，紧急研究措施。关键时期，省政府护林防火指挥部对森林防火组织得力的市通报表扬，省政府护林防火指挥部办公室多次下发督察整改通知、多次派出工作人员深入火场现场督导森林火灾扑救工作。经省政府审核同意，省政府护林防火指挥部、省监察厅、省林业厅于7月初联合出台了《河南省森林防火责任追究办法》，进一步明确了乡镇以上人民政府、县级以上人民政府护林防火指挥部成员单位应当履行的森林防火职责。

二是深入抓好宣传教育。始终把宣传教育作为森林防火的第一道工序，全力营造"森林防火，人人有责"的氛围。制订了《河南省宣传贯彻〈森林防火条例〉方案》，对新《条例》的宣传贯彻从组织领导、宣传手段等方面提出明确要求，召开了新《条例》记者通气会，省市主要新闻媒体经常深入重点林区采访报道森林防火工作。8月，省委宣传部、省政府护林防火指挥部、省教育厅、省林业厅、省广电局、省新闻出版局、省通信管理局联合发出《关于加强全省森林防火宣传教育工作的通知》，对森林防火宣传教育提出明确要求。各省辖市都组织开展了"森林防火宣传月"活动，在中小学开设森林防火主题课，开展了森林防火"小手拉大手"活动。各地积极创新宣传形式。如信阳市开展了森林防火宣传一条街活动。济源市制作森林防火宣传手袋2万个，免费发放给重点林区小学生；印制森林防火宣传年画2万幅，免费发放给重点林区农户。

三是严格做好火灾防范。继续严格实施野外生产用火审批制度，对林区生产施工用火单位，采取了交纳防火抵押金，落实责任人的办法进行管理。继续强化重点人员管理，对痴、呆、憨、傻人员和中小学生一一登记造册，落实监护人员和管理责任。继续对入山路口、寺院、墓地等重点地段增兵设卡，防火检查站严格控制火种入山，护林员继续加大林区监测巡查密度。抓好省际和大区域森林火灾联防工作。针对行政交界森林火灾多发、难管的实际，春、冬时节先后参加和组织豫晋、豫陕、豫鄂、豫皖、鄂豫皖等5个省际联防会议和伏牛山、太行山、大别山、桐柏山等8个省内联防会议，指导各地开展联防工作，强化协作，明确责任，推动了联防工作开展。紧要时期层层开展了森林火灾隐患排查行动，发现和消除了大批森林火灾隐患。加大火灾案件查处力度，并在电视、电台等新闻媒体对典型案件进行曝光，有效打击了违法用火和故意纵火。9月10日，省政府护林防火指挥部、省林业厅、省旅游局联合发出通知，要求各地切实加强旅游景区、特别是"十一"国庆长假的森林防火工作，为实现国庆期间全省零森林火灾发挥了重要作用。

四是迅速控制森林火灾。各级护林防火指挥部领导亲自安排部署森林防火值班调度，各级护林防火指挥部办公室坚守森林防火值班岗位；各地专业半专业消防队集中食宿，严阵以待；所有检查站、瞭望台工作人员全部上岗到位。为进一步提高全省重点林区森林消防快速反应能力，筹措资金800余万元，一次性购买森林消防运兵车110辆、摩托车30辆，于2008年底装备到林区森林防火一线。省护林防火指挥部有关负责人及时指挥森林火灾扑救，并根据火场情况，适时调动直升飞机洒水灭火。各地党委、政府主要领导对森林防火高度重视，亲自确定扑救方案，亲自组织协调扑火力量，亲自安排后勤补给。2008年11月26日辉县市发生森林火灾后，新乡市委书记吴天君、市长李庆贵立即作出批示，主管副市长立即赶赴火场组织扑救。12月24日伊川县发生森林火灾后，省委常委、洛阳市委书记连维良亲自对扑救工作作出安排部署，市委常委、副市长高凌芝等迅速奔赴火场前线指挥扑救。2009年1月25日鲁山县发生森林火灾后，平顶山市委书记赵顷霖对森林火灾扑救作出批示，主管副市长王跃华等市、县领导亲临火场一线组织扑救工作。

五是稳步推进基础设施和森林防火队伍建设。在国家护林防火指挥部、国家林业局的大力支持下，2009年全省在建森林防火基础设施建设项目8个，总投资额近8 000万元，全省森林防火基础建设投入创历史最高水平，项目区基本覆盖了太行山、伏牛山、桐柏山、大别山四大山系各重点林区。省财政对森林防火事业大力支持，自2007年起，连年增加森林防火专项资金，增幅达40%以上。开展了航空护林业务，全省森林防火工作形成了地面、空中、卫星三种主要监测手段联动的格局。积极协调有关部门，着力解决困扰消防队伍发展面临的编制、经费、装备、日常训练等问题，强力推进专业、半专业森林消防队伍建设，并通过严格管理，严格训练，扑火能力明显增强。郑州市新成立专业森林消防突击队15支。济源市在全市所有山区乡镇全部建起了森林防火突击队，并配备了指挥车、运输车、对讲机、灭火机等设备。辉县、巩义、新县、光山等县市把专业森林消防队队员纳入了事业编制。汝阳、栾川、孟津三县成立了财政全额供给的专业森林消防大队，编制分别为30名、32名、15名。上述三个森林消防大队均采用政府购买服务岗位的办法组建，队员工资每人每月均为1 200元，由县财政全额拨付，消防队员生活有了保障，扑火的积极性得到极大提高，大大增强了森林火灾防控能力。

六是狠抓信息引导。通过狠抓信息工作，既很好地宣传了所做的工作，又通过典型引路很好地指导了全省森林防火工作，同时做到了直面问题，及时督促、纠正工作中的偏差。2009年共组织编发《森林防火信息》、专报、重要火情报告等 120 多期，被国家护林防火指挥部办公室、省政府应急办公室、省林业厅等信息刊物转载 50 余篇，被国家林业信息网、国家防火信息网、河南省林业信息网等网站转载 70 余次，各级领导批示 10 余次，《中国绿色时报》、《河南日报》、河南人民广播电台等新闻媒体转发近 20 次。林业厅信息工作受到了有关领导的充分肯定，得到了省政府、省林业厅的通报表扬，在全国森林防火政务信息培训班作了典型发言。

二、纪实

省护林防火指挥部办公室致信慰问全省森林防火战线干部职工　1 月 22 日，省护林防火指挥部办公室发出慰问信，热情慰问全省森林防火战线干部职工，并要求在春节期间时刻保持高度警觉，狠抓各项预防措施落实，严格值班调度，全力做好扑救准备，全力维护林区安定、祥和的节日气氛。

鲁山县尧山镇发生森林火灾　1 月 25 日，鲁山县尧山镇发生森林火灾，其中 2 处火场海拔在 1 000 米以上。平顶山市委、市政府和鲁山县委、县政府高度重视，采取得力措施，及时有效地控制、扑灭了这起森林火灾，最大限度地减少了森林火灾损失。

省护林防火指挥部通报表彰平顶山市　1 月 29 日，省政府护林防火指挥部发出《关于平顶山市及时处置森林火灾等有关情况的通报》（豫防指〔2009〕3 号），对平顶山市在鲁山县尧山镇森林火灾的扑救过程中反应快速、措施得力、效果突出提出通报表扬。

《河南省森林火灾应急预案》修订出台　4 月 10 日，河南省政府办公厅发出《关于印发河南省森林火灾应急预案的通知》（豫政办〔2009〕32 号），要求全省正式执行新修订的《河南省森林火灾应急预案》。新预案的主要内容和特点一是明确责任主体，二是建立防火组织体系，三是便于实践操作。

召开全省森林防火工作会议　6 月 11 日，全省森林防火工作会议在鲁山县召开。会议全面总结了 2008 年冬 2009 年春全省森林防火的工作经验，分析问题，查找不足，研究对策。省林业厅副厅长李军，各省辖市林业（农林）局主管领导、护林防火指挥部办公室主任和 40 个重点县（市、区）林业局主管领导参加了会议。新乡、鲁山、新县、栾川、淅川 5 个单位在会上作经验介绍。

河南省出台森林火灾责任追究办法　7 月 3 日，河南省人民政府护林防火指挥部、河南省监察厅、河南省林业厅，联合出台《河南省森林防火责任追究办法》，进一步明确了乡镇以上人民政府、县级以上人民政府护林防火指挥部及其办公室、各级人民政府护林防火指挥部成员单位、各村民委员会以及各风景名胜区、自然保护区、居民区、军事管理区、森林公园、厂矿企业等单位应当履行的森林防火职责，并就奖惩作出了严格规定。

举办全省森林防火指挥员培训班　7 月 7~9 日，全省护林防火指挥员培训班在林州主办，各省辖市林业局主管副局长、护林防火指挥部办公室主任、各重点县林业局局长共计 86 人参加了培训。

省委宣传部等七部（厅、局）联合发文推动森林防火宣传教育工作　8 月 25 日，河南省委宣传部、省人民政府护林防火指挥部、省教育厅、省林业厅、省广电局、省新闻出版局和省通信管理局联合发出《关于做好森林防火宣传教育工作的通知》（豫防指〔2009〕9 号），要求各级宣传、护林防火、教育、林业、新闻出版、广播电视、通信管理等部门高度重视森林防火宣传工作，密切配合，通力协作，认真动员、组织各种媒体切实加大森林防火宣传力度，深入开展森林防火教育，不断增强全民森林防火意识，努力形成全社会了解森林防火、参与森林防火、支持森林防火的氛围。

省政府护林防火指挥部三部（厅、局）联合要求做好旅游景区森林防火工作 9月10日，省政府护林防火指挥部、省林业厅、省旅游局联合发出《关于进一步加强旅游景区森林防火工作的通知》（豫防指〔2009〕10号），要求各地切实加强旅游景区、特别是"十一"国庆长假的森林防火工作，确保景区森林资源、景区景观和游人生命财产安全。

召开冬春季森林火险形势会商会 10月20日，省林业厅、省气象局联合召开2009~2010年冬春季森林火险形势会商会，来自省气象局、省气象科研所、省气候中心、省气象科技服务中心有关专家以及有关林业、森林防火、航空消防的专家共同分析了全省冬春森林火险形势。省林业厅厅长王照平、省气象局局长王建国、省林业厅副厅长李军参与会商。

召开河南省森林防火工作电视电话会议 12月18日，河南省政府召开全省森林防火工作电视电话会议，全面安排部署2009年冬2010年春森林防火工作。省政府护林防火指挥部指挥长、副省长刘满仓发表讲话，省政府护林防火指挥部副指挥长、省林业厅厅长王照平以及省政府护林防火指挥部成员单位和省政府应急办负责人参加会议。有关省辖市和重点县（市、区）政府护林防火指挥部全体成员，有森林防火任务的乡（镇）的乡（镇）长和国有林场负责人参加会议。济源、辉县、新县县（市）政府负责人在会上介绍了做好森林防火工作的经验。

林业调查规划与设计

一、概述

2009 年，河南省林业调查规划院（以下简称规划院）在厅党组的正确领导下，在厅有关单位和处室的大力支持下，在院全体同志的辛勤努力下，以邓小平理论和"三个代表" 重要思想为指导，深入贯彻落实科学发展观，真抓实干，与时俱进，开拓创新，各方面均取得了新的成效。

（一）工作开展情况

（1）各项业务工作取得新成效。完成了二项评估：即首次"全省林业系统自然保护区管理监测评估"；河南省长江防护林一、二期工程建设成效评估。提交了三项成果：即《河南省森林资源流转管理办法》；全省第七次森林资源连续清查成果；全省二类调查成果。开展了四项监测：即第四次全国荒漠化沙化土地监测；中德财政合作河南农户林业发展项目年度监测；退耕还林年度监测核查；全国第八次森林资源连续清查年度监测。完成了五项核查（调查）：林业生态省建设重点工程省级核查验收工作；县域经济林木覆盖率指标 2009 年年度考核；全省林业目标综合核查；专项核查林业生态县建设检查及亿霖公司涉林案件林业资源调查。推进了六项常规工作：年度飞播造林工作；林业工程咨询和林业司法鉴定工作；河南省林业工程建设协会的日常管理和年度工作；政务公开和平安林业建设年度工作；林业信息化建设工作；林权制度改革调研工作。制定（修订）了七项标准（规范、办法）：即《森林采伐管理办法》、《水土保持林设计规范》、《平原农田防护林建设规程》、泡桐立木材积表、《全国疫源物种本底调研及监测防控指导》等 7 项标准（规范、办法）。组编了八本书籍：即《河南森林资源》、《河南林业生态工程建设探索与实践》、《河南森林旅游》、《河南飞播造林》、《林业工程技术标准汇编》、《河南林业调查规划院院志》、《林业绘图技术手册》、规划院宣传册等 8 本书籍，其中 5 本书籍已正式出版。

（2）文明单位再创取得新硕果。一是重规范、重管理，制定多项措施，有序地促进了各项工作进展。规划院于 2004 年 2 月被省委、省政府命名为"省级文明单位"称号，2009 年已满届 5 年，根据有关规定，需重新申报。为再创"省级文明单位"称号，规划院在业务工作繁重的情况下，把文明建设提上了重要议事日程，先后召开多次会议，专题研究如何抓好文明再创工作。同时，学习借鉴其他行业和部门先进经验，确定了以政治文明为基础、以精神文明为内涵、以服务职工为宗旨的"大文明"创建思路，重新调整文明创建工作领导小组成员，建立了领导干部包科室，党员干部包家属的层层包干责任制，制订了《省级文明单位再创工作方案》，实现了文明创建工作规范化。二是重建设，促进基础设施日渐完善。为改善办公环境，重新装修了公共卫生间，粉刷了办公大楼，改建了生态停车场，增设停车面积 720 平方米，整修行车通道 340 平方米，更新路面 1 200 平方米，移植乔灌木类 20 多个品种 180 株，栽植草坪 1 400 平方米，使办公大院景观更加协调、自然、生态。同时，购置了电子设备和相关软件，提升了科技装备；订阅了 130 种报刊，购买了大量书籍，极大地丰富了职工的精神文明生活，开阔了职工视野。三是重宣传，办活动，促进文明素质普遍提高。为树立职工文明风气、规范文明行为、培养文明习惯，让广大职工更加热爱自己的家园。先后组织实施了《公民道德建设实施纲要》的学习、制作了宣传展板，召开了职工运动会、联欢会、普法知识竞赛等活动。在节假日及时开展送温暖活动，给困难职工送去慰问品，帮助退休老干部送年货等。2009 年规划院与省政协联合举办了河南飞播造林 30 年庆典，组织编辑出版《河南飞播造林辉煌 30 年图片集》。一系列宣传活动的开展，提高了职工的道德思想素质和文明素养。

经过不懈努力，2009 年 12 月，规划院顺利通过了省级文明单位再创验收，再次被评为"省级文明单位"。

(3) 党的建设跃上新台阶。一是加强了政治理论学习。院总支结合工作实际，组织干部职工深入开展了"强化质量责任意识提高职业道德水平"主题教育活动。通过抓学习、抓问题、抓典型、抓效果，促进了思想教育经常化、工作管理规范化，使全院党员的党性观念、宗旨意识明显增强，责任意识、质量意识明显增强，职业道德、个人修养明显增强；大局意识、纪律意识明显增强。二是加强了党风廉政建设。落实"一岗三责"。把党风廉政建设和反腐败工作纳入整体工作格局之中，各支部将党风廉政建设与主体业务工作同部署、同落实、同检查、同考核。通过经常性、多种形式的党风、党纪和廉政教育，使全体党员加强了干部廉洁自律管理，提高了新形势下拒腐防变能力。同时，党总支加强了组织建设，有 6 名党员进入党校进行培训，并发展了 4 名预备党员。

(二) 采取的主要举措

针对 2009 年规划院工作项目繁重、任务艰巨、时间紧迫、责任重大的实际，院里紧紧围绕厅里的工作部署，突出质量，强化责任，统筹安排，狠抓落实。主要做法是：

(1) 最明确的思路是围绕大局、提供支撑。紧紧围绕河南林业生态省建设这个大局、厅党组的各项决策和部署，始终坚持为厅党组和各市、县林业部门科学决策提供优质高效服务和技术支撑作为开展各项工作的出发点和立足点。2009 年，规划院认真贯彻落实中央和省委林业工作会议精神，认真贯彻落实厅党组的各项决策和部署，认真落实厅长办公会议精神和厅领导讲话、批示精神，先后完成了林业生态省建设重点工程、林业生态县等 10 余项监测、核查任务，开展了 230 多项林业工程咨询工作和司法鉴定工作，充分发挥了为厅党组科学决策、为各地林业部门提供科技支撑的作用。

(2) 最关注的环节是注重质量、强化责任 。质量是一个单位生存和发展的根本大计。因此，

2009 年，院里进一步强化了质量管理，倡导"品牌"意识。每次资源调查或项目核查前，院里都认真组织技术人员进行培训，使其牢固掌握技术操作细则。同时，注重加强他们的思想政治教育和纪律作风整顿，要求大家常怀忧院之心，恪尽兴院之责，以身作则、亲力亲为，生活上不要"摆谱"、不要"张口"、不要伸手，工作上严格标准、实事求是、严于律己。外业调查（核查）期间，院 6 名班子成员分片包干，连续深入各县（区、市）督导核（调）查工作，协调解决相关问题。在内业汇总中，规划院及时召开协调会议，统一时间、统一技术标准，确保了各项核查和调查工作成效。在工程咨询设计方面，加强了咨询成果的审核把关，提高了质量水平。2009 年 11~12 月，规划院通过深入开展"强化质量责任意识 提高职业道德水平"教育活动，使全院职工大局和责任意识、发展和创新意识、质量和精品意识明显增强，各项工作质量和效率明显提高。

（3）最根本的方法是统筹兼顾、协调推进。鉴于近年来工作项目多、时间紧、任务重、要求高、难度大等情况，在工作安排上，及时召开会议，做到充分讨论、民主决策，注重提高各项决策的科学性和措施制定的针对性，注重处理好资源监测等公益性工作与林业工程咨询等服务性工作的关系，统筹安排技术人员、工作时间、任务分配等事宜，确保高质量按期完成；在利益分配上，注重处理好个人付出与个人所得的关系；在配备办公用品上，充分考虑其工作性质和任务需求；在评选先进人物上，充分考虑每个人的德、能、勤、绩，做到"公平、公正、公开"；在党的建设中，注重处理好党的主题教育活动学习与促进业务工作开展的关系，做到党性修养提高与业务能力增强相结合；在综合管理中，坚持从院经济现实状况、工作需求和长远发展出发，注重经济效益和社会效益相统一。同时，院里要求每名职工在工作中注重处理好核查与稽查、抽样与核查、核查与被核查、管理层与操作层、质量与进度、循规与创新、中心工作与日常工作、外业与内业、工作与家务等九大关系，促进了各项工作开展。

（4）最得力的手段是超前谋划、真抓实干。2009 年年初，结合全省年度工作重点，院里全面考虑、超前部署，抢前抓早，力求实效。对技术人员在市、县核查工作中发现的问题，多次召开会议，提出解决意见，经省厅同意后，及时把解决办法传达给核查人员，确保了各类问题的处理在技术标准和操作规程方面的统一。因工作项目多、任务重，不少职工常常同时承担 2~3 项工作，而且不少工作需加班加点才能完成。为提早完成任务，即使在"五一"、"十一"、"元旦"等节假日，也往往不能安排休息。院里工作平台主要在野外，工作性质艰苦，环境条件较差。往年平均野外工作时间一般在半年以内，近年来每年都达到八九个月。在各项工程核查、年度目标综合核查等外业工作中，多数技术人员不畏夏季炎热，不惧冬天寒冷，不怕山高路远，奔波在山山岭岭和田间地头，认真进行调查。每调查一个小班，每提取一个样本都要付出几小时甚至十几个小时的奔波。平均每天野外工作都在 10 个小时以上。提交的各项调查成果、工程咨询成果、各项技术规程经得起时间和实践的考验，得到了全省林业系统的广泛认可。

二、纪实

周喜平荣获河南省技术能手荣誉称号 1 月 9 日，河南省劳动和社会保障厅印发《关于授予周坤朋等 100 名同志河南省技术能手荣誉称号的决定》（豫劳社职技〔2009〕4 号），规划院周喜平获得 "第三届河南省技术能手" 荣誉称号，成为河南省林业厅唯一获此殊荣的职工。

规划院被评为全省森林资源连续清查工作先进集体　1 月 8 日，河南省人民政府作出《关于表彰全省森林资源连续清查工作先进集体和先进个人的决定》（豫政〔2009〕12 号），授予规划院 "全省森林资源连续清查工作先进集体" 称号，授予田金萍等 17 名技术人员 "先进个人" 称号。

举办全省林业生态省建设重点工程县级自查培训班　3 月 1~6 日，由河南省林业厅办公室主办、河南省林业工程建设协会负责承办的全省林业生态省建设重点工程县级自查培训班在郑州开班。此前，为了办好这期培训，河南省林业厅办公室下发《河南省林业厅办公室关于举办林业生态省建设重点工程县级自查培训班的通知》（豫林办〔2009〕5 号）。

河南省林业工程建设协会工作会议召开　3 月 9 日，河南省林业工程建设协会工作会议在郑州召开，会议总结了协会成立以来的工作，新增设了林业工程设计咨询、风景园林工程设计等六个专业委员会，选举了各专业委员负责人及组成人员。

郑州黄河湿地省级自然保护区范围及功能区调整综合论证规划通过评审　3 月 20 日，由河南省政府办公厅、发展和改革委员会、林业厅、国土厅、河务局、环保局等单位专家组成的河南省地方级自然保护区评审委员会，对规划院编制的《郑州黄河湿地省级自然保护区范围及功能区调整综合论证》进行了评审论证，并一致通过评审。

石漫滩国家森林公园总体规划通过评审　3 月，由省林业厅组织，省政府参事室、河南农业大学、省林业科学研究院有关专家组成的评审委员会，一致审议并通过了规划院编制的《石漫滩国家森林公园总体规划》。

规划院工会获得省直工委表彰　4 月 8 日，省直工会下发《省直工会关于表彰省直机关 2007~2008 年度先进工会集体和优秀工会个人的决定》（豫直工〔2009〕23 号），对获得相应荣誉的单位和个人进行表彰。规划院工会荣获 "2007~2008 年度省直机关先进基层工会" 称号，邢惠民荣获 "2007~2008 年度省直机关优秀工会干部" 称号，阴三军荣获 "2007~2008 年度省直机关优秀工会积极分子" 称号。

河南林业司法鉴定中心获省司法厅表彰　4 月 16 日，河南省司法厅作出《关于表彰 2008 年度政风行风建设先进单位的决定》（豫司文〔2009〕77 号）。河南林业司法鉴定中心在 2008 年行风建设考核中分值为 97 分，在省司法厅直属 82 家鉴定机构中名列第二，获得表彰。

2008 年河南省县域经济评价林木覆盖率指标考评结果出台　4 月，规划院按照省林业厅党组的部署，对全省 108 个县（市）"林木覆盖率" 有关的森林（地）资源年度变化情况进行调查评价，客观反映县（市）林业生态建设成效及林业在可持续发展中的作用。

配合完成河南省退耕地还林工程年度任务检查验收工作　4 月 13 日至 5 月 7 日，规划院调配人员，配合省林业厅退耕还林和天然林保护中心办公室，对全省退耕地还林工程年度任务进行了检查验收。此次检查验收总面积 346 万亩，涉及全省 18 个地市和 120 多个县（市、区）的 2001 年度、2004 年度、2005 年度、2008 年度的退耕还林工程。

河南省第四次荒漠化和沙化土地监测工作全面展开　5 月 8 日至 12 月 31 日 河南省开展第四

次荒漠化和沙化土地监测工作。5 月底完成外业调查；6 月底完成县级图形编辑、面积量算与统计和报告编写工作；12 月底完成省级数据内业整理、统计、分析、报告编写、成果审定和上报工作。

全省林业生态省建设重点工程省级核查工作全面完成　6 月 15 日，全省林业生态省建设重点工程省级核查工作全面展开，规划院抽调工程技术人员 348 人次，完成了全省 180 个单位（县、市、区、国有林场）实施的 8 个重点工程的核查任务，核查面积 213 万。核查工作至 9 月中旬结束。

全省年度飞播造林工作超额完成　6 月 30 日，全省年度飞播造林结果出笼。截至 6 月底，规划院在三门峡、洛阳等 9 个省辖市的 15 个县（市）飞行作业 170 架次，飞播种子 27.5 万斤，实施飞播造林作业面积 27.5 万亩，为 2009 年度 20 万亩目标任务的 137.5%。

四个项目获得全国林业优秀工程咨询成果奖　9 月 2 日，中国林业工程建设协会下发《关于公布 2009 年度全国林业优秀工程咨询成果获奖名单的通知》（林建协字〔2009〕26 号），其中由规划院负责完成的《平顶山省级森林公园总体规划》荣获 2009 年度全国林业优秀工程咨询成果一等奖；《河南太行山猕猴国家级自然保护区范围及功能区调整综合论证报告》荣获 2009 年度全国林业优秀工程咨询成果二等奖；《河南小秦岭国家级自然保护区总体规划》和《河南省巩固退耕还林成果专项规划》荣获 2009 年度全国林业优秀工程咨询成果三等奖。

纪念河南飞播造林 30 年书画展开幕　9 月 27 日，规划院配合省林业厅等有关单位举办了"绿染山川——河南飞播造林 30 年书画展"，征集摄影书画作品 700 余件，并于年底出版了《绿染山川—河南飞播造林 30 年书画摄影作品集》，宣传了飞播造林工作 30 年来取得的辉煌成果。

林业生态县省级检查验收工作全面完成　10~11 月，规划院分两个批次，抽调 90 多名工程技术人员组成 17 个检查组，对符合申报条件的 30 个县（市、区）的林业生态县建设情况进行全面检查验收，并及时向厅党组提交了检查验收工作报告。

开展"强化质量责任意识　提高职业道德水平"教育活动　11 月 9 日至 12 月 10 日，为了进一步加强全院干部队伍建设，规范业务行为，提升道德水平，推动林业调查规划事业又好又快发展，规划院党总支组织全院职工开展了"强化质量责任意识提高职业道德水平"教育活动。

首次对全省林业系统自然保护区进行评估　11 月 15~30 日，为检验河南省自然保护区管理水平，按照国家林业局的安排，首次对全省林业系统 25 个自然保护区（9 个国家级自然保护区，16 个省级自然保护区）的管理工作进行了评估

规划院飞播造林工作获省林业厅表彰　12 月 17 日，河南省林业厅作出《河南省林业厅关于表彰飞播造林先进集体和先进个人的决定》（豫林调〔2009〕323 号），对 1979 年至 2009 年期间在飞播造林工作中作出突出贡献的 30 个集体和 81 名先进个人给予表彰。河南省林业调查规划院荣获飞播造林先进集体称号，14 名同志荣获先进个人表彰。

开展年度林业目标综合核查工作　12 月 21~30 日，规划院组织专业技术人员 18 个工作组共 89 名，对全省 18 个市 71 个县进行 2009 年度林业综合核（检）查工作，共开展了集体林权制度改革目标检查、森林采伐限额执行情况、年度征占用林地、林业科技示范园区建设目标等核查任务。

《农田防护林工程设计规范》通过审查　11 月 30 日，由规划院负责编制的《农田防护林工程

设计规范》，通过了国家林业局发展计划与资金管理司组织的专家评审委员会的评审。

《河南省森林资源流转管理办法》通过审议 12月31日，《河南省森林资源流转管理办法》经省政府第58次常务会议审议通过。在此办法的编制和出台过程中，规划院配合省林业厅政策法规处推进工作的开展。

林业科研

一、概述

2009 年，河南省林业科学研究院坚持科研为林业改革发展服务，为林业生态省建设服务的理念，不断开拓进取，务实创新，在科学研究、科技平台建设、科技开发等方面均取得新进展。

（一）林业科研科普工作取得新成果

2009 年，全院共承担各类科技项目 61 项（其中新争取项目 18 项，新争取各类科技计划项目经费 400 余万元），引进新品种 18 个，营造试验林面积 600 多亩。全年共有 5 个项目通过省级以上有关部门验收（鉴定）。其中，国家成果转化资金项目"彩叶杨树新品种——'中红杨'快繁与高效栽培技术中试与示范"通过科技部验收；"948"项目"干旱石质山地植被快速恢复技术引进"通过国家林业局验收；"抗病杏新品种示范推广"、"榛子及楸树扦插机理"及"楸树幼化生根机理及砧木配套繁育技术研究与示范"等 3 个项目均通过省科技厅组织的鉴定。河南省林业标准项目"绿色食品（A 级）灰枣栽培技术规程"、"河南省湿地自然保护区建设规范"、"楸树丰产栽培技术规程"、"无花果丰产栽培技术规程"通过了省技术监督局的审定，并颁布实施。油茶、连翘、泡泡树等树种的 9 个林木新品种通过省级审（认）定。"异色瓢虫和东亚小花蝽繁殖与释放技术研究"、"城市森林建设规划研究"两个项目均获得省科技进步三等奖。公开发表论文 50 余篇，出版专著 2 部。全年共承担并实施科普及科技传播工程项目 9 项。组织科技人员下乡 38 人次，举办技术培训 8 场，发放各类技术资料 4 000 多册。新建了嵩县何村乡科普示范基地，并举行了挂牌仪式。向该基地赠送 2 台电脑、1 台投影仪及部分科普书籍。参加科技厅、林业厅组织的"科技活动周"、"科技文卫三下乡"等大型科普活动 3 次，选派专家 15 人次。

（二）科技平台建设工作取得新突破

一是进一步加大科研仪器设备购置力度。2008 年招标价值 150 万元的大型科学实验仪器已全部到位。新争取省级 2009 年度 100 万元大型仪器设备专项资金，并已完成了采购招标工作，同时，完成了 2010 年省属科研单位大型科研仪器的申报工作。二是顺利通过重点实验室的验收。按照省级重点实验室建设有关要求，对三年来的建设情况和主要成绩进行了认真总结，并通过省科技厅组织的验收。三是成功申报了省级生态林业工程技术研究中心，使省林业科学研究院成为全国首家同时拥有省级重点实验室和工程研究中心的省级林业科研院所。四是加快了林业生态网络建设。编制了《河南省典型生态系统定位研究网络中长期建设规划（2009~2020 年)》和 7 个生态站的初步设计，并顺利通过了评审委员会的评审。组织召开了"全省林业生态研究网络建设项目"协作会，加快了项目建设进度，目前已有 5 个定位研究站全面开工建设，其中西平站已开始部分数据观测。

（三）科技开发经营工作取得新成效

一是扎实抓好"郑州市石榴种质资源保护小区"造林工程建设。在对上年栽植的石榴进行移植补植、继续管护之外，又栽植绿化苗木 55 万株、草坪 3.3 万多平方米，造林成活率达到 95% 以上，全年共完成施工量近 1 000 余万元。二是完成苗木生产与销售工作。按照年初制订的生产销售计划，春季嫁接核桃苗近 3 万株，在试验场新栽苗木 70 亩，销售新郑灰枣、红叶杨、核桃等苗木近 10 万株，销售收入 18 余万元，并向造林工地提供紫薇、大叶女贞、法桐、黄杨等绿化苗木 3 万余株。三是完成了省机关事务管理局安排的经四路家属院、省信访局办公区等园林绿化设计及施工任务。

（四）科技为林业生态省建设服务有了新起色

一是完成了部分林业生态省建设实绩验收稽查任务。根据林业厅要求，抽调 5 位人员参与稽查工作，按时完成了省林业厅分配的稽查任务。二是完成了 2008 年度河南林业在农民增收中作用的调研工作，提交了调研报告。三是完成了陕西杨凌农业科技博览会河南展区的组织筹办工作。

（五）林产品质检工作迈出新步伐

一是成功申报"国家林业局林产品质量检验检测中心（郑州）"。经国家林业局授权，成立了国家林业局林产品质量检验检测中心（郑州）并挂牌开展工作。质检中心的成立，对进一步加强检测能力建设，促进全省林产品质检工作乃至整个林业产业的更好更快发展将产生重要影响。二是积极开展质检业务。在面对严重经济危机，有关部门大幅度削减监督检查任务的情况下，积极主动争取有关方面支持，完成了食用菌类及人造板类等样品的市场专项监督抽查 140 个批次。积极参加了"3•15"活动宣传及展板制作工作。

二、纪实

国家林业局林产品质量检验检测中心（郑州）成立　3 月 17 日，国家林业局科技司正式授权林业科学研究院成立"国家林业局林产品质量检验检测中心（郑州）"，并于 7 月 16 日举行了揭牌仪式。

河南省生态林业工程技术研究中心获准建立　6 月 19 日，科技厅下发《关于同意河南柴油机重工有限公司等 64 家单位建立河南省工程技术研究中心的通知》（豫科计〔2009〕49 号），正式批准林业科学研究院建立河南省生态林业工程技术研究中心。

完成"河南省林业生态效益价值评估报告"的编制工作　7 月 28 日，林业科学研究院组织专家完成了"河南省林业生态效益价值评估（2008年度）报告"的编制工作。报告显示，2008年河南省林业生态效益总价值为4 074.79亿元，其中林木生态效益为3 232.87亿元，湿地生态效益价值为841.92亿元。

参与完成河南林业生态效益新闻发布会筹备工作　7月28日至8月5日，按照省政府办公厅和省林业厅的要求，完成了2009年度河南林业生态效益新闻发布会会址选择、专家聘请、材料准备及不同环境负氧离子实时观测等一系列工作，确保了会议的成功召开。

参加农业高新科技成果博览会获奖　11月1~5日，受科技厅的委托，由林业科学研究院组织参加的第十六届中国杨凌农业高新科技成果博览会河南展团荣获博览会组委会颁发的"优秀组织奖"、"优秀展示奖""优秀服务奖"。

两项科研成果获奖　12月2日，林业科学研究院"异色瓢虫和东亚小花蝽繁殖与释放技术研究"、"城市森林建设规划研究"两项成果获得河南省科技进步三等奖。

9个林木新品种通过审定　12月21日，林业科学研究院选育的全红杨、油茶、连翘、泡泡树等9个林木新品种通过了河南省第二届林木品种审定委员会审（认）定。

重点实验室通过验收　12月31日，林业科学研究院林木种质资源与良种选育重点实验室顺利通过了河南省科技厅组织的验收，并批准正式开放运行。

种苗、花卉和经济林建设

一、概述

2009 年，河南省经济林和林木种苗工作站在厅党组的正确领导下，深入贯彻落实科学发展观，紧紧围绕河南林业生态省建设对林木良种的需求，进一步加强种质资源和良种基地建设，坚持依法治种、科技兴种，全省种苗工作呈健康快速发展的趋势。

（一）加强政策扶持与引导，狠抓种苗生产，确保林业生态省建设种苗供应

为确保河南林业生态省建设对优质种苗的需求，按照省政府确定的"创新机制、公平竞争、阳光操作、择优扶持"的原则，认真组织落实优质种苗培育扶持政策。根据 2009 年河南林业生态省建设重点，主要扶持生物质能源树种、木本粮油树种及优良乡土树种等共 48 个。全省 257 个优质林木种苗培育生产单位共繁育优质种苗 9 559 万株，是协议任务的 142%。2009 年，经全省各级种苗机构共同努力，克服河南春季特大旱灾给育苗工作造成的巨大困难，超额完成年度林业育苗责任目标。据调查统计，全省完成大田育苗 41.7 万亩（占年度任务 35 万亩的 119.1 %），完成容器育苗 2.2 亿袋，采收各类林木种子 165.8 万公斤（占年度目标任务 100 万公斤的 165.8%）。充足的良种壮苗为河南林业生态省建设的顺利实施奠定了坚实的物质基础。

（二）认真抓好油茶、核桃等林木良种的选育与审（认）定工作，强力推进林木良种化进程

11 月，召开油茶品种专家审定会，认定适合河南发展的 7 个油茶良种，同时加强对油茶种苗生产、流通和使用等环节的全过程监督。先后下发了《关于加强油茶种苗质量管理的通知》、《关于开展油茶种苗生产点认定的通知》和《关于加强油茶芽苗砧嫁接苗后期管理工作的通知》，开展了定点采穗圃、定点苗圃的认定和发证工作。组织专家对全省栽培的主要核桃品种进行良种认定工作，认定适合河南发展的 21 个核桃良种。在做好油茶、核桃品种选育与认定工作的同时，继续加强其他林木品种的审定工作，共有 21 个林木品种通过省林木品种审定委员会审定，9 个品种通过认定。

（三）加强林木种苗基地建设管理，确保建设质量和成效

一是认真组织上报林木种苗工程储备项目。2009 年全省 6 个林木种苗工程建设项目可研报告得到国家林业局批复，建设总规模 136.5 公顷，总投资 1 285 万元，其中中央投资 806 万元，地方配套 479 万元。二是根据林业生态省建设需要，按照保重点、保在建、保收尾的原则，在充分考察论证的基础上筛选上报林木种苗工程项目投资计划。2009 年国家下达河南省种苗工程总投资 2 672 万元，其中中央投资 1 004 万元，地方配套 1 668 万元。三是抓好在建项目建设，为确保林木种苗工程高标准建设，对新开工项目，督促建设单位认真组织编制总体规划和作业设计，并组织专家论证，把好质量关。四是加强国家重点林木良种基地建设管理工作，郏县国有林场侧柏良种基地等 5 个基地被确定为国家重点林木良种基地，根据国家林业局要求，组织有关人员编制完成了《国家重点林木良种基地发展规划（2009~2015 年)》，确定技术支撑单位和指导专家，加强对国家重点良种基地的指导管理。

（四）加强种质资源建设工作

2009 年，在组织专家进行技术论证的基础上，筛选确定了 35 个种质资源建设项目，共收集树种 25 个，建立采穗圃（根）310 亩，收集圃 760 亩，原地保存林 370 亩，繁殖圃 330 亩。同时，收集保存青檀、七叶树等珍稀濒危树种 4 个群体 120 多个家系的资源，营建七叶树混合种源保存林 30 亩，完成了国家种质资源建设项目年度任务。

（五）规范种苗执法，加强种苗质量监管

一是认真贯彻落实"两证一签"制度，规范两证的发放和管理。全省共审核发放生产许可证 390 份，经营许可证 323 份，标签 2 万余份。同时规范"两证"发放工作，为全省 100 多个县（市、区）统一购置发放"两证"软件，实现了"两证"发放填写、打印格式统一。二是组织省、市、县有关专家对《河南省林业行政处罚裁量标准（林木种子部分)》进行了完善，自 8 月 1 日起，在全省实施。三是加强种苗质量监督，全省工程造林苗木受检率达 92%。对郑州、商丘、安阳等 7 个省辖市 14 个县（市、区）的重点工程造林使用苗木进行质量抽查，共抽查 11 个树种（品种）、42 个苗批，苗批合格率为 97.6 %。配合国家林业局林木种苗质量监督检验站对新乡、济源飞播造林种子进行了质量抽检，检验结果质量全部合格。四是加强种子质量检验队伍建设。全年举办林木种子检验员培训班 3 期，培训人员 168 人，截至目前，全省共有林木种子检验员 1 048 人。

（六）搭建信息平台，搞好信息服务

全省各级林木种苗管理机构加强林木种苗生产、流通等全过程的信息服务，进一步健全种苗信息快报快传制度，明确专人收集、整理、定期发布种苗最新信息。今年省级共发布种苗需求信息 13 期，各市县通过多种渠道发布种苗供需信息 1 500 多期，全省共调剂苗木 6.8 亿多株，调剂种子 70 多万公斤。在育苗关键季节，省站选派 13 名技术骨干深入全省 18 个市、50 多个县、360 多地块，进行了现场技术指导。各地也充分发挥技术优势，通过举办培训班、技术讲座、印发育苗技术资料、设立育苗技术咨询热线等形式，多层次开展技术服务，切实解决育苗生产过程中出现的各种技术问题。组织种苗生产企业参加了山东、陕西、北京、河北、安徽、浙江等省组织的苗博会，较好地宣传了河南林木种苗。

（七）做好花卉及森林食品安全工作

积极参与第九届中原花木交易博览会筹备工作的组织协调，本届花博会规模大、层次高、参展内容和文化内涵丰富，成效显著，探索出了以花木特色为主导产业带动二、三产业，推动县域经济又好又快发展的"特色经济之路"。组织起草了《河南省人民政府关于加快花卉产业发展的意见》。根据《河南省创建食品安全省工作方案》的要求，向各市下发了《河南省林业厅关于加强经济林产品生产质量安全工作的意见》，制订出台了《河南省林业厅食品安全工作会议联席会议制度》。2009年全省新发展经济林 18.5 万亩，花卉 16 万亩。

（八）科研工作进展顺利

作为主持单位完成的《侧柏遗传变异与改良研究》获省科技进步三等奖；完成了河南省重大公益性科研项目《河南省黄连木、棕子木、蓖麻等生物质能源资源研究开发及示范》的示范林、种质资源库的选址、定植工作；完成了 948 项目《富精油树种北非雪松优良种源和定向培育技术引进》的苗木引进和年度繁育任务及试验林营建的准备工作；作为协作单位，完成了国家林业局林业公益性行业科研专项《泡桐基因库与育种群体建立技术研究》的苗木繁育及定植准备工作；林业公益性行业科研专项项目《腊梅种质资源收集、创新与新品种培育研究》通过国家林业局批复，与科技司签订了项目任务合同书。

二、纪实

召开全省林木种苗站站长会议　1 月 9 日，全省省辖市林木种苗站站长会议在郑州召开。会议对上年度全省林木种苗工作进行了总结，安排部署了本年度的全省林木种苗工作。

国家林业局公布河南省重点林木良种基地　1 月 14 日，国家林业局公布第一批全国重点林木良种基地名单（林场发〔2009〕11 号）。河南省的郏县国有林场国家侧柏良种基地、桐柏县毛集林场国家马尾松良种基地、卢氏县东湾林场国家油松良种基地、泌阳县马道林场国家火炬松良种基地、辉县市白云寺林场国家油松良种基地等 5 个基地被确定为国家级基地。

参照公务员法管理　2 月 18 日，根据《河南省人事厅关于省接待办公室等单位参照公务员法管理的批复》（豫人〔2009〕4 号），河南省经济林和林木种苗工作站为参照《中华人民共和国公务员法》管理单位。

对全省工程造林种苗质量进行抽检　4 月 7～12 日，根据《河南省林业厅关于开展 2009 年林木种苗质量抽查工作的通知》（豫林种〔2009〕115 号），派出 3 个工作组，对郑州、开封等 7 市 14 个县的重点工程造林苗木进行了抽检。共抽查 11 个树种 42 个苗批，苗批合格率达 97.6%。

《河南省林业厅食品安全工作联席会议制度》印发　6 月 17 日，《河南省林业厅食品安全工作联席会议制度》（豫林文〔2009〕15 号）印发。该制度对食品安全工作联席会议的性质、联席会议人员的组成、主要职责、工作制度及职责分工进行了明确。

国家林业局种子质量检验中心抽检河南省飞播造林种子　6 月，国家林业局林木种子质量检验中心（呼和浩特）对河南省新乡市、济源市的飞播造林种子（黄连木）进行了质量抽检，抽检结果合格率为 100%。

国家下达油茶产业发展投资计划　7 月，国家发展和改革委员会、国家林业局下达油茶产业发展 2009 年第四批扩大内需中央预算内投资计划（发改投资〔2009〕1610 号），批复河南省信阳市油茶良种基地等 3 个建设项目总投资 2 124 万元，其中：中央预算内投资 610 万元，地方投资 1 514 万元。

国家下达河南省林木种苗工程投资计划　7 月 24 日，国家发展和改革委员会、国家林业局下达林木种苗工程 2009 年第四批扩大内需中央预算内投资计划（发改投资〔2009〕1947 号），批复河南省辉县市黄连木种质资源收集保存库建设项目等 6 个项目总投资 548 万元，其中：中央预算内投资 394 万元，市县投资 154 万元。

第九届中原花木交易博览会成功举办，省种苗站荣获"突出贡献奖"　9 月 21~22 日，由国家林业局、河南省人民政府联合主办，省林业厅、省农业厅、省旅游局、许昌市人民政府承办，鄢陵县人民政府、河南省花协协办的第九届中原花木交易博览会在许昌市鄢陵县成功举办。河南省经济林和林木种苗工作站由于组织协调到位，工作业绩突出，被第九届中原花木交易博览会组委会授予"突出贡献奖"奖状。

科研项目获河南省科技进步三等奖　12 月 2 日，由河南省经济林和林木种苗工作站主持的《侧柏遗传变异与改良研究》科研项目获河南省科技进步三等奖。

召开 2009 年度林木品种审定会　12 月 5 日，河南省林木品种审定委员会在郑州召开。会议审定了 2009 年度全省申报的 81 个林木品种，'华硕'苹果等 21 个林木品种通过审定，'红宝'樱桃、'中林 1 号'核桃等 37 个林木品种通过认定。

58 个林木新品种向社会进行公告　12 月 21 日，河南省林业厅发布第 10 号和第 11 号林木良种公告，对通过省林木品种审定委员会审（认）定的 58 个林木新品种向社会进行了公告。

召开全省林木种苗站站长年度工作总结会议　12 月 30~31 日，全省省辖市林木种苗站长会议在郑州召开。会议对 2009 年度全省林木种苗工作进行了总结，对 2010 年度工作进行了部署。林业厅党组成员、副厅长丁荣耀参加会议，并就全面推进林木良种化进程、加强种苗基础设施和队伍建设、重视花卉管理、切实加强森林食品安全等工作提出了具体要求。

森林病虫害防治与检疫

一、概述

2009年，河南省林业有害生物防治工作在厅党组的高度重视和正确领导下，认真贯彻中央和省委林业工作会议精神，结合林业生态省建设规划，坚持"预防为主，科学防控，依法治理，促进健康"方针，严格实行目标管理和重点治理，完成了年度目标任务。

（一）林业有害生物发生防治及"四率"指标完成情况

2009年，共发生各种林业有害生物760.04万亩，发生率为13‰；成灾面积3.96万亩，成灾率0.61‰，低于国家林业局下达的6‰的指标5.39个千分点；应施监测面积6 467.08万亩，实际监测面积6 096.52万亩，监测覆盖率达94.27％；2009年预测发生面积840万亩，测报准确率90.4％，高于国家林业局下达的84％目标任务6个百分点；完成防治面积641.74万亩，防治率达82.92%；防治作业面积957.82万亩次，其中无公害防治作业面积781.75万亩次，无公害防治率81.62%，高于国家林业局下达的78%的目标任务近4个百分点；全省应施产地检疫面积58.3万亩，实施产地检疫55.38万亩，林木种苗产地检疫率94.99%，高于国家林业局下达的93%目标任务近2个百分点。

（二）逐步完善监测预报工作，测报水平不断提升

据统计，全省共有测报站点1 261个，其中中心测报点159个（国家级中心测报点38个、省级中心测报点12个），专职测报员618人，兼职测报员1 878人。各地严格落实联系报告制度，认真做好森林病虫害防治与检疫信息系统维护、森林病虫害防治与检疫软件应用，保证森林病虫害防治与检疫数据上报的及时性、准确性，为防治决策服务，提高了重点防治效果。依照全省主要林业有害生物发生规律，认真做好重点病虫害面上监测调查工作。对杨树食叶害虫实行了监测责任制度、巡查制度、三级监测预警制度和每周报告制度。全省各测报站点全年发布病虫情报1 867期，7万多份。省站全年共发送林业有害生物动态29期。省站及80个市、县森林病虫害防治与检疫机构与当地气象部门签订了合作协议，全年通过气象预报发布预警信息152次。

（三）强化检疫性林业有害生物治理力度

一是加强专兼职人员培训，不断提高检疫执法水平。各地认真学习法律法规和检疫技术规程，严格落实《产地检疫合格证制度》和《检疫要求书制度》，规范开展调运检疫和复检工作。二是加大对美国白蛾、松材线虫病等检疫性危险性林业有害生物的治理力度，最大限度减少灾害造成的损失。2008年9月以来，美国白蛾、松材线虫病相继传入河南省后，引起省委、省政府，濮阳市、信阳市及有关县党委、政府的高度重视。省政府副省长刘满仓3次批示，要求各地认真贯彻国务院办公厅《关于进一步加强美国白蛾防治工作的通知》和《关于进一步加强松材线虫病预防和除治工作的通知》精神，采取得力措施，控制发生范围，尽快拔除疫点。省政府办公厅以明传电报形式下发《河南省人民政府办公厅关于切实加强松材线虫病防治工作的通知》（豫政办明电〔2009〕123号）。省林业厅召开厅长办公会，专题研究贯彻全国美国白蛾防治工作动员会和松材线虫病防治工作会议精神。省林业厅编制了《年度美国白蛾防控实施方案》，濮阳市制订了《美国白蛾监测实施方案》、《美国白蛾监测区、监测点管理办法》；全省编印《美国白蛾防治技术手册》、《美国白蛾防治挂图》等技术资料20多万份。安阳、鹤壁、新乡、焦作、郑州、濮阳等市共设立美国白蛾监测点300个，其中濮阳市100个。疫情监测实行零报告、日报告制度、周预测制度。2009年美国白蛾累计发生90.36万亩，累计防治302.31万亩次。其中，人工防治288.25万亩次，飞机防治11.36万亩，放蜂试验2.7万亩。监测覆盖率100%；无公害防治率100%；产地检疫率100%；城区、主要交通要道及风景区有虫（网）率0.082%；重点防控区有虫（网）率0.751%；一般防控区有虫（网）率4.53%。经过一年的治理，没有出现大面积严重受灾现象。

5月24日，经全国危险性林业有害生物检验鉴定技术培训中心鉴定，确认松材线虫病传入河南省信阳市新县后，信阳市、新县政府高度重视，迅速启动了应急预案，成立了松材线虫病应急防控指挥部，省、市、县三级积极行动，采取各种措施进行疫情封锁和松墨天牛的防治工作。一是检疫封锁。严禁疫木外流，确保将疫情控制在现有的发生范围内。经6月、9~10月夏、秋季两次全省普查，其他县未发现松材线虫病。松材线虫病分布在新县的2个乡和国有林场1个林区，涉及70个小班，共计枯死松树601株，分布面积42 759亩。二是防治松墨天牛。购买噻虫啉以枯死松树为中心，对周围松树进行喷药，防治2 400亩；同时在卡房乡设置60余堆饵木、悬挂30个诱捕器诱杀松墨天牛，减少了松墨天牛虫口密度。三是组织专家对《河南省松材线虫病除治方案》进行了评审，专家组同意在封锁的同时，以小班为单位，采取皆伐和强度择伐的方式，由外向内逐步拔除疫点，对采伐疫木就地处理，配合开展松墨天牛防治和林分改造，确保完成各项目标任务。

（四）组织开展林业有害生物防治调研工作

针对目前全省森林病虫害防治与检疫检疫机构及队伍建设情况、林业有害生物发生防治情况、生物防治情况、林业有害生物社会化防治的主要形式等，省森林病虫害防治与检疫站组织了3个调研组进行了调研。目前，全省已建森林病虫害防治与检疫站159个（其中省级1个、地市级18个、县级140个），其中达到国家级建设标准的30个，达到省级建设标准的114个。全省有森林病虫害防治与检疫人员1 186人，其中高工以上75人，工程师270人，助工381人，技术员249人，其他211人。专职检疫员688人，兼职检疫员669人。应急防控专业队30个。1992~2000年，全省开展封山育林 320 万亩，营造混交林 870 万亩，营造防虫隔离带 1300 公里，开展生物防治 560 万亩。2004 年以来，各地认真贯彻"预防为主，科学防控，依法治理，促进健康"方针，积极推广应用高效、环保的防治新药剂、新技术，逐步实现林业有害生物防治工作由重除治向重预防的转变。

河南省林业有害生物社会化防治主要有三种形式：一是政府领导，部门配合，群众参与。二是由县、乡两级组织林业有害生物防控专业队开展承包防治。三是公司化运作。总体看，存在规模不大、管理松散、运作机制和配套政策不完善等问题。强化管理职能，转变服务方式，提高行业管理、行政执法和技术指导水平是今后防治工作的努力方向。应本着农户自愿原则，通过政策引导、物资鼓励和技术支持等方式，吸纳不同所有制形式的经济组织和个人，以防治公司、专业队、森林医院等多种形式介入防治领域，开展承包防治、技术咨询等防治业务，逐步形成社会化防治新格局。

（五）村级森林病虫害防治与检疫员培训工作有序开展

2009 年计划培训 18 个省辖市 44 个县（市、区），5~11 月，实际培训 46 个县（市、区），培训村级森林病虫害防治与检疫员人员 13 725 人次。洛阳、漯河、南阳、濮阳、三门峡、商丘、许昌、开封、信阳、新乡、周口、郑州、驻马店 13 个省辖市完成 32 个以上县级单位的培训工作。其中，漯河、开封、三门峡、南阳、信阳超额完成年度任务，郑州市 11 个县（市、区）全部完成培训任务，共培训 2 355 人次。

（六）开展无公害防治，逐步实现林业有害生物灾害的可持续控制

一是项目引导，强化营林措施和生物防治。结合林业生态省建设，在通道绿化、退耕还林、城市绿化等工程建设中，大力推广多树种、多林种造林，营造带状、块状混交林或生物隔离带，提高林木自身的抗病虫害的能力。将"拦虫虎"防治草履蚧研究成果在许昌等 15 个省辖市推广。开展了桉油精、甲维啶、噻虫啉、苦烟乳油、四霉素、BT 粉剂等新型无公害药剂试验。利用信息素进行监测与防治，各地开展喷烟、放烟和黑光灯诱杀防治。

二是积极组织开展大规模飞机防治。为提高防治效果、降低防治成本、扩大无公害治理力度，4 月省森林病虫害防治与检疫站召开飞机联防会议，协调、解决飞防中出现的问题。4 月中旬至 8 月中旬，安阳、焦作、新乡、济源、商丘、洛阳、三门峡、漯河、驻马店、南阳、平顶山、濮阳等 12 个省辖市采用运五和直升飞机作业 1605 架次，完成飞机防治面积 120 万亩。防治种类涉及春尺蠖、杨小舟蛾、刺槐尺蠖、木口尺蠖等杨树、刺槐、栎类食叶害虫以及杜仲食叶害虫、黄栌白粉病、杨叶锈病、杨树早期落叶病等。采用药剂为阿维灭幼脲、阿维除虫脲、苯氧威、苦参碱、森绿、疫康、三唑酮、多锰锌。

三是机制创新，广泛开展社会化防治服务。河南省森林病虫害防治工作，采用专业队防治和群防群治相结合的形式，组织开展飞机防治和地面防治。对林权清楚的，以法开展限期除治。社会化防治方面主要有森林病虫害防治与检疫机构组织技术人员承包、防治专业队承包和防治公司承包三种形式。据统计，2009 年，全省对杨树食叶害虫等林业有害生物下发限期防治通知书 367 份；许昌市及沁阳、兰考等县（市、区）发放便民服务卡 126 套；虞城、汝南、中牟等 28 个县（市、区）森林病虫害防治与检疫站组织技术人员对路林、片林开展了防治承包；博爱、修武、台前、范县、濮阳等 33 个县（市、区）组织 3 260 个防治专业队开展了草履蚧、杨树病虫害、美国白蛾防治承

包；登封、光山等县、市将森林病虫害防治与防火两个专业队整合，承包杨树食叶害虫和侧柏食叶害虫；漯河市天地蓝控制林业有害生物服务中心、罗山县防治公司、息县祥瑞林业植保合作社，为65户造林大户开展了承包服务，出动喷药车辆210余台次，防治面积达23.2万亩。

二、纪实

省森林病虫害防治与检疫站被列入参公管理单位　2月18日，原省人事厅印发了《关于省接待办公室等单位参照公务员法管理的批复》（豫人〔2009〕4号），省森林病虫害防治与检疫站被定为参照《中华人民共和国公务员法》管理单位。

森林病虫害防治与检疫宣传月活动取得成效　5~7月，组织开展了以"宣传防治法规，促进依法防治"为主题的"森林病虫害防治与检疫宣传月活动"，河南省组织人员在《中国绿色时报》答题5 261份，各地悬挂条幅362条，制作宣传图版635块；开展送科技下乡、专场宣传285次，印发美国白蛾防治知识等宣传册、宣传页共65.72万份。河南电视台等省、市、县主流媒体宣传报道716次，《河南林业有害生物信息网》发布有关信息210篇。在全国"森林病虫害防治与检疫宣传月"活动评比中，省森林病虫害防治与检疫站获得优秀组织奖，河南省获得知识竞赛一等奖1名，二等奖2名，三等奖7名，优秀奖16名。

基础设施建设项目获得国家林业局批复　9月，《河南省豫南大别山区林业有害生物防控体系基础设施建设项目》获得国家林业局批复（林计批字〔2009〕229号），同意项目总投资估算为668万元，其中中央投资401万元，地方配套267万元。2009年国家林业局下达河南省中央预算内林业有害生物基本建设投资840万元，其中河南豫南大别山区林业有害生物防控体系基础设施建设项目201万元，豫中南林业有害生物天敌繁育场建设100万元，开封林业有害生物防治体系基础设施建设投资89万元（林计发字[2009]244号）。

7个单位达到省级标准站建设标准　11月，经省森林病虫害防治与检疫站检查，长垣县、遂平县、陕县、项城市、淮滨县、新县、源汇区7个县（市、区）森林病虫害防治与检疫站达到省级标准站建设标准，通过了省级标准站验收。

承办全国营造林和森林病虫害防治与检疫工作会议　12月14~16日，由河南省森林病虫害防治与检疫站和佳多公司承办的全国营造林和森林病虫害防治与检疫工作会议在鹤壁市召开。各省、区、直辖市，计划单列市，森工集团、兵团的营（造）林处长、林检（森林病虫害防治与检疫）局（站）长，国家林业局和省林业厅有关负责人参加了会议。国家林业局副局长李育材，省政府副省长刘满仓等出席会议。李育材副局长在会上作了重要讲话。与会代表参观了佳多公司农林作物标准观测场和鹤壁市无人驾驶飞机制造厂。会后，召开了2010年全国林业有害生物发生趋势会商会和诱捕器使用标准论证会。

林业技术推广站与乡站建设

一、概述

（一）全省林业科技推广体系建设得到加强，推广工作成绩显著

2009年，全省共实施各类科技项目26项，引进推广了"湘茶"3号、5号、"新郑红1号"枣、8518核桃等林木新品种260多个，引进推广银膜反光、控水袋技术造林、固体水等新技术130项（次），建立各种类型的示范林（园）37 000多亩。共举办各种类型的培训班1 775期，培训30万人次，发放技术资料50多万份。

（二）配合林业生态省建设，做好林业技术推广工作，完成中央财政、省科技推广项目、科技攻关项目的年度工作任务

积极作好2009年中央财政林业科技推广示范资金项目的组织申报与项目落实工作。组织申报了"'湘林'系列油茶新品种在豫南地区的示范推广"、"核桃良种推广及丰产栽培技术示范"等9个项目，落实项目资金850万元，目前已完成了项目的合同签订工作，正在抓紧落实。承担的国家林业局"新郑红1号"枣优良品种及集约化栽培技术示范推广项目已在中牟县完成了500亩示范园的栽植任务，承担中国林科院的"黄连木、文冠果等能源林高效培育技术研究"攻关项目，实际完成了300亩文冠果试验与示范林建设的年度任务。参与的"泡桐丛枝病发生机理及防治研究"项目获得省科技进步一等奖。

（三）加强林业技术推广体系建设

对全省省辖市、县（市）林业技术推广体系现状进行了详细调查，并将调查结果上报国家林业局，作为"十二五"推广体系建设规划的依据。在濮阳举办了全省省辖市推广站站长培训班，对参会人员进行了林业新成果、新技术培训，并针对基层林业技术推广体系建设的现状和今后发展方向进行了座谈研讨。向国家林业局申报了焦作市林业技术推广站等34个市、县（区）林业技术推广站，作为2010~2012年国家重点支持的林业科技推广站建设单位。按照国家林业局的批复，落实了

平顶山市等 11 个林业技术推广站作为 2009 年中央预算内林业建设基本投资项目。

（四）加强中试基地网络建设和新品种、新成果引进、试验示范工作

引进日本构树和杂交构树良种苗木 7 000 株，营造中试试验林 40 亩，速生构树中试项目育苗 2 000 株；长山核桃中试项目嫁接苗木培育 2 000 株，省项目办核桃栽培技术推广项目育苗 1 万株；完成了"中豫长山核桃Ⅱ"良种审定和"美国黑核桃栽培技术规程"编制工作；编制了"河南省新技术、新成果中试项目管理规程"。组织编写的《河南省黄连木生物质能源发展战略研究》调研报告获得省社会科学三等奖。

（五）加强林业科技信息宣传

组织编印《河南林业科技推广》内部刊物 12 期，编发林业实用技术、新品种、新成果等方面内容 60 余条，印发 7 000 余份，发放市、县、乡林业部门和广大林农。更新河南林业信息网涉及科技推广内容 50 余条。积极开展国家林业工作总站成立 20 周年宣传活动。共向国家总站推报稿件 22 篇，图片 40 多张，在《中国林业》上刊登 4 篇，图片 10 张。上报林业站建设信息 5 篇，其中 4 篇进行了交流。

（六）加强重点工程区林业工作站建设及"标准化林业站"建设试点工作

配合国家林业局林业工作站管理总站，对河南省 2008 年重点工程区林业工作站承担建设任务的南召、扶沟等 6 个县（市）进行了检查验收；2009 年桐柏、延津、安阳等 8 个县（市）的 150 个乡（镇）重点工程区林业站建设项目，争取中央预算投资 240 万元；完成了 2010 年全国重点工程区林业工作站筛选推报工作。推荐鄢陵、商城、确山等 9 个县（市、区）132 个乡（镇）作为 2010 年重点工程区林业工作站建设单位，申请中央预算内投资 377.51 万元。同时，按要求推报 31 个县 490 个乡（镇）作为 2010~2012 年重点工程区林业工作站建设单位，申报中央投资 2 200 多万元。

开展了全省林业站本底调查工作。根据国家林业工作站管理总站的统一部署，结合河南省林业站现状和工作实际，研究制订了具体实施方案，在濮阳举办了全省林业站本底调查培训班，按要求完成了全省基层林业站本底调查汇总上报工作。

启动了"标准化林业站"建设试点工作。按照国家林业工总站的要求，推报桐柏县的城郊乡、延津县的石婆固镇为 2009 年标准化林业站建设项目试点单位，落实中央投资 40 万元。

（七）加大了对林业行政案件的督办力度

全年共督办领导批办、上级督办、群众来访重大林业行政案件 14 起。其中国家局督办件 1 起，群众来信来访举报案件 13 起，接待群众来访举报案件 1 起。已上报反馈查处案件 13 起，1 起正在督办中。与驻厅监察室一起完成了全省基层林业站预防涉林职务犯罪专项调研工作。完成了全省林业行政案件统计分析、汇总上报工作。

（八）完成厅赋予的黄连木嫁接育苗任务

承担厅黄连木嫁接试验示范项目实施工作进展顺利，完成黄连木嫁接苗 16 万株。

（九）开展多项林业科技调研活动

一是结合承担的黄连木基地建设项目，组织人员赴三门峡、安阳、新乡、鹤壁等地开展生物质能源林现场调研，掌握了第一手资料；二是为认真贯彻国家林业局纪检组、监察局、林业工作站管理总站《关于开展预防职务犯罪调研工作的通知》精神，与厅监察室组成联合调研组，开展预防涉林职务犯罪专题调研工作；三是配合中国林科院对河南省三门峡、安阳、鹤壁等地区文冠果、黄连木项目实施情况开展了调研；四是完成了厅下达的《河南省生态廊道建设工程现状及发展对策》的调研课题任务。

（十）完成林业厅督办事项

按照厅豫林督办〔2009〕4号文第二条"关于加强新型农业科技推广体系建设"要求，将加强重点林业技术推广站基础设施建设作为重点，向国家林业局申报焦作市林业技术推广站等34个市、县（区）林业技术推广站作为2010~2012年重点林业科技推广站建设单位，推报鄢陵县等31个县（市、区）的490个乡镇作为2010~2012年重点工程区林业工作站建设单位，申报中央投资2 256.96万元，工作进展情况按要求上报。

二、纪实

河南省林业技术推广站为省林业厅直属事业单位　2月18日，原省人事厅印发了《关于省接待办公室等单位参照公务员法管理的批复》（豫人〔2009〕4号），省林业技术推广站被定为参照《中华人民共和国公务员法》管理单位。

省林业厅通知申报2009年中央财政林业科技推广示范资金项目　9月30日，为切实做好河南省2009年中央财政林业科技推广示范资金项目的组织申报、评审和批复立项工作，省林业厅下发《关于申报2009年中央财政林业科技推广示范资金项目的通知》（豫林技〔2009〕247号），要求有关单位按照本通知和《2009年中央财政林业科技推广示范资金项目申报指南》的有关要求，抓紧做好项目申报工作。

中央财政林业科技推广示范资金河南项目合同签订会召开　12月10~11日，河南省林业厅在郑州召开了2009年中央财政林业科技推广示范资金河南项目合同签订会，承担2009年中央财政林业科技推广示范资金项目的信阳市林业技术推广站、南阳市林业技术推广站、河南省林业科学研究院、河南农业大学等九个单位的负责人、项目主持人及其主管单位的领导，以及省林业技术推广站、省林业厅计财处负责人计20多人参加了会议。会议传达了国家林业局落实2009年中央财政林业科技推广示范资金项目计划会议的精神，通报了国家跨区域重点推广项目合同的审查情况，对河南重点推广项目合同内容提出了具体要求；专家组现场审定了河南重点推广示范项目的合同文本，并检查了国家跨区域重点推广项目合同文本材料。省林业技术推广站站长孔维鹤主持会议，省林业厅丁荣耀副厅长亲自到会，代表林业厅与项目承担单位、项目保证单位现场签订了项目合同，并就如何落实好2009年度中央财政林业科技推广示范资金河南项目做了重要讲话。

退耕还林和天然林保护工程管理

一、概述

2009 年，河南省退耕还林、天然林保护及生态公益林管理工作在省林业厅党组的正确领导下，各级林业部门和各实施单位认真落实政策，积极探索管理模式，圆满完成了年度目标任务，取得了良好成效。

（一）退耕还林工程稳步推进

截至 2009 年年底，河南省已完成国家退耕还林工程计划任务 1 519.2 万亩，其中坡耕地和沙化耕地退耕还林 376.7 万亩，宜林荒山荒地造林和封山育林 1 142.5 万亩。工程区覆盖全省 18 个省辖市的 136 个县（市、区），涉及退耕农户 129.1 万户、退耕农民 488.9 万人。国家总投资 60.94 亿元。

2009 年的退耕还林工作坚持 "巩固成果、稳步推进" 的原则，在完成年度造林任务的同时，切实做好巩固成果等各项工作。

一是全面完成退耕还林工程年度建设任务。全年退耕还林工程计划任务 52.5 万亩，其中，荒山造林 27.5 万亩，封山育林 25 万亩。退耕还林工程造林面积核实率 100%，合格率 99.5%。

二是积极组织实施巩固退耕还林成果规划项目。全年共完成年度补植补造面积 79.524 万亩；建设工业原料林和特色经济林 14 万亩，低效林改造 17.784 万亩，林下种植面积 19.5 万亩。

三是认真开展退耕还林工程省级检查验收。2009 年度退耕还林工程省级复查涉及 2001 年的退耕地还生态林和 2004 年的退耕地还经济林、2005 年全部的退耕地还林、2005 年的荒山荒地造林和封山育林、2008 年的荒山荒地造林和封山育林，共计抽查面积 20 万亩。在组织县级自查的基础上，由省林业调查规划院完成了省级复查任务，按时向国家林业局报送了结果。经国家重点核查，2001 年的退耕地还生态林和 2004 年的退耕地还经济林面积保存合格率达 99.96%。提前组织开展 2010 年度退耕地还林阶段验收工作，下发了《关于开展 2010 年补助到期退耕地还林阶段验收工作的通知》，组织培训了市县两级技术骨干 200 余人，中心技术人员分成 6 个技术指导和质量检查组，抽检工程县 5% 的验收面积，进行质量检查；另外，还协调财政厅农业处和支付中心，妥善解决了市县外业调查工作人员的补助，调动了他们的工作积极性。由于组织协调到位，安排严密有序， 2010 年的阶段验收任务顺利完成。

四是信访办理效率和质量明显提高。在退耕还林信访工作中，出台了《河南省退耕还林工程信访工作规定》，加强了对批转案件的指导和督促，对重点案件，中心领导亲自参与办理，提高了办案效率和质量，建立了查处案件登记制度、档案制度和限时结案制度。共收到退耕还林信访件 69 件，其中国家林业局转办 6 件，省人大转办 1 件，"政风行风评议"转办 2 件，群众来信 29 件，来访 20 次，来电 11 个，总信访量与去年同期相比下降 12%。共下发信访转办通知 69 份，电话督办 23 次，办结 69 件，办结率 100%。

五是退耕还林工程十周年纪念活动宣传成效明显。根据国家林业局的要求，为庆祝退耕还林工程实施十周年，及时上报了《河南省退耕还林工程建设总结》，并组织开展了一系列的宣传活动。积极配合全国退耕还林十周年图片展活动，我省有 8 副图片被选中展出；"绿色时报" 8 月 27 日以一个整版的篇幅登载了我省退耕还林五篇文章，全面报道了河南省退耕还林的建设成就；《河南日报》于 8 月 28 日以 "70 亿换来 500 亿元生态效益" 和 11 月 8 日以 "退耕还林：绿了荒山富了百姓" 为题两次介绍了我省退耕还林的成效；省人民广播电台 11 月 20 日以新闻形式播报了我省退耕还林的成效。还购买了 3 000 本《退耕还林工程 中国生态建设的伟大实践》一书，发放给基层林业部门学习。

六是配合财政部门做好补助政策兑现工作。2009 年退耕还林补助资金 69 528.41 万元，到位资金 69 528.33 万元，及时向财政厅提供了到省辖市和县（市、区）的资金清单，按时下拨资金。

（二）天然林保护工程顺利实施

2009 年的天然林保护工作，继续按照《河南省天然林保护工程实施方案》规定的各项任务和国家林业局安排的年度公益林建设任务开展工作。

一是切实做到天然林商品性禁伐。工程区认真贯彻河南省人民政府《关于在黄河中游地区全面停止天然林商品性采伐的通告》。对人工商品林采伐按照国务院批复的 "十一五" 采伐限额进行管理，缓解了工程区木材供需紧张的局面，增加了林农的经济收入。

二是强化护林队伍建设。为保护好工程区内 1 413 万亩森林资源，在巩固完善已建立的以县（天然林保护办）、乡（管护站）、村（护林员）三级管护网络的同时，加强对农民兼职护林员的业务技能和各种实用致富技术的培训，强化护林员管理，制定了护林员举报案件登记制度和深山区护林员修枝抚育考核制度，取得了明显的管护效果，遏制了因禁伐时间长而出现的盗伐案件增多的势头。

三是富余职工得到妥善安置。组织工程区各地继续采取各种积极有效措施，通过采取发展森林旅游、培育林木种苗、鼓励富余职工参与天然林保护工程公益林建设和退耕还林工程建设等措施，使下岗职工重新获得就业机会。工程区国有林业单位累计分流安置富余人员 4 372 人。其中一次性安置下岗职工 2 171 人、从事森林管护和营林工作的 474 人、其他 1 727 人。

四是职工社会保障政策基本得到落实。截至 2009 年末，在 2 428 名应参保的在职职工中，有 2 413 人参加了地方养老保险；在 2 798 名应参加医疗保险的在职职工中，有 2 759 人参加了地方医疗保险；在 2 516 名应参加工伤保险的在职职工中，有 2 459 人参加了地方工伤保险；在 2 452 名应参加失业保险的在职职工中，有 2 435 人参加了地方失业保险；在 2 442 名应参加生育保险的在职职工中，有 2 385 人参加了地方生育保险。

五是指导完成了封山育林建设任务。年度天然林保护工程封山育林任务下达后，按照国家新增投资项目的要求，认真组织 9 个工程县（市、区）完善措施，切实把握好设计、种苗、施工、验收、报账等关键环节，按照省林业厅批复的施工设计，积极开展工程建设施工。截至目前，已全部完成国家两次下达的年度 16 万亩封山育林建设任务。

六是组织开展工程年度省级复查。根据国家制定的天然林保护工程"四到省"核查办法，组织各工程实施县开展了工程县级自查工作。3 月，在县级自查的基础上，中心组织 5 名业务人员，历时 20 余天时间，对 10 个工程县的年度天然林保护工程实施情况进行全面核查。6 月，又顺利通过了国家林业局的年度核查。

七是积极争取天然林保护二期工程实施范围。为了扩大我省二期天然林保护工程实施范围，利用一期工程即将结束的时机，起草了省政府上报国务院的项目请示，并根据国家林业局要求，组织上报了丹江口水库水源区四县（市）的基础数据。

（三）公益林管理工作扎实开展

2009 年，各级林业管理部门深入贯彻落实生态公益林补偿政策和管理工作责任目标，公益林资源保护与发展齐头并进，补偿资金及时兑付到林权所有者或管护者手中，公益林建设工作扎实开展。

一是新增面积全部落实。《财政部关于下达 2009 年中央财政森林生态效益补偿基金的通知》（财农〔2009〕65 号）新增省国家级公益林补偿面积 464.22 万亩，按照厅党组的要求，通过深入调查和筛选，及时将新增面积分解到生态地位重要的地区，并组织和指导各地落实补偿地块、签订管护合同、编制《中央财政森林生态效益补偿基金实施方案》，将管理责任和补偿资金全部落实到林权所有者或经营者，为确保公益林资源安全和补偿资金的使用效益奠定了基础。

二是资源管护全部到位。将管护合同细化为"两级"，一级合同为林业主管部门与所辖实施单位签订的管护合同，二级合同为实施单位与护林员或林农个人签订的护林合同。各实施单位普遍实行"村推荐、乡考查、县审定"的选聘制度，严格选拔护林员，并加大对林农个人护林情况的监督与考核。全省护林员总数已达到 9 300 余名，其中国家级公益林区 6 600 余名、省级公益林区 2 700 余名。在全部补偿区内，全年没有毁林现象，公益林资源得到了有效保护。

三是项目建设全面推进。全年实施公益林建设项目 129 项，其中按期竣工 124 项。主要内容是：新建生物防火林带 33.65 公里、开设防火隔离带 24.38 公里、垒砌防火墙 12.56 公里；维护林区道路 61.6 公里；补植补造 3.21 万亩；中幼龄林抚育 6.45 万亩；有害生物防治 13.15 万亩；修缮或新建护林房 31 座；修建护林标牌 600 多处；埋设界桩 800 余根，机械围栏 27.3 公里；封山管护标识 2000 多条；购置资源档案管理设备 80 多台（部）。公益林区管护基础设施得到了改善，公益林的管护能力得到了增强。

四是及时拨付补偿资金。2009 年森林生态效益补偿面积由 2008 年的 1 350.65 万亩增加到 1 814.87 万亩，涉及 16 个省辖市、85 个县级单位，两级补偿基金共计 9 074 万元（补偿标准为每亩 5 元），其中中央财政补偿基金 6 674 万元，省级补偿基金 2 400 万元。

二、纪实

全省退耕还林工作会议在郑州召开　3 月 5 日，全省退耕还林工作会议在郑州召开。参加会议的有省辖市林业局主管局长、退耕办主任、财政局农财科长，退耕还林重点县（市、区）林业局主管局长、财政局主管局长。张胜炎副厅长和财政厅农业处负责同志出席会议。会议通报了 2008 年度退耕还林工程政策兑现情况和巩固退耕还林成果后续产业发展、补植补造建设项目实施方案评审情况，对 2009 年度退耕还林工作进行了安排部署。

财政部下达年度中央财政森林生态效益补偿基金　5 月 5 日，《财政部关于下达 2009 年中央财政森林生态效益补偿基金的通知》（财农〔2009〕65 号）安排河南省国家级公益林生态效益补偿面积 1 334.87 万亩，比上年净增 464.22 万亩。

全省公益林管理业务培训班在洛阳举办　8 月 5~6 日，省公益林管理办公室在洛阳市举办公益林管理业务培训班，对来自基层的 260 余名管理骨干就公益林区划界定和资源保护、补偿基金使用、建设项目管理等知识进行了系统培训。

开展河南省天然林资源保护工程实施情况阶段总结　5 月 31 日，根据《国家林业局办公室 财政部办公厅关于要求对天然林资源保护工程实施情况进行全面总结的通知》（办计字〔2009〕39 号）要求，河南省林业厅、财政厅组织有关人员在对各地上报总结情况审核认定的基础上，编制了《河南省天然林资源保护工程实施情况总结》，并印发了《关于上报天然林资源保护工程实施情况总结的报告》（豫林退〔2009〕164 号），分别报送国家林业局和财政部。

下达年度巩固退耕还林成果计划任务　8 月 6 日，国家发改委、财政部、农业部、国家林业局和水利部下发《关于下达 2009 年度巩固退耕还林成果任务计划的通知》（发改西部〔2009〕1810 号），本年度安排河南省巩固成果任务共六项：一是后续产业建设的工业原料林 6 万亩、特色经济林 8 万亩，低效林改造 15 万亩，林下种植经济作物 14.5 万亩，中药材种植 3.7 万亩、牧草种植 1.3 万亩。二是补植补造 79.53 万亩。三是建设基本口粮田 12.59 万亩。四是建设户用沼气池 31 168 口、节柴灶 5 667 个、太阳能热水器 18 108 个。五是生态移民 5 307 人。六是技术培训 6.2 万人次。

组织开展 2010 年原补助到期退耕地阶段验收　9~10 月，根据国家林业局要求，2010 年河南省原补助到期退耕地面积 104 万多亩，涉及 16 个省辖市的 84 个县（市、区）。为确保 2010 年 4 月向国家林业局上报阶段验收结果，省退耕中心组织省辖市、县市区专业技术人员 260 余名，对原补助到期的退耕地进行了全面的验收工作。统计结果显示：生态林 101.7 万亩，保存率 100%，成林率 96.17%；经济林 2.92 万亩，保存率 100%，成林率 90.62%。

省公益林管理办公室开展公益林管理目标考核　11 月 23 日至 12 月 16 日，省公益林管理办公室组织全体专业技术人员对各地的公益林管理目标进行了考核，同时将 2008 年度 129 项公益林建设项目实施情况一并进行了核查，并在考核结束后以《河南省公益林管理办公室关于 2008 年度公益林建设项目核查结果的通报》（豫林森补〔2009〕113 号）通报了项目核查结果，提出了整改要求。

林业产业及林业外资项目管理

一、概述

一年来，在省林业厅党组和主管厅长的领导下，在全体人员的共同努力下，河南省林业产业与外资项目管理工作圆满完成了年度各项目标任务和厅领导交办的其他工作。2009 年产业中心被日本国际协力机构评为"中国日元贷款植树造林项目最佳部门协调奖"；被厅直党委授予"五好基层党组织标兵单位"；两名工作人员分别被省直机关团工委授予"省直青年岗位能手"和"省直机关优秀共青团员"称号；一名同志被省省林业厅评为"全省林业科技先进工作者"；积极宣传全省林业产业发展和林业外资成就，先后在《河南日报》、《中国绿色时报》、河南电视台等省级以上各类报刊、杂志、电视、广播等新闻媒体发表有关文章 20 余篇（条）。全面完成了目标任务。

（一）完成各项年度目标任务

（1）林业产业。一是指导协调全省林业产业发展，全年完成林业产值 608 亿元，比 2008 年增长 15.37%，占年度产值目标 600 亿元的 101.3%。二是按照省政府《关于在全省开展企业服务年活动的实施意见》的要求，起草下发了《河南省林业厅关于切实落实开展企业服务年活动措施的通知》，提出规划引导，落实扶持政策，拓宽融资渠道，全面开展清费治乱工作，建立原料林基地，扶持龙头企业和产业集群，为全省林业企业产品质量检验提供优质服务，加强林业技术服务，积极参与省政府组织的联动等十项服务措施。三是组织开展了全省第二次林业产业现状调查，抽调 40 余人，历时 3 个多月。结果显示，全省速生丰林面积由 2004 年的 400 万亩增加到 2008 年 800 万亩，经济林面积从 2004 年的 1 171 万亩增加到 1 315 万亩，林业育苗面积达 45 万亩，发展林下经济 262 万亩，年产值达 103 亿元。全省现有林产品加工企业 1.4 万多家，年加工木材由 2004 年的 378 万立方米增加到 600 多万立方米，年产值在 1 000 万元以上的林业企业 188 家，年产值在 1 亿元以上的林业企业 27 家，其中 4 亿元以上的 5 家，林产品市场现已达 880 个，森林旅游与服务产值由 2004 年的 5.22 亿元上升到 20.6 亿元。四是参与完成了《河南省现代林业产业规划（2009~2020）》

编制工作，规划提出到 2020 年全省林业产业总产值达到 2 000 亿元，速生丰产林面积达到 1 026.2 万亩，森林旅游业实现产值 91 亿元，直接收入达到 21.6 亿元。五是按照国家林业局的要求，分别开展了金融危机对林业产业的影响、油茶发展情况、木材安全等问题的调研活动,并现场召开座谈会，对河南省主要林产品价格，林产品流通企业情况、林业立体生态开发模式，油茶加工企业等情况进行了分析研讨，提出的有关意见上报国家林业局和省政府。参与了国家质检总局、国家林业局联合开展的建材市场质量安全调研工作，对长葛市建材市场进行了实地调研。六是按照国家林业局要求，组织开展了《中国林业产业与林产品年鉴》(2008 年) 河南部分的编撰工作，已完成五大章 11 部分 5 万字的编写。七是落实平安河南建设，完成林业系统安全生产相关协调工作。部署了"元旦"、"春节"、"清明"、"五一"、"中秋"、"十一"期间的全省林业安全生产工作，制订并及时转发林业系统"安全生产年"活动实施方案，检查落实"安全生产年"活动责任制、工作机制，督促各市按时上报林业系统安全生产活动。全面加强林业安全生产"三项建设"，即法制体制建设、保障能力建设和监管队伍建设工作。及时上报全省林业系统安全生产工作基础数据、安全生产总结、全省安全生产电视电话会议精神贯彻落实情况的报告。参加了全省安全生产活动月宣传咨询日活动，副省长史济春亲临林业厅展台问询，对其咨询的工作人员给予高度评价。全年林业系统未发生安全生产责任事故。八是分别按照国家林业局和省政府的统一安排部署，组团参加了 2009 中国（义乌）国际森林产品博览会和中国林产品（菏泽）交易博览会以及河南林业建国六十周年成就展。九是完成了 2009 年上、下半年的产值完成情况统计分析，为指导全省林业产业的快速发展提供了科学的决策依据。十是组织完成了 2009 年全省林业产业产值核查工作。按照产值核查验收办法，抽调 30 余人，采取召开座谈会、听取企业汇报、查看市县工作总结、报表与现场抽查等形式，在市县林业部门的配合和支持下，顺利地完成了检查。十一是进一步规范全省木材经营加工许可证的发放与管理工作，为全省市县林业部门和国有林场(圃)，以及重点林业企业免费赠阅《中国林业产业》杂志。十二是配合国家林业局完成了全国林业产业基础数据库网络建设和连接，并完成了对各省辖市从事林业产业管理、统计工作人员的产业信息系统和公文撰写培训，为省辖市产业办配备了必要的办公设备，机构能力得到进一步加强。

（2）速丰林基地建设。一是积极推进林纸、林板一体化规划项目的实施，指导全省新造以工业原料林为主的速丰林 33 万亩，为年度计划 32 万亩的 103%。二是完成了 2007、2008 年度速丰林工程大径级材培育项目的省级检查验收工作，对 2009 年度速丰林工程大径级材培育项目的实施方案组织专家进行了审定及批复。2009 年度共利用中央预算内资金 150 万元（投资量占全国的 10%）。项目在延津林场、黄石庵林场、天目山林场和南湾林场新造日本落叶松、杨树等大径级材 5 000 亩。三是按照国家林业局《关于编制 2010 年林业基本建设投资计划建设方案的通知》要求，完成了 2010 年度速丰林工程大径级材项目的申报工作。组织有关单位参加国家林业局速丰林工程大径级材培育项目的工程造林管理（速丰林工程）的培训，开阔了眼界，增长了知识。四是认真办理省政协十届二次会议第 145 号关于"把濮阳市建设成为河南省重要的林纸林板产业基地的建议"提案，及时办理回复，省政协委员反馈回复意见是"非常满意"。五是按时完成了每个季度向省政府报告全省林纸一体化工程项目进展情况和速丰林基地建设情况。

（3）林业外资项目。组织完成日元项目、德援项目营造林 93.5 万亩，是年度目标的 100%。完成投资 2.7 亿元，其中利用外资 1.5 亿元。河南省 2008 年初受雨雪冰冻灾害世界银行项目林，经国务院批准豁免债务 6 965 万元人民币。配合省审计厅完成了世界银行林业持续发展项目、日元项目、德援项目 2008 年度财务决算及审计工作，督促各项目单位完成了审计意见的整改工作。组织有关专家对 2009 年度外资项目造林施工设计进行了审查，指导各项目单位完成了自查验收报告编制、审查和土地利用参与式规划工作；指导完成林业外资造林项目省级年度检查验收，做好小班抽样审查，确保抽样比例，日元项目的小班抽样比例由 10% 提高到 15%，德援项目的小班抽样比例为 30%，是林业所有工程省级抽样检查最高的项目。在省级监测检查的基础上，4 个（卢氏、南召、嵩县、鲁山）项目县通过银行系统给 3 733 个农户发放项目劳务补助费 659 万元。指导各项目实施单位完成外资项目提款报账工作，协助各级财政部门共向项目实施单位下拨资金 1.5 亿元人民币。接受了日本国际协力机构对日本政府贷款河南省造林项目的年度检查工作，检查团对项目实施以来的提款申请表和相关的原始票据进行了审查，项目实施成效和财务运转情况得到日方高度评价。完成了日本政府贷款河南省造林项目的车辆、办公设备、水泵及打药机的招标投标和采购工作，共采购车辆 71 台，各种办公设备 527 台（部），水泵、打药机 303 台（套），目前已全部分发到各项目单位，并帮助项目单位完成了车辆备案审查和入户审批工作。开展了日贷造林项目实施情况调查。赴洛阳、南阳项目区实地调查项目实施成效，研究日贷项目的管理体制、转贷模式等问题。组织日贷造林项目实施单位的项目管理人员和工程技术人员赴日本开展了为期两周的技术培训，向日本国际协力机构赠送了项目实施情况图册。为更好地宣传项目的实施成效，记载项目实施的过程，组织编印了《日元贷款造林项目在河南》宣传册，并向日元项目省和河南省的项目实施县市送发，工作受到日本国际协力机构的充分肯定。在嵩县召开了中德财政合作河南省农户林业发展项目工作会议，会议系统总结了项目实施以来的工作经验和教训，要求各项目单位要切实加强领导，进一步转变观念，加强项目林的管护，巩固项目实施成效，切实履行项目有关协议和规定。为检查省林业调查规划院的监测（检查验收）成效，配合国际首席咨询专家完成了德援项目的国际预监测工作，4 个县共抽查了 17 个乡（镇）26 个村 32 个小班，为迎接 2010 年德国复兴信贷银行（KFW）组织的国际监测做好准备。协助德援项目国内外咨询专家，到项目区开展咨询培训 92 个工作天，组织项目单位开展森林经营、经济林管理、制图软件应用等技术培训 35 期，培训项目管理、技术人员 1 400 人次。开展了德援项目森林经营各造林类型、不同树种抚育间伐定额的调研工作和项目的小流域治理和放牧控制规划设计和实施工作。编印了《中德财政合作河南省农户林业发展项目工作手册》2 000 册，分发到各项目单位，为项目乡（镇）、造林农户更好地了解项目、实施项目奠定了基础。组织河南农业大学、省林业科学研究院完成了德援项目生态环境、社会经济监测的本底调查工作，为项目评估和监测提供了依据。为系统地总结德援项目的技术应用成效与推广，编制了《中德合作河南农户造林项目综合技术应用研究与示范》，完成了科技攻关项目的申报与评审。完成了世界银行贷款林业持续发展项目竣工验收工作，举办了培训班，接受了世界银行竣工检查验收团的检查，项目的实施成效得到了世界银行专家的高度赞扬，并向国家林业局提交了项目竣工验收报告。承办了国家林业局世界银行贷款项目管理中心在郑州召开的全国林业持续发展项目财务经济分析培训会。按照财政部要求，协助省财政厅开展了日本政府贷款河南省造林项目、世界银行贷款贫困地区林业发展项目绩效评价工作，历时 5 个月，共抽查了 29 个项目实施单位，根据省科技厅生产力促进发展中心的评价结果显示，"项目实施成效显著，超出预期目标"，评价等级为"优"。接待了日本三重县环境森林部和日中友好协会的来访。申请了日本小渊基金开封县朱仙镇沙区造林治理示范项目，实地考察了项目区的有关情况，日方计划援助项目资金 2 040 万日元，已到位 340 万日元。申报了世界银行技援（五期）中国经济改革实施项目，河南省申请的《河南省生态公益林补偿机制研究与配套政策、服务体系建设》项目，已得到世界银行和财政部的确认，世界银行计划援助项目资金 30 万美元。开展了《欧洲投资银行贷款河南清洁发展机制造林》项目前期准备工作，组织编制了项目建议书和可行性研究报告，项目规划在河南省的 14 个市的 38 个县（市、区）实施，计划利用欧洲投资银行贷款 7 000 万欧元。

（4）其他工作。按照《河南省人民政府关于加快推进省直机关所属企业脱钩改制工作的实施意见》的要求，完成了对河南省三林联合开发公司的企业改制工作，改制期间多次召开企业职工会议，传达省政府有关企业改制精神，做好人员的安置和情绪稳定，确保了改制工作稳步推进。为河南省三林联合开发公司划入河南投资集团有限公司管理奠定了良好的基础。结合河南林业信息网的改版，积极编写林业产业和林业外资项目信息，先后 10 多次更新了河南林业信息网相关栏目，全年为《河南林业信息》提供简讯 22 条，排居第 4 位。同时还完成了省农村党员干部现代远程教育电视教学全国部分课件的编写工作。参与了省委林业工作会议的筹备和会议服务等工作。

（二）主要做法

一是抓重点，促工作。产业中心涉及林业产业、外资项目和速丰林建设等多项工作，业务头绪多且繁杂。为确保各项工作正常运转，我们提出强抓重点、兼顾一般的工作策略。产业工作重点抓对林业产业的指导、有关政策的落实龙头企业的培育和产值报告与分析、安全生产等；外资项目重点抓日元项目、德援项目的项目实施及培训等工作，新项目的争取抓好前期调研，速丰林工作重点抓大径材试点项目和已列入省政府重点工作的工业原料林基地的林纸（板）一体化项目建设。

二是抓协调，促发展。项目日常管理工作要与财政、审计、外办等多个部门协调。工作中及时与他们沟通，利用他们的部门优势，来解决项目实施中的问题。同时，通过积极协调，寻找到新的合作途径。在财政和外事部门的支持下，世界银行技术援助项目和日本小渊基金项目已进入实施阶段，拓宽了林业的融资渠道。

三是抓创新，促成效。日元项目和德援项目造林任务和管理业务任务繁重，项目涉及 100 多个项目单位的日常管理，同时造林的检查和计划还要与生态工程相衔接。在德援项目实施与管理中，将其项目的质量监测、经济监测、生态监测、先进技术推广等分别委托省林业科学研究院、河南农业大学、省林业调查规划院等单位来承担完成，既减轻了产业中心的工作压力，又确保了工作的质量和进度。在与科研部门和高校合作的过程中，充分利用他们的科研创新优势，将先进的生产理念、新品种、新技术在项目的生产过程中推广应用，如日元项目种基盘推广、德援项目成果研究等，取得了显著成效。

四是抓质量，树形象。按照外资项目内抓管理，外树形象的要求，加大小班抽样力度，不合格的坚决不予报账，提升了项目的实施成果。一年来，河南电视台新闻联播、河南日报、中国绿色时报等主流媒体多次报道了河南林业外资项目实施成效，为林业部门赢得了荣誉，树立了良好形象。

发展规划与资金管理

一、概述

2009 年，省林业厅计划财务工作紧紧围绕学习和贯彻中央和省委林业工作会议、全省省辖市林业局长等会议精神，大力加强思想政治学习，认真实践科学发展观，转变工作作风，加强党风廉政建设，严格按照年度工作责任目标，服从和服务于河南林业生态省建设，廉洁从政，依法行政，高效务实，按照岗位职责和年度工作计划有条不紊地开展工作，充分发挥计财工作的组织、协调、服务、监督四大职能，争取政策，落实投入，加强监管，保证各项资金安全高效运行，取得了较为显著的成绩。

（一）顺利完成各项年度计划

（1）完成下达年度计划。完成下达 2009 年林业生态省建设计划任务。根据《河南林业生态省建设规划》和国家有关要求，组织编制了《2009 年河南林业生态省建设实施意见》。省政府办公厅以豫政〔2009〕3 号文形式予以印发实施，为全省 2009 年的林业生态建设提出了具体的指导意见。组织完成 2010 年全省林业基本建设投资计划建议方案的上报工作。全省共上报生态体系建设、林区民生工程、森林资源保护项目、科技项目、其他项目等 5 大类，林业重点工程、油茶示范林等 28 个小类，续建和新开工项目 90 个，申请总投资 141 953.5 万元。其中申请中央投资 99 934.41 万元。组织申报并下达 2009 年林业贴息贷款计划。全年共组织申报和批转下达 2009 年度林业贴息贷款计划四大类 59 个项目，贷款计划规模 13.6 亿元，较 2008 年增加 9.2 亿元，增长 209%。及时下达林业基本建设及扩大内需林业项目年度投资计划。及时下达了 2009 年中央预算内林业基本建设投资，涉及 14 个项目，下达投资计划 2 865 万元，其中，中央投资 2 210 万元；及时转发下达了天然林保护工程、退耕还林工程、防护林、种苗、湿地保护、疫源疫病监测、自然保护区、有害生物防治及公安派出所基础设施建设等项目中央扩大内需投资计划，共计下达中央投资 16 607 万元。圆满完成年度林业生产计划。2009 年国家下达河南省营造林生产计划总任务为 181.31 万亩，其中人工造林 122.82 万亩，封山育林 58.49 万亩。实际完成营造林合格面积 715.29 万亩，为年度国家计划任务的 395%。在实际完成营造合格面积中，人工造林 660.34 万亩，封山育林 54.95 万亩。

（2）科学编制发展规划。结合河南省林业发展实际，按照有关要求，组织编制或参与完成各类规划三项。

牵头编制《河南省现代林业产业规划》（2009~2020 年）。省政府关于编制全省现代产业体系规划通知的要求，省林业厅负责编制《河南省现代林业产业规划》（2009~2020 年），厅领导安排，由我处牵头，产业办、种苗站、保护处、造林处参与组织编制，目前《规划》已通过了专家论证。组织完成了河南省国有林场危旧房改造年度建设方案的编制与上报工作。参与完成了《河南花卉产业发展规划》，已报省政府审批。组织完成了 15 个基建项目和农经济林项目初步设计的编制与批复工作。分别是外方山及嵖山重点火险区综合治理建设项目、辉县黄连木种质资源库建设项目、信阳市 3 个油茶良种基地建设项目、连康山自然保护区基础设施建设二期工程项目、黄淮海平原农区农田防护林生态系统定位站建设项目的初步设计、长葛泡桐优良新品种及优化造林模式示范建设项目总体设计和农发 6 个经济林项目初步设计批复。

（3）完成计划项目申报。组织完成年度林业发展项目 14 类 156 个。完成申报 2010 年林业固定资产投资项目 51 个，申请国家投资 40 630.8 万元。其中森林防火项目 2 个，申请国家投资 3 092 万元；有害生物防治项目 8 个，申请国家投资 8 787 万元；国家级自然保护区项目 5 个，申请国家投资 5 558.2 万元；湿地保护与恢复项目 2 个，申请国家投资 2 119.6 万元；林木种苗项目 24 个，申请国家投资 8 157.3 万元；其他项目 10 个，申请国家投资 12 916.7 万元。目前国家林业局和省发改委已经批复可研的项目共 22 个，批复项目总投资 8 982 万元，其中中央投资 6 818 万元，地方投资 2 164 万元。完成中央林业财政林业发展专项 8 大类 105 项，申报资金规模 153 401 万元。共涉及天然林保护工程、退耕还林、森林生态效益补偿、农业综合开发林业项目、森林病虫害防治、林业贴息贷款、自然保护区建设和林业科技推广等方面；国家批复 87 个，共批复总投资额 120 334 万元，其中：中央财政投资 115 881 万元，地方财政配套 4 453 万元。

（4）大力争取建设资金。据初步统计，全年共落实年度林业生态省建设资金 79 亿元，较上年增长 29%。其中：争取省级及中央级各类无偿资金 22.38 亿元（省级财政 6.07 亿元，中央资金 13.52 亿元，省级基金收入 2.79 亿元）；市县财政投入 23.5 亿元，吸引社会资金 15.91 亿元；利用外资和林业贴息贷款 17.21 亿元。以上各项资金投资总量均为历年来之最。中央级和省级财政资金投入已全部完成。

（5）加强项目资金管理。大力开展稽查审计。一是组织部署各省辖市对 2009 年扩大内需林业项目进行了自查；配合审计署驻郑办完成了对 2007~2009 年农业综合开发林业项目资金使用情况的审计；配合国家扩内需检查组对河南省林业 2008 年和 2009 年中央投入的扩内需资金进行了全面检查；布置安排了林业工程建设领域物资采购和资金管理专项治理自查工作；印发了关于做好新增投资安排加强资金监管工作的通知，提高了资金使用效益。二是组织完成了"小金库"的全面检查。按照国家林业局部署，对省林业厅机关及直属单位的"小金库"情况进行了全面清查，遏制了腐败现象的发生。三是搞好内部审计。2009 年对省林业厅上年未进行审计的 4 个预算单位组织开展了内部审计，对查出的问题责成有关单位进行整改，提高了本级预算单位的财务管理水平。

搞好建章立制。转发了《中央林业科技推广资金管理办法》、《中央自然保护区建设资金管理办法》等各类规章制度 4 个，根据国家《育林基金征收使用管理办法》，起草了《河南省育林基金征收使用管理实施意见》，近期将以两厅文件联合印发；《河南省森林生态效益补偿基金管理实施意见》目前正在与省财政厅沟通协商；联合中国人民银行郑州中心支行等五部门印发了《关于进一步做好河南省集体林权制度改革与林业发展金融服务工作的实施意见》；联合省财政厅发布了科技兴林、林业科技推广等项目申报指南，使资金使用管理更为规范。

阳光操作资金，严格计划执行。计划下达后，各县（市、区）严格按照计划组织项目实施单位编制作业设计，将建设任务落实到山头地块。为了避免项目之间重复，各项目作业设计统一报厅造林处，由造林处组织专家进行审查批复后实施。严格项目检查验收，实行县级自查、市级复查、省级核查和稽查的检查验收制度，省级核查比例不低于营造林任务的 15%，稽查比例不低于省级核查比例的 10%。

强化竣工验收。组织对伏牛山国家自然保护区老君山管理局基础设施建设项目、太行山猕猴自然保护区管理局基础设施建设项目等 9 个项目进行竣工验收，通过 6 个项目。通过竣工验收，为这些项目申报二期工程投资奠定了基础。

（6）完成厅直企业改制清产核资资金核实工作。协调并指导厅直企业清产核资专项审计，在审计结束后根据各企业资产损失情况报请厅企业改制领导小组审核，在复核其资产损失申报材料后印发文件报省财政厅审批，完成了厅直三企业改制过程中清产核资资金核实的报批工作。

（7）组织完成了国庆 60 年林业图片展览工作。按照省林业厅的安排，计划财务处在任务重、人手少、时间紧的情况下，抽调专门人员，加班加点地完成了林业系统 60 周年图片展览工作，取得了较好的成绩。

（8）参与完成乡村财务"三资"清理工作。计划财务处抽调两人，历时 7 个多月配合省监察部门对乡村财务"三资"清理工作进行了督导和验收，在此期间，又先后两次组成两个检查组对 6 个市的乡村财务管理情况进行了抽查。圆满完成了省监察部门部署的工作任务，受到了好评。

（9）加强机关财务管理。认真贯彻执行国家和省厅厉行节约的八项要求，强化举措，认真落实因公出国（境）管理制度，减少因公出国（境）团组数和人数，2009 年，机关出国费用在近三年平均数基础上压缩 27%；严格执行公务用车编制管理规定和配备使用标准，控制公务用车购置及运行费用，使该项费用在近三年平均数基础上压缩 20%；严格控制公务接待费用支出，2009 年该项费用同期降低 10%；加强对一般性支出的管理，压缩会议、水电、文印、通信等费用，仅水电支出就较上年同期降低 6%；同时，完成了对厅机关和厅直单位"小金库"的清理工作，力争从源头杜绝资金违纪现象。

（10）加强计财基础建设。一是完成 2008 年度林业行业财务、国有林场和国有苗圃的财务决算、基本建设决算、2010 年省级财政林业综合收支预算、林业综合统计、重点林业工程经济社会效益监测等工作；二是组织完成厅直单位财务人员的继续教育工作；三是及时召开了全省林业计划财务工作会议；四是认真做好政府性基金和行政事业性收费项目的征收管理及财政对账工作、票据管理工作；五是完成了对省人大代表和省政协委员的提案的答复工作；六是完成了厅机关财务的日常工作。

（二）主要经验与做法

（1）以完善的规划明确阶段性工作重点。为充分发挥以规划定项目、以项目定投资的作用，我们组织人员一是结合《河南林业生态省建设规划》编制完成了五项规划，为保证年度林业生产和下一步争取林业投资创造了良好的条件。

（2）以科学的计划指导林业生产。为确保林业生态省建设继续顺利实施，我们组织编制林业生态省建设年度各项生产计划，并以省政府办公厅名义印发了《河南林业生态省建设年度实施意见》，对年度营造林任务分工程细化到县，同时对资金来源、检查验收和奖励政策等做出了较为详细的规定，为林业生产提供了较为科学的指导和实施依据。此外，本年度还组织编制了年度中央和省级预算内各类资金计划 15 余项，为争取林业投资打下了坚实的基础。

（3）以优惠的政策筹措资金。《河南林业生态省建设规划》营造林任务和投资总量之大均是河南省林业建设史上前所未有的，为了保证各项投资的真正落实，继续采取"以奖代补"方式，同时，针对实施过程中不断出现的新问题，及时采取解决办法，参与制订了《河南林业生态省建设重点工程核查验收质量办法》，强化了造林质量意识，使资金分配与检查验收结果真正有效地结合起来。根据当前开展的集体林权制度改革，对采取均分、租赁、拍卖等多种经营形式已明晰产权的 4 002 万亩集体林，在免费发放林权证的基础上，在公益林投资、森林资源保护等方面予以支持。为满足林业建设资金需求，加大了争取林业贷款财政贴息规模的工作力度，2009 年共争取林业贴息贷款规模15 亿多，为有效吸引社会资金发展林业打下了坚实的基础。

（4）以严谨的态度加强竣工验收。提高项目质量，必须加强项目全过程监督，因此，本年度重点强化了项目的竣工验收工作，大力改变重项目争取、轻项目管理的思想，严格按照国家已经出台的《林业建设竣工验收实施细则》和《关于加强"十五"林业建设项目竣工验收工作管理的通知》要求，有计划、有步骤地组织好项目的竣工验收，全年共组织开展项目的竣工验收 9 项，已批复 6 项。

（三）2010 年工作打算

当前河南省林业计划财务工作还存在着不少亟待解决的困难和问题：一是林业计财工作为林业生态省建设提供的基础保障潜力还需要进一步发挥；二是林业生产计划执行的严肃性有待进一步加强，林业资金管理还需要进一步规范；三是林业统计数据反映林业生产建设成就的真实性和准确性还有待提高等。

为解决上述林业计财工作面临的问题，经认真研究，初步制定了河南省 2010 年林业计划财务工作思路：继续深入贯彻和落实中央和省委林业工作精神，强力推进林业生态省建设，大力培育、保护和合理利用森林资源，加强基础设施建设，深化林业改革，创新工作机制，强化督促检查，圆满完成国家林业重点工程和林业生态省年度建设任务。

一是调整森林资源投资结构，及时分解下达年度生产任务。2010 年，根据河南林业实际，适当提高单位面积造林投资标准，压缩造林面积，计划安排营造林 400 万亩，近期将按照林业生态省建设规划要求，征求各省辖市意见，待平衡后尽快下发实施。

二是全面推进集体林权制度改革。认真贯彻落实十七届三中全会精神，按照中央 10 号文件和省政府《关于深化集体林权制度改革的意见》的要求，为全面推进河南省集体林权制度改革工作提供保障，2010 年将足额落实省级林改工作经费，确保河南省林改工作的顺利进行，以实现"山有其主、主有其权、权有其责、责有其利"和资源增长、农民增收、生态良好、林区和谐的目标。

三是努力把握新的林业投资增长点。充分抓住国家拉动内需加大对林业投资的大好机遇，拓宽视野，解放思想，转变观念，充分利用抓住国家提高生态公益林补偿标准、省政府大力加快花卉产业发展等有利时机，培育新的林业投资增长点。同时，重视引导各类资金进入林业建设领域。

四是充分利用好现有林业政策。紧紧围绕《河南林业生态省建设规划》，切实抓好政策效能的发挥。加快制订出台河南省《育林基金管理办法实施细则》，进一步完善育林基金征管政策，拓宽筹资渠道，挖掘政策潜力；充分发挥新的林业贴息贷款政策的引导性效用，大力吸引信贷资金支持林业产业发展；河南省《森林生态效益补偿基金实施意见》使森林生态效益补偿基金的使用更符合河南实际，使河南省在维护国土生态安全方面再上一个新的台阶；争取和落实国有林场改革扶持政策，为改善国有林场职工生活环境、维护林区稳定奠定基础。

五是加强项目和资金管理。加强对计财从业人员的培训，认真贯彻各项规章制度，抓好责任落实和追究，建立健全项目和资金管理责任制，做好稽查和整改。继续完善项目建设中的项目法人责任制、工程建设招标投标制、建设工程监理制和工程建设合同制，强化项目管理人员的行业业务培训，确保林业生态省建设的各类资金的使用效益和各项工程的安全、顺利进行。

六是加强计财工作基础建设。强化依法行政，提高服务和管理水平，加强廉政建设，加强业务学习和培训，努力提高计财队伍业务素质。同时做好调查研究工作，促进林业建设项目及资金管理体制创新。进一步改进工作作风，提高服务意识和工作质量。按照中央"八个坚持、八个反对"的要求，紧紧围绕全省林业工作的大局，充分发挥计财部门的职能作用，加大服务和保障力度，促进林业健康、持续发展。

人事教育

一、概述

2009 年，河南省林业厅人事教育工作在厅党组的领导下，紧紧围绕服务于全省林业建设，切实加强人事干部队伍的自身建设，不断提高工作效率和服务质量，完成了全年的工作任务。

（一）按时完成 2008 年度全员考核工作

严格按照有关规定，完成了林业厅机关和厅直事业单位 2008 年度全员考核工作和年度评先工作。全厅 687 名干部职工参加了年度考核，其中机关厅级以下公务员 79 名，厅直事业单位职工 608 名，评为优秀等次 115 人。在考核中，认真贯彻客观公正、民主公开和注重实绩的原则，实行领导与群众、平时与定期、定性与定量相结合的考核办法，起到了激励先进、鞭策后进的良好效果。配合完成了省管干部的年度考核工作。

（二）认真做好干部人事工作

完成了 9 名军转干部转业安置工作，其中有 3 名同志安置到厅机关工作；配合省委组织部完成了 1 名巡视员人选的推荐考察上报工作。认真做好面向社会公开招聘厅属事业单位工作人员的工作，完成了 7 名拟聘工作人员的笔试、面试、体检、考察工作。配合省人社厅面向社会公开招录 5 名机关公务员，目前已完成了报考人员的笔试和面试考官的培训工作，下一步将在省人社厅的统一协调下组织有关面试工作。组织完成了全厅专业技术人员职称外语和经济师、会计师任职资格考试的审核报名工作及免试外语的审核审批工作。完成了对厅直事业单位职称结构比例的审核审批手续。完成了全厅专业技术人员中、高级专业技术职务任职资格审核、审查、上报手续，组织完成了 2009 年林业工程专业高、中级专业技术职务任职资格评审会议，全省共有 134 人申报了林业工程专业高级专业技术职务任职资格评审，有 103 人通过了高级工程师任职资格评审。

（三）机构改革工作取得进展

（1）完成了厅机关的机构改革工作。通过多渠道调研和征求意见，完成了林业厅"三定规定"的草拟上报工作，已经省政府批准公布，同时积极争取省编制、人事部门对林业厅在编制、职数上的倾斜照顾。

(2) 厅属事业单位"参公"工作取得突破。在相关单位积极配合下，通过积极不懈的努力，林业厅直属事业单位省森防站、省种苗站、省林业工作站3家单位被批准参照公务员法管理，实现了林业厅无参公单位的零的突破。

(3) 省级政法专项编制得到落实。在省森林公安局的全力配合下，通过积极协调省编办、省人事厅等相关部门，省森林公安局政法专项编制得到落实，编制数和领导职数基本明确，为切实加强和改进公安工作、加强公安机关党组织和公安队伍建设及依法办案都提供了坚实的组织保障。

(四) 林业教育培训工作成效显著

(1) 组织完成了一系列在职人员的培训工作。完成重点县（市、区）林业局长的调训任务；举办了第一期军队转业干部培训班；完成一期全厅青年干部培训和两期厅直事业单位有关人员法人登记相关业务培训。

(2) 立足以人为本，创新办学思路，林业职业教育取得丰硕成果。为全面提升教学水平，扩大学校的社会影响力，河南省林业学校采取了如下一系列措施：规范日常管理，提升科研能力。主要是加强流程管理，狠抓常规工作；提高教师素质，抓好队伍建设；健全教研制度，规范教研活动；突出实践技能，实现以赛促教；加大培训力度，服务林业建设；发挥专业优势，协助造林稽查。同时加大对外宣传，拓宽办学和就业渠道；坚持服务理念，美化校园环境。完善校务公开，创建平安校园。由于这一系列措施的实施，河南省林业学校取得了丰硕的成果，先后获得"河南省民主管理工作示范单位"、"依法治校先进单位"、"2008年度洛阳市职业教育先进单位"、"2009年河南最具影响力的十大教育品牌"、"创建劳动关系和谐单位"、"环境管理先进单位"、"2005~2009年全省林业科技工作先进单位"等荣誉称号，2009年招生人数再创历史新高。

(3) 组织了教师节期间全省中等林业学校优秀教师的评选表彰及教师节慰问活动，共表彰优秀教师14人。

(五) 认真做好劳资工考和林业外事工作

按时完成了全厅在职人员的工资正常晋级、晋档审核、审批手续。为8名退休人员及时办理了退休审核、审批手续。组织好工人技术等级考核的相关事宜，为省工考中心调运工人考核培训教材2 150册，保证了工人技术等级考核工作的顺利进行。有1名工人取得了技师资格，9名工人取得了高级工资格。

组织日元贷款河南省造林项目赴日本培训团组，共20人，在国外停留12天，顺利完成了出国培训任务并安全返抵国内。为4人办理了有关出国考察培训的相关手续，其中省管干部2人。

(六) 配合开展全省森林公安人员过渡及考试录用安排部署工作

年初，根据省人事厅、林业厅下发的《关于做好全省森林公安机构核定政法编制后人员过渡和考试录用有关工作的通知》要求，全省森林公安人员过渡和考试录用工作全面启动，我处积极配合省人事厅对森林公安人员的过渡资格进行审核把关，受理和查证举报，除个别举报对象仍在查证落实外，已全面完成了资格审核工作和过渡工作，需考试录用人员也已完成了考试和体检工作。

（七）积极做好厅领导安排的工作及其他有关工作

按时完成了国家林业局、省人事厅、郑州市统计局等单位交办的编制统计、在职干部职工统计、离退休人员统计、工资统计、劳动统计等各类统计工作。组织开展了春节特困职工慰问工作。协调了造林实绩核查工作。根据省委组织部要求，面向全厅人事干部组织开展了"讲党性、重品行、作表率"活动。认真组织开展深入学习实践科学发展观活动。完成了厅党组和领导交办的其他工作。

（八）认真落实厅党风廉政建设责任制

完成了惩防体系建设牵头年度任务。加强了对本处干部的廉政教育，全年没有发生违法违纪行为。

二、纪实

三厅直属二级全供事业单位获批参照公务员管理　2月18日，河南省人事厅批复林业厅直属二级全供事业单位河南省森林病虫害防治检疫站、河南省经济林和林木种苗工作站、河南省林业工作站3家单位参照《中华人民共和国公务员法》管理（豫人〔2009〕4号）。

赵义民被国务院批准享受政府特殊津　3月19日，赵义民同志被国务院批准享受政府特殊津贴（人社部发〔2009〕22号，豫人社〔2009〕72号），一次性发放20 000元，由中央财政专项列支拨款，免征个人所得税。截至目前，林业厅已有22人获批享受国务院政府特殊津贴。

尚忠海等获"2008年度河南省学术技术带头人"称号　6月2日，经省政府审核批准，林业厅尚忠海、申富勇2人被命名为"2008年度河南省学术技术带头人"（豫政办〔2009〕98号）。截至目前，林业厅已有8人获此称号。

省林业厅主要职责内设机构和人员编制规定获省政府批准　6月10日，经河南省人民政府批准，河南省人民政府办公厅印发《河南省林业厅主要职责内设机构和人员编制规定》（豫政办〔2009〕100号）。

林业学校专业教师参与河南林业生态省建设工程造林稽查工作　6～10月，河南省林业学校抽调3名专业老师，参与到河南林业生态省建设工程造林稽查工作中，先后对南阳、洛阳、信阳、驻马店、焦作等市的10个县（区）进行了林业生态建设工程造林稽查，共稽查造林面积10万多亩，涉及小班1 500多个。

河南省森林公安局成立　9月4日，河南省机构编制委员会同意撤销省林业厅森林公安局，设置河南省森林公安局，为省林业厅的直属机构，列入省公安厅建制序列，挂河南省公安厅森林警察总队牌子，受省林业厅和省公安厅双重领导，党政工作以省林业厅管理为主，公安业务以省公安厅管理为主（豫编〔2009〕27号）。

李志锋获"人民满意的公务员"称号　9月7日，林业厅李志锋同志被中共河南省委、河南省人民政府授予全省"人民满意的公务员"荣誉称号（豫文〔2009〕132号）。

组织参加省中等职业教育技能大赛　10月28～31日，省林业学校组织11名学生，参加了

2009年河南省中等职业教育技能大赛计算机应用技术全部四个项目（企业网络搭建及应用、园区网互联及网站建设、动画片制作、电脑平面广告设计）的比赛，2人获得一等奖、7人获得二等奖，1人获得三等奖，林业学校获得电脑平面广告设计项目团体二等奖、企业网络搭建及应用和园区网互联及网站建设两个项目团体三等奖。

机关党的建设

一、概述

2009年，河南省林业厅机关党的工作，坚持以科学发展观为指导，认真贯彻落实党的十七届三中、四中全会精神，以建设学习型党组织为载体，全面加强党的思想、组织、作风、制度和反腐倡廉建设，不断增强基层党组织活力，取得了明显成效。

（一）积极开展共青团工作和争创"五好"基层党组织活动

以"创建五四红旗团委"为载体，大力开展争创"五四红旗团委"、"五四红旗团总支、团支部"活动。全厅有7名团员青年分别被团省委和省直团工委授予"河南省优秀共青团员"、"省直机关模范团干部"、"省直机关优秀共青团员"称号，范增伟被省直团工委、省直青联联合授予第二届省直机关"十大杰出青年"称号

按照省委组织部、省直工委和林业厅党委的要求，积极开展争创"五好"基层党组织活动，取得丰硕成果。厅直党委、林政法规党支部、推广站党支部分别被省委组织部、省直工委授予"五好机关党委"、"五好党支部"、"抗旱浇麦夺丰收先进党组织"等荣誉称号；厅党组书记、厅直党委书记、专职副书记、厅直纪委书记被省委组织部、省直工委分别表彰为"省直机关优秀党建工作第一责任人"、"优秀机关党委书记"、"优秀机关党委专职副书记"、"优秀党务工作者"；李敏华等6名党员被省委组织部、省直机关工委表彰为"省直机关优秀党员"。厅直党委专职副书记冯慰冬被全国政协等六部委表彰为"梁希思想政治工作先进个人"并受到贾庆林主席等中央领导的亲切接见；在"七一"表彰活动中，全厅共有22个总支、支部、72名党员、27名党务工作者受到厅直党委通报表彰，有8个党支部被厅直党委授予"'五好'基层党组织标兵单位"称号。

（二）计划生育和妇女工作成效明显

2009年，厅计划生育和妇女工作认真落实全省计划生育电视电话会议精神，全面执行国家计划生育政策，切实宣传、维护和保障女职工及儿童的法律权益，加强对女职工的教育。同时强化了对

流动人口和家属院、门面房人员的计生管理，管理率达到 100%，圆满完成了计划生育和妇女工作各项任务。林业厅在全省"双学双比"活动中，1 人被评为全省先进个人，计划生育工作连续 10 年被评为先进单位。

（三）工会工作成绩突出

在全厅各级工会的共同努力下，2009 年，全厅共有 1 个基层工会、2 个工会小组、4 名"优秀工会干部"、6 名"工会积极分子"、1 名"优秀工会之友"受到省直工会通报表彰。

（四）完成了省级文明单位复查工作

7 月，省直文明委对河南省厅的省级文明单位进行了复查。在厅领导和相关处室、单位的密切配合下，林业厅精神文明建设办公室加班加点、精心准备，先后印制了《河南省林业厅精神建设资料汇编》上、下两册共 1 183 页；制作精神文明建设宣传展板 1 块；编发精神文明建设简报 14 期，圆满完成了本次复查任务，为维护单位形象和广大职工的切身利益做出了积极的贡献。

二、纪实

举办 2009 年春节联欢会　1 月 20 日，厅直党委成功举办了"纪念改革开放 30 周年暨 2009 新春联欢会"。演出共评出一等奖 2 个，二等奖 4 个，三等奖 6 个，优秀奖 3 个，优秀组织奖 4 个。

开展"送温暖"活动　1 月，正值元旦春节期间，机关党委对全厅帮扶对象、困难职工、困难党员进行了走访慰问。累计慰问困难职工、困难党员 16 人，发放慰问金 18 500 余元。

开展全国优秀护林员评选推荐工作　3 月，国家林业局办公室、中国农林水利工会全国委员会下文公布了 2007~2008 年度全国优秀护林员名单，河南省全省有 8 名护林员被国家林业局授予"全国优秀护林员"荣誉称号。

部分个人获团省委和省直工委表彰　5 月，全厅有 7 名团员青年分别被团省委和省直团工委授予"河南省优秀共青团员"、"省直机关模范团干部"、"省直机关优秀共青团员"称号，范增伟被省直团工委、省直青联联合授予第二届省直机关"十大杰出青年"称号。

省林业厅召开"七一"表彰大会　7 月 1 日，省林业厅召开"七一"表彰大会，厅直党委对全厅 22 个总支、支部、72 名党员、27 名党务工作者进行了通报表彰，8 个党支部被厅直党委授予"'五好'基层党组织标兵单位"称号。

部分单位和个人获省直工委表彰　7 月，省直机关工委下发《关于表彰省直机关抗旱浇麦夺丰收工作先进党组织和优秀共产党员的决定》(豫直文〔2009〕38 号)，对获得荣誉的单位和个人进行表彰。省林业厅共有 3 个单位、被省委组织部、省直工委授予"五好机关党委"、"五好党支部"、"抗旱浇麦夺丰收先进党组织"等荣誉称号；410 名个人受到省委组织部、省直机关工委的表彰。

完成省级文明单位复查　7 月，省直文明委对河南省林业厅的省级文明单位进行了复查。在厅领导和相关处室、单位的密切配合下，林业厅精神文明建设办公室精心准备，使省林业厅的省级文明单位顺利通过复查。

参加了省直机关爱国歌曲大家唱活动　8 月 26 日，由省林业学校教职员工组成的合唱队代表省林业厅参加了省直机关爱国歌曲大家唱活动，省林业厅被省直工委授予"优秀组织奖单位"、"比赛银奖单位"和"庆祝新中国成立六十周年系列活动先进党组织"称号。

冯慰冬获"梁希思想政治工作先进个人"称号 12月23日，全国关注森林活动开展10周年总结表彰大会在北京召开，省林业厅冯慰冬作为"第四届梁希林业思想政治工作先进个人"，在会上受到表彰，并受到中共中央政治局常委、全国政协主席贾庆林亲切接见。

老干部工作

一、概况

2009 年，林业厅离退休干部工作在厅党组的正确领导下，认真贯彻落实党的十七大提出的"全面做好离退休干部工作"的要求和全省老干部工作会议的工作部署，以服务保发展、保民生、保稳定、保省委决策部署落实为中心，以抓好离退休干部政治、生活待遇落实为重点，切实加强离退休干部思想政治建设和党的组织建设，不断丰富老干部精神文化生活，积极引导老干部在"两个文明"建设中发挥作用，深入开展"爱老助老工程"，努力开创老干部工作和谐发展的新局面。

（一）着力加强离退休干部思想政治建设和党支部建设

以深入学习实践科学发展观和开展纪念新中国成立 60 周年活动为主线，通过多种形式，组织离退休干部深入学习中国特色社会主义理论，学习党的十七大、十七届三中全会、四中全会和省委八届九次全会精神，使全体离退休干部进一步加深对党的基本理论、基本路线、基本方针、基本政策的理解，引导老同志从国际大环境、改革开放大格局、社会发展大进程中看形势，从切身体会和身边变化中看形势，切实把思想认识统一到中央的判断和决策上来，增强同心同德、共克时艰的信心和决心，激发他们支持改革、推动发展、促进和谐的内在动力。同时，以开展评选先进离退休干部党支部和离退休干部先进个人为契机，进一步加强老干部党员思想政治建设和党支部建设，充分发挥老干部党员及老干部党支部密切联系群众、服务经济建设、促进社会和谐的积极作用，使之真正成为保发展、保民生、保稳定、保省委决策部署落实的一支重要力量，为社会主义经济建设、政治建设、文化建设、党的建设和生态文明建设做出积极贡献。

（二）着力抓好老干部政治、生活待遇落实

顺应形势发展和老同志的需求，进一步完善和落实离退休干部政治、生活待遇的各项制度。认真学习贯彻中组部、人力资源社会保障部《关于进一步加强新形势下离退休干部工作的意见》（中组发〔2008〕10 号），不断健全完善老干部阅读文件、参加会议、参观考察、通报工作、节日慰问、生病探视、困难救助、订阅报刊、医疗保障等项制度，在全厅深入开展"为老干部献爱心、送温暖"活动，发动党团员和青年职工积极主动为老干部做好事、办实事、解难事。以庆祝新中国成立60周年为契机，在全厅范围内广泛开展走访慰问离退休老干部、老工人、老党员活动，使广大老干部深切感受到党组织和单位职工的关怀与温暖，为老干部老有所养、老有所医、安享晚年创造了舒心环境。

（三）积极引导老干部在"促进中原崛起，建设生态文明"中发挥作用

坚持服从大局、服务中心、共建共享、促进和谐的工作方向，找准老干部工作与经济建设、政治建设、文化建设、党的建设和生态文明建设的结合点，围绕推动科学发展、促进社会和谐，充分发掘和利用老干部群体的智力财富和独特优势，支持老干部代表参与林业生态省建设和集体林权制度改革工作；重视发挥老干部、老党员、老专家在普及林业科学知识、宣传依法治林、实行党内民主、培养年轻干部、弘扬先进文化和构建社会主义和谐社会中的推动作用和示范作用。厅机关离退休干部工作处会同厅直党委、共青团委举办老干部光荣传统报告会，邀请省林科院老党员、老专家为厅机关及直属单位团员青年、退伍转业军人和老干部工作者进行党的优良传统和社会主义荣辱观教育。厅机关及直属单位的一些老干部、老专家坚持深入基层，发挥一技之长，指导和带动周围群众大力发展林果业，为当地农民增收致富辅路架桥，受到地方政府和干部群众好评。

（四）大力加强老干部活动阵地建设

重视加强老干部活动室及运动场地设施建设，不断改善老干部活动条件，提高服务管理水平。结合庆祝新中国成立60周年，厅机关及直属单位通过举办爱党、爱国、爱社会主义为主要内容的座谈会、有奖征文活动，组织离退休老同志共话祖国新貌，共唱祖国赞歌，共享国庆喜悦。

开展评选先进离退休干部党支部和离退休干部先进个人活动。按照省委组织部、省委老干部局的部署，上半年，厅机关和厅直属单位开展评选离退休干部先进党支部和先进个人活动，充分发挥先进典型的示范带动作用，激励更多的老同志为实现河南发展新跨越、开创中原崛起新局面继续做贡献。厅机关退休干部侯尚谦被评为全省离退休干部先进个人，受到省委组织部、省委老干部局的表彰。

（五）切实加强老干部工作队伍建设

全厅老干部工作部门及老干部工作者结合开展"讲党性修养、树良好作风、促科学发展"教育活动，进一步加强工作作风和思想道德建设，牢固树立科学发展、以人为本、改革创新、团结和谐的工作理念，创新工作方式，丰富服务内容，坚持深入到老干部当中做工作，从解决老干部最关心、最现实的问题入手，满腔热情、真心诚意、耐心细致地为老同志服务，受到广大老干部的好评。

（六）广泛开展爱老助老和老干部文体活动

元旦、春节、重阳节期间，林业厅党组书记、厅长王照平及厅领导同志，厅机关处室局及厅直属单位负责人分头走访慰问离退休老干部，全厅职工深入开展为老干部"献爱心、送温暖"活动。年内，厅机关及直属单位共安排走访看望离退休干部326人次，为老干部办实事、做好事315件，订阅报刊杂志980份，代办老年乘车证、优待证186份，申报疑难重症病例15件，帮扶老干部困难家庭及遗属32户，增进了新、老干部之间的情感交流，促进了和谐机关建设。

厅机关及厅直属单位持续开展"关爱老干部健康"活动，先后举办一系列老年文娱健身活动，开展健康杯征文和健康家庭评选活动，举办林业厅第十三届"康乐杯"门球赛。厅机关老干部合唱队积极排练节目，参加全厅职工春节联欢会，展示了广大老干部健康向上的精神风貌，受到干部职工的好评。林业厅离退休干部工作处被省委老干部局、省直老年体协评为省直机关老年体育工作先进集体。

开展庆祝新中国成立 60 周年活动。根据中央和省委的统一部署，国庆节前后，全厅老干部工作部门组织离退休干部和老干部工作者，认真学习胡锦涛总书记在庆祝中华人民共和国成立 60 周年大会上的重要讲话，通过举办座谈会、撰写纪念文章、作诗绘画等形式，抒发广大离退休老干部爱党、爱国、爱社会主义的情怀。厅机关和厅直属单位的领导分头走访慰问老干部、老工人、老党员，引导广大离退休干部深刻认识新中国成立以来的光辉历程、伟大成就和成功经验，坚定走中国特色社会主义道路的信心和决心。

二、纪实

林业厅召开老干部工作会议　2 月 26 日，林业厅召开老干部工作会议，厅党组书记、厅长王照平对老干部工作提出新要求，厅党组成员、纪检组长乔大伟总结和部署工作。

开展老干部光荣传统教育　9 月 28 日，林业厅举办老干部光荣传统报告会，老干部代表、原省林科院副研究员董云岚向厅机关及直属单位团员青年、退伍转业军人和老干部工作人员进行党的优良传统和社会主义荣辱观教育，勉励年轻干部牢记"两个务必"、发扬"三大作风"，进一步增强做好本职工作的责任感和使命感，为建设林业生态省贡献力量。

老干部赴北京、天津参观考察　10 月 17~22 日，林业厅机关及厅直属单位部分离退休干部赴北京、天津参观考察，亲眼目睹近年来首都北京及天津的快速发展和巨大变化，亲身感受伟大祖国改革开放和现代化建设的丰硕成果。

野生动物救护

一、概述

2009 年，河南省野生动物救护中心（简称救护中心）在林业厅党组的正确领导和厅机关有关处室的大力支持下，坚持以邓小平理论和"三个代表"重要思想为指导，认真贯彻落实科学发展观，紧紧围绕《河南林业生态省建设规划》，求真务实，扎实工作，圆满完成了年度各项工作目标任务。

（一）积极开展野生动物救护工作

全年共外出救护野生动物 120 余次，救护收容野生动物活体、死体 1 620 只（头、条），其中国家二级以上保护动物梅花鹿、蜂猴、红隼、普通□、秃鹫、灰鹤、鹰鸮等 48 只。对救护的伤病残野生动物及时治疗，精心护理，有效提高患病受伤动物的治愈效果，治愈率达 85% 以上；对治愈的动物及时组织放生，放生成功率达 90% 以上。

（二）科学饲养管理场馆内现有的野生动物

根据各种动物的生活习性，科学饲养管理场馆内现有的 100 余只野生动物，合理配置饲料，按时定量投食，每天打扫卫生，定期进行防疫、消毒、驱虫，保证野生动物健康生长。同时，积极开展野生动物交配、受孕、繁育规律研究，提高野生动物繁育水平，全年成功繁育梅花鹿 6 只。经国家林业局批准，外调洛阳石化集团梅花鹿 10 只。

（三）认真做好全省野生动物疫源疫病监测工作，加强装备建设，不断提高监测水平

高度重视疫源疫病监测工作，采取多种措施，确保工作正常开展。一是认真做好疫源疫病信息收集及上报工作。每天接收疫情信息 47 份，上报 2 份，全年共接受全省各地疫情信息报告单 17 000 余份，上报省高致病性禽流感办公室、国家野生动物疫源疫病监测总站疫情信息 730 份，报告死亡情况 2 例。送检 1 次，检测结果正常。二是加强疫源疫病监测值班工作。坚持 24 小时值班制度，密切关注全省各地疫情动态，并配合厅保护处对全省监测站值班情况进行电话抽查，督促做好值班工作。三是加强野生动物疫源疫病监测物资装备建设，配备了望远镜、数码照相机、GPS 等野外监测设备及防护服、护目镜、标准医用口罩等个人防护设备。四是完成了《河南省陆生野生动物疫源疫病监测技术规范》的起草工作，并广泛征求有关监测站点和专家意见，认真修改定稿。

（四）完成全省自然保护区数据统计及其他管理工作

一是完成了全省 25 个自然保护区信息管理数据库的收集汇总上报工作。二是加强保护区管理与科研监测方面的调研工作，完成了《河南省自然保护区科研监测工作方案》的起草工作，撰写的《河南省自然保护区管理调研报告》，2009 年 1 月被省学习实践科学发展观活动领导小组办公室评为优秀论文。三是对 16 个自然保护区管理工作进行了评估，撰写了河南省林业系统自然保护区管理评估报告和 8 个自然保护区管理评估结果报告材料。四是参与完成了部分保护区基本建设实施情况检查验收工作。

（五）加强对外宣传工作，年新闻报道 35 次

一是参与组织了在郑州森林公园举办的省会第 28 届"爱鸟周"活动启动仪式，展出小型鸟类标本 6 件，布置野生动物摄影展横幅 1 副。二是协助厅保护处完成在河南省博物院举办的"河南省森林旅游年"启动仪式。三是积极配合新闻媒体，搞好对外宣传工作，全年共接受电视媒体采访 23 次，在大河报、河南商报、东方今报等平面媒体上报道 12 次。四是加强"河南野生动植物保护网"网站建设，及时将中心工作动态、科普知识、媒体宣传报道等有关信息在网上发布，更新信息 30 条。

（六）进一步做好科普工作

根据自身业务性质，充分利用现有资源普及野生动物保护知识。救护中心的野生动物馆舍、野生动物标本室、自然保护区展室、荣誉室等科普场所全年免费对社会开放。在每周二的社会团体开放日和"爱鸟周"及野生动物保护宣传月期间，由专职科普人员对参观者进行系统讲解。同时，积极与河南农业大学、郑州师范高等专科学校等高校进行交流合作，作为其教学实习基地，为其开展教学、科研和学生实习等工作提供便利条件。全年接受科普教育人数达 11 000 余人次。

（七）成功创建国家生态文明教育基地

开展生态文明教育基地创建工作是落实科学发展观、促进人与自然和谐、树立生态文明观念、提高全民生态意识和文明素质的重要举措，创建"国家生态文明教育基地"对于提高救护中心知名度、影响力，促进和谐发展具有重要意义。因此，救护中心高度重视，在林业厅的大力支持下，制订了完善的创建工作实施方案，并采取各种措施加以落实，2009 年 6 月，顺利通过国家验收。8 月 1 日，在中国第二届生态文明建设高层论坛上，救护中心作为全国十家之一，被国家林业局、教育部、共青团中央联合授予"国家生态文明教育基地"称号，为我省首家获此殊荣的单位。

二、纪实

河南省黄河湿地野禽流感监测及其与动物流感间传播规律研究》被列为省重点科技攻关计划项目 2 月 16 日，救护中心申报的《河南省黄河湿地野禽流感监测及其与动物流感间传播规律研究》被省科技厅列为重点科技攻关计划项目（豫科技〔2009〕1 号）。

开展主题教育活动 4 月 10 日，救护中心支部印发了《河南省野生动物救护中心开展"讲党性修养、树良好作风、促科学发展"主题教育活动实施方案》（豫护支〔2009〕3号），安排从4月开始，集中3个月时间，在党员干部中开展"讲党性修养、树良好作风、促科学发展"主题教育活动。

江西省林业厅纪检组长李正生来豫考察 5月22日，江西省林业厅纪检组长李正生一行3人在厅监察室主任任朴陪同下到中心考察工作。

国家林业局领导考察省野生动物救护中心 6月29日至7月1日，以国家林业局宣传办公室副主任金志成为组长的"国家生态文明教育基地"创建工作考察核验组一行3人，在省林业厅副厅长刘有富、副巡视员谢晓涛陪同下，对救护中心的创建工作进行了实地考察核验。考核组在听取汇报的基础上，对照创建条件，对救护中心的生态环境、动物场馆、动物疾病治疗室、野生动物标本室、野生动物监控室、自然保护区展室、多媒体演示室等生态教育资源进行了实地查看，对救护中心的创建工作表示满意。

签订《河南省陆生野生动物疫源疫病监测技术规范》地方标准制订项目合同 7月10日，救护中心与省林业厅科技处签订《河南省陆生野生动物疫源疫病监测技术规范》地方标准制订项目合同。

省野生动物救护中心获"国家生态文明教育基地"称号 7月27日，国家林业局、教育部、共青团中央决定授予湖南省森林植物园、山东省滕州滨湖国家湿地公园、河南省野生动物救护中心、东北林业大学等10个单位"国家生态文明教育基地"称号（林宣发〔2009〕177号）。

举行"国家生态文明教育基地"揭牌仪式 8月28日，省野生动物救护中心举行"国家生态文明教育基地"揭牌仪式。国家林业局宣传办公室、省林业厅、团省委等部门领导，河南农业大学、惠济区迎宾路办事处金洼小学的师生以及《中国绿色时报》等媒体记者等100余人参加了仪式。国家林业局宣传办公室副主任柳维河、省林业厅副厅长刘有富共同为救护中心国家生态文明教育基地揭牌。省林业厅副厅长王德启代表厅党组讲话。

森林航空消防与森林资源数据管理

一、概述

2009 年，河南省森林航空消防站、森林资源数据管理中心在林业厅党组的正确领导下，认真贯彻落实中央和省委林业工作会议及《中共河南省委、河南省人民政府关于加快林业改革发展的意见》精神，牢固树立建设河南林业生态省的责任感意识，发扬艰苦奋斗、团结协作的精神，顺利完成了各项工作，做出了应有贡献。

（一）航空护林工作稳步开展

坚持以《2009 年全省森林防火工作要点》为指导，认真落实《森林火灾应急预案》，以洛阳为基地，南阳为备降机场。主要巡护豫西、豫南和豫东北部。覆盖我省洛阳、三门峡、南阳、信阳、焦作、济源、安阳等地区。在严峻的森林防火形势下，根据全省防火大局的需要，做好协同配合，安全高效飞行，形成卫星林火监测、航空巡护消防、地面扑火力量三位一体的防扑火体系，充分发挥航空消防护林的优势，及时有效地处置了接连发生的森林火灾，为实现森林火灾"打早、打小、打了"的目标，最大限度减小森林火灾损失提供了强有力的支撑和保证。整个航期历时 101 天，洛阳基地共安排飞行 39 架次， 107 小时 4 分，其中巡护 32 架次，实施火场侦察及吊桶灭火 5 架次，投撒传单 5 万余份。

（二）信息化建设工作全面推进

河南林业信息网全年共发布信息 4 250 条；接受国家林业局信息、简报 279 份，发送各类公文、信息 1 395 份；接受省政府公文 605 份，发送各类公文、信息 515 份；林业政务专网发送公文 15 份、简报 31 期。完成河南省政府门户网站内容保障工作，其中上报信息 543 条，被采用 426 条；受理网上咨询 33 件；受理依申请公开 5 件；安排厅长做客省政府门户网站在线访谈 1 次。协助厅保密工作领导小组完成 2009 年我厅网络信息安全保密检查工作。完成河南省林业厅网站群建设项目的方案设计、公开招标投标、系统建设等工作，主站于 11 月 8 日投入试运行，子站建设已完成大半，计划 2010 年元月正式投入运行。

二、纪实

配合地方政府投撒防火宣传单 1 月 15 日，为宣传《森林防火条例》并增强重点林区群众的森林防火意识，省森林航空消防站积极配合栾川县森林防火指挥部，在县城和防火重点乡镇空投防火宣传材料四万余份。

省政府门户网站绩效评估中取得佳绩 2 月 4 日，省政府办公厅通报了 2008 年度河南省政府系统门户网站绩效评估结果，省林业厅网站位列省政府部门网站绩效评估前 10 名。

航空护林总结会在郑州召开 3 月 6 日，河南省森林航空消防站 2008 年冬季航空护林工作总结会在郑州召开。会议通报了 2008 年冬季航空护林工作情况，总结了本航期的工作经验。整个航期历时 101 天，洛阳基地共安排飞行 39 架次，107 小时 4 分，其中巡护 32 架次，实施火场侦察及吊桶灭火 5 架次，投撒传单 5 万余份。

崔继东获全国林业信息化先进个人 3 月 20 日，河南省林业厅被国家林业局评为全国林业信息化工作先进单位，崔继东同志被评为全国林业信息化先进个人，并受到表彰。

全省林业信息化建设项目竣工验收会召开 4 月 3 日，全省林业信息化建设项目竣工验收会在郑州召开，省林业厅组织有关专家及工程技术人员对全省林业政务专网、视频会议系统、公文传输系统扩建和全省森林资源数据库建设项目（硬件部分）进行了验收。省林业厅副厅长刘有富出席评审会。厅办公室、林政处、法规处、防火办公室、监察室和省森林数据管理中心等负责人、技术工程人员及省发展和改革委员会、省财政厅专家库有关专家参加了评审会。

整理航期材料为今后工作提供依据 4 月 10~17 日，整理调度日志、电话记录、飞行日报、次日计划、周预报、林火动态等相关报表资料 300 余份，林航简报 10 期，装订航护书面材料 3 套，共计 700 多页，制作记录航护工作掠影的视频光盘《银鹰守护》50 多套。

举办全省林业信息化培训班 4 月 27~29 日，全省林业信息化应用培训班在郑州举办，18 个省辖市林业（农林）局、120 个县（市、区）林业局及省森林资源数据管理中心等单位信息化建设管理人员共 158 人参加了培训，培训内容主要是网络基础知识、视频管理、网络存储、网络安全、电子公文制作及传输、电子印章的使用等方面。

参加 2009 年西南森林航空消防工作总结研讨会 6 月 19 日，省森林航空消防站王明印书记及航护科负责人参加了在成都西昌举行的 2009 年西南森林航空消防工作总结研讨会，并在会上做了"从无到有、开拓进取，努力开创河南森林航空消防事业新局面"的发言。

进行航护地面信息调研 7 月 10 日至 8 月 20 日，对河南省航护区域内重点林区进行了地面信息调研，涉及 11 个地市、24 个县（市、区）；核查水源 37 处；核查临时机降点 27 处；收集水源数据信息 22 处，临时机降点 6 处。

2009 年森林航空消防冬航协调会召开 11 月 18 日，河南省 2009 年森林航空消防冬航协调会在郑州召开。会议总结了 2009 年航护工作情况，安排部署了 2010 年航护工作任务。省林业厅副巡视员万运龙出席会议并讲话。参加此次会议的有省政府护林防火指挥部办公室、省森林航空消防站、中国人民解放军济南军区空军第十九师、民航河南安全监督管理局、民航河南空管分局、中国民航飞行学院洛阳分院等管理保障部门负责人和洛阳、南阳市林业局的负责人。

信息化总体规划编制工作顺利完成 11月，按照《全国林业信息化建设纲要》的有关要求，认真编制了《河南林业信息化中长期发展规划（2010~2020）》。通过面向社会公开征集，组织各处室局、厅直各单位及参与公司进行认真调研，广泛征求有关专家意见，借鉴外省经验，制订出河南省规划及建设方案，为河南林业信息化长远发展和近期建设奠定了坚实基础。

郝佩和一行到河南检查指导工作 12月19日至21日，西南航空护林总站党委书记、总站长郝佩和及航护处负责人等一行三人来河南省检查指导森林航空消防工作，并慰问了洛阳基地的工作人员。

河南林业信息网入选全国农业网站百强榜，进入园艺林业网站十强 12月，农业部信息中心、中国互联网协会、中国电子商务协会授予河南林业信息网为中国农业网站百强单位、林业园艺类十强单位。河南林业信息网已连续四年获次殊荣。

郑州市

一、概述

2009 年，郑州林业工作在市委、市政府的正确领导下，以科学发展观为统领，克服金融危机造成的不利影响，紧紧围绕"五个一"即"一城、一会、一市、一园、一改"的奋斗目标，认真学习贯彻中央和省委林业工作会议精神，奋力推进林业生态建设工作实现新的跨越，全市林业发展呈现又好又快的良好局面。

（一）年度造林绿化工作目标超额完成

2009 年，全市共完成林业生态建设规模 47.93 万亩，占年度建设任务 46.88 万亩的 102.2％。其中完成新造林 37.31 万亩，占年度新造林任务 31.58 万亩的 118.1％；完成森林抚育和改造 14.25 万亩，占年度任务 14.19 万亩的 100.4％；完成园林苗木花卉 1.23 万亩，占目标任务 1.11 万亩的 111％。2009 年 6 月 8 日至 7 月 10 日，市政府督察室、市发展和改革委员会、市财政局、市林业局等部门组成联合核查组，再次组织对森林生态城工程启动以来的建设情况进行了严格的核查验收。结果显示，2003~2009 年，全市共完成森林生态城新增造林面积 101.15 万亩，提前 4 年超额完成 100 万亩的栽植任务。

建成 2 个林业生态县、100 个林业生态村和 8 个林业生态模范村。全市以各种形式参加义务植树的公民达 354.2 万人次，占应尽责人数的 95.4％，义务植树 1452.6 万株，建立市、县、乡三级义务植树基地 219 个。

（二）第二届中国绿化博览会筹备工作全面启动

凭着优越的经济、生态、文化等优势，经过努力争取，2008 年底，郑州市最终取得了第二届中国绿化博览会的承办权，按照全国绿化委员会关于把本届绿化博览会举办成"中国一流，世界有重要影响"的绿博盛会的目标，2009 年，郑州市快速启动、全面展开了筹备工作。一是成立组织，加强领导。郑州市成立了第二届绿化博览会执行委员会，赵建才市长担任主任，市四大班子领导分别任常务副主任、副主任，成立了执委会工作机构，下设综合协调、新闻宣传和大型活动、邀展、布展、规划建设、市场开发和安全保障7个部门，抽调了业务骨干，集中办公，紧锣密鼓、扎实有效地开展了各项筹备工作。二是科学规划，加快建设。2009年2月份，郑州市启动了绿博园规划方案国际征集工作，经过层层筛选和多次论证，7月18日最终完成了修规编制工作。8月26日举行了郑州·中国绿化博览园奠基仪式，9月12日在完成基础建设招标工作后，各施工单位陆续进场，展开了施工建设工作。三是积极邀展，成效显著。通过发函邀请、上门邀展、会议督促的形式，经过多方积极努力，国内邀展工作取得明显进展，绝大部分省、市、单位高度重视参展筹备工作，积极参与、全力筹备。四是加大宣传，营造氛围。通过组织编发《绿博动态》、开通了绿化博览会专题网站、召开新闻发布会、公开征集绿化博览会会徽（吉祥物、主题口号）、倒计时一周年启动仪式。此外，还制作了宣传展板、大型广告牌，组织记者到现场采风，并发放宣传资料等形式，不断加大了宣传力度。

（三）黄河湿地保护工作稳步推进

2月10日，保护区管护基础设施建设工程进行了公开招标，工程于3月20日开始实施；完成了保护区管理中心场院整修工程。6月12日，市政府召集相关部门召开"郑州黄河湿地保护规划和湿地公园建设汇报会"，完善提高保护区详细规划。积极争取湿地公园启动建设资金，并组织相关人员到外地市已建成国家湿地公园进行考察，学习先进的建设管理经验。完成2009年度湿地保护工程实施方案编制评审工作。通过认真培训、严格执法、加大宣传，不断提高依法保护湿地的能力，全社会爱护保护湿地的氛围逐步形成。

（四）集体林权制度改革主体任务基本完成

郑州市林权制度改革工作进展顺利，6县（市）基本完成了明晰产权任务，截至2009年底，已完成确权面积107.47万亩，发放林权证6.46万本，发证宗地数为7.32万宗。调处林权制度改革纠纷62起，涉及面积14.89万亩，全市林权制度改革主体任务基本完成。通过林权制度改革，初步达到了山定权、树定根、人定心的目的，有效解放和发展了林业生产力。

（五）森林资源保护工作扎实开展

林业行政执法队伍与森林公安机关密切配合，不断提高自身建设，通过专项打击行动与日常执法相结合，对全市乱砍滥伐林木、乱侵滥占林地、乱捕滥猎野生动物等违法犯罪行为进行了严厉打击。全年全市林业执法机关共查处各类案件790起，查结654起。完成了二类调查评审工作。森林防火工作在坚持落实行政领导负责制，加大森林防火宣传力度，强化防火值班，严格火源管理的同时，重点加强了基础建设和队伍建设，有效增强了森林火灾的预防和扑救能力，全市没有发生大的森林火灾。及时准确预测森林病虫害的发生，开展了防治林业有害生物工作，防治面积6.6万亩，有效地遏制了森林病虫害的蔓延，保护了生态建设成果。

（六）林业科技服务水平进一步提高

制订了《槐米袋泡茶》技术标准并经质量监督部门发布，新建省级林业科技示范园区1个。不断加强林业新品种引进推广，搞好科技服务，开展送科技下乡活动。2009年，全市437名林业专家和技术人员组织参与了科技下乡活动。举办各种培训班和技术讲座215场，培训林业职工2 490余人次，培训林农 12 992 人次，服务咨询群众 10 590 人次，发放技术资料 35 170 余份，通过各种媒体发布林业科技信息 300 余条，发放林业科普图书和宣传资料 27 200 份，制作宣传挂图 4 049 幅，为全市林业的健康发展提供了有力的科技支撑。

（七）林业产业日益繁荣

按照"近期得利，长期得林，以短养长，长短协调发展"的良性循环模式，全市各地大力发展林下种植、养殖业，有力地推进了新农村建设，实现了农民增收。以林果业为依托的森林旅游也逐渐成为一种品牌，有效促进了林区第三产业的蓬勃发展。据不完全统计，2009 年全市完成林业总产值 17.83 亿元，其中第一产业产值 10 亿元，第二产业产值 2.8 亿元，第三产业产值 5.3 亿元。

二、纪实

郑州市林业局召开林业技术培训会议　1 月 6~8 日，郑州市林业技术培训会议在登封召开。市林业局调研员祖学亭主持会议。林业局副局长周铭发表讲话，回顾 2008 年造林工作成效，肯定业务工作者的贡献，对存在的问题提出解决要求。会议还邀请河南省林业厅造林处副处长营根柱，省林业调查规划院高级工程师张向阳和省林业技术推广站教授级高级工程师张玉洁 3 位资深专家，重点讲解了作业设计编写和自查验收办法，并针对近年来全省重点林业工程作业设计编写中所存在的问题作了详细的分析和论述，介绍了适合本市引种的新品种、造林新技术。

郑州市召开第二届中国绿化博览会郑州绿博园选址论证会　1 月 13 日，市林业局组织省内建设、园林、环保、旅游等方面的专家，在中牟县召开第二届中国绿化博览会郑州绿博园选址论证会，并最终确定在中牟县国有林场建设绿化博览园。

局党风廉政建设责任制考核组对林业产业发展中心进行考核　1 月 14 日，局党风廉政建设责任制考核组在局党委委员、纪委书记刘跃峰带领下，到林业产业发展中心，对中心领导班子及科级领导干部履行党风廉政建设责任制情况进行了考核。

市林业局召开 2009 年全市林业宣传工作会议　1 月 15 日，郑州市林业局召开 2009 年全市林业宣传工作会议。会议对 2008 年度林业宣传工作先进单位和个人的通报表彰。

郑州市召开全市护林防火指挥部工作会议　1 月 19 日，郑州市护林防火指挥部召开了全市护林防火指挥部工作会议。市委常委、副市长王林贺就春节前后的森林防火工作进行了安排部署。市军分区参谋长、市护林防火指挥部副指挥长姚建宣读了《郑州市人民政府护林防火指挥部关于组织市护林防火指挥部成员单位开展森林防火工作检查的通知》。

市林业局召开绿化博览会筹备工作专题会议　2 月 1 日，节后上班第一天，郑州市林业局党委召开专题会议，研究启动绿化博览会筹备工作。会议决定成立绿化博览会筹备工作组，明确 5 名处级领导负责，抽调局系统 13 名工作人员，脱离原岗位工作，在外租办公房，集中办公，迅速展开绿化博览会筹备工作。

湿地管理中心召开湿地日新闻媒体记者座谈会　2 月 1 日，郑州黄河湿地自然保护区管理中心召开湿地日新闻媒体记者座谈会。

史广敏到中牟县传达市委、市政府关于确定绿博园选址西林区事项　2月2日,市林业局局长、市绿化委员会办公室主任史广敏带队,到中牟县,传达市委、市政府关于确定绿博园选址西林区事项。

郑州市开展保护湿地系列活动　2月2日,郑州市林业局、郑州黄河湿地自然保护区在湿地日组织开展了"保护黄河湿地,呵护城市之肾"系列宣传活动。

康定军调研绿化博览会筹备进展情况　2月3日,郑州市正市长级干部、市生态建设工程指挥部副指挥长康定军到市林业局进行调研,专题听取绿化博览会筹备工作进展情况汇报。

市林业局召开绿化博览会筹备工作会　2月6日,市林业局召开局长办公会,专题研究绿化博览会筹备工作,并就下一步工作安排进行了部署。

省林业厅确定扶持郑州市16家优质种苗培育单位　2月6日,省林业厅确定扶持我市优质种苗培育单位16家,批复拟扶持资金82.094万元。

勘查定界工作组对绿博园园址进行了初步定界　2月7日,在郑州市林业局协调下,由中牟县政府组织该县规划、土地、国有林场、刘集镇等多个部门,抽调20余人组成勘查定界工作组对绿博园园址进行了初步定界,设立控制点40余个,并立下界桩,为绿博园建设打下了坚实基础。

第二届中国绿化博览会筹备组召开第三次工作会　2月10日,第二届中国绿化博览会筹备组召开第三次工作会。

市林业局组织召开第二届绿化博览会绿博园建设专家座谈会　2月11日,市林业局组织召开第二届绿化博览会绿博园建设专家座谈会。会议邀请了河南农业大学、郑州大学、省旅游局、省林业科学研究院、河南农业大学规划设计院、市规划局、市园林规划设计院、规划勘测设计研究院、市政设计院的专家和领导就围绕如何定位绿博园总体规划方案的编制深度、理念创新,在景观设计中如何展示改革开放30年国土绿化成就,凸显河南地方特色和中原文化,如何体现标志性建筑,如何在绿博园总体规划中贯穿可持续发展理论等议题提出了许多可行性意见。

郑州市召开第二届中国绿化博览会筹备工作相关单位协调会　2月13日,市政府召开第二届中国绿化博览会筹备工作相关单位协调会。正市长级领导干部、市生态建设工程指挥部副指挥长康定军,市委常委、副市长王林贺出席会议。

郑州市苗木场正式被河南省林业厅确定为2009年河南省优质林木种苗培育资金扶持对象　2月16日,河南省经济林和种苗工作站与郑州市苗木场签订了《河南省林业生态省建设优质林木种苗培育资金扶持协议书》,郑州市苗木场正式被河南省林业厅确定为2009年河南省优质林木种苗培育资金扶持对象。

第二届中国绿化博览会筹备组召开了四次工作会　2月18日,第二届中国绿化博览会筹备组召开了四次工作会。会议听取了各部门工作进展情况,安排部署了下一步工作。

史广敏调研第二届中国绿化博览会筹备工作　2月24日,市林业局局长史广敏顶风冒雪,深入现场,详细了解第二届中国绿化博览会筹备工作情况和存在的问题,安排部署了下一步工作。

郑州市召开"第二届中国绿化博览会郑州绿博园规划国际征集会议"　2月28日,第二届中国绿化博览会筹备组召开"第二届中国绿化博览会郑州绿博园规划国际征集会议"。美国EDSA景观规划设计事务所、阿特金斯中国公司、中国城市建设研究院(集团)3家世界知名园林规划设计单位参加征集会议；省辖市正市长级领导康定军、市政府副秘书长姜现钊、省绿化委员会办处长吕本超、市绿化委员会办公室主任、林业局长史广敏以及市直有关部门领导出席会议。

郑州市召开全市集体林权制度改革观摩座谈会　3月5日，郑州市在新密市召开了全市集体林权制度改革观摩座谈会。市集体林权制度改革领导小组办公室副主任、市林业局副局长贾体铭对2008年全市集体林权制度改革工作进行了总结，并对2009年全市集体林权制度改革工作进行了全面部署。市集体林权制度改革领导小组办公室副主任、市林业局纪委书记刘跃峰对集体林权制度改革工作进行了强调要求。

郑州市召开全市森林病虫害防治检疫站长会议　3月5日，郑州市召开全市森林病虫害防治检疫站长会议。会议传达了2009年全省森林病虫害防治检疫站长会议精神，部署了2009年林业有害生物防治目标管理工作，同各县（市）、区签订了2009年林业有害生物防治目标责任书，并对种苗产地检疫、松材线虫病和美国白蛾的预防、杨树病虫害监测与防治等工作进行了重点安排。

省、市领导参加义务植树活动　3月11日，省委常委、组织部部长叶冬松，省委常委、市委书记王文超，省人大常委会副主任张程锋，副省长宋璇涛、刘满仓，省政协副主席王训智、靳绥东、邓永俭，省军区领导吕民松、郝高潮，市领导白红战、李秀奇、李柳身、王璋、胡荃、李建华、王林贺等来到中牟林场，与300多名干部群众一起参加义务植树活动，为建设生态郑州再添一片新绿。

王跃华调研视察第二届中国绿化博览园建设情况　3月11日，副市长王跃华调研视察第二届中国绿化博览园建设情况。

徐光春等省、市领导参加义务植树活动　3月20日，省委、省人大、省政府、省政协和省军区领导徐光春、郭庚茂、陈全国、王全书、曹维新、王文超、刘怀廉、李柏拴、王菊梅、刘新民、秦玉海、徐济超、李英杰、梁静、罗爱国、张守喜，挥锹铲土，与省市直属机关干部到中牟林场一起参加义务植树活动。徐光春发表重要讲话。

王跃华调研第二届中国绿化博览会筹备工作　3月22日上午，副市长王跃华到第二届中国绿化博览会筹备组调研指导工作。

郑州市召开全市退耕还林工作会议　3月26日，郑州市召开了全市退耕还林工作会议。会议传达了省林业厅退耕还林工作会议精神，安排部署了下步工作，重点强调了退耕还林工程实施十周年宣传工作的具体要求。

史广敏调研第二届中国绿化博览会筹备工作　3月28日下午，市林业局局长史广敏到第二届中国绿化博览会筹备组调研指导工作，并对绿博园建设投资问题进行了专题研讨。

史广敏带领班子成员到湿地管理中心视察　3月29日，局长史广敏带领班子成员到湿地管理中心视察指导工作，并进行了植树活动。

郑州市召开全市造林绿化和森林防火工作电视电话会议　3月30日，郑州市召开全市造林绿化和森林防火工作电视电话会议，副市长王跃华对当前造林绿化和森林防火等工作进行了安排部署。

郑州黄河湿地自然保护区管理中心被授予"跨越式发展项目建设先进单位"称号　4月3日，在郑州市跨越式发展三年工作总结暨新三年行动计划动员会议上，郑州黄河湿地自然保护区管理中心被郑州市人民政府授予"跨越式发展项目建设先进单位"称号。

王跃华调研林业工作 4月8日，副市长王跃华在市林业局局长史广敏的陪同下先后深入尖岗水库涵养林、郑州树木园，新密市岳村镇、超化镇、来集镇等地就全市林业生态村建设、西南绿化治理、乡村道路绿化等林业工作进行了检查调研。

郑州市林业局召开全市林业宣传工作座谈会 4月11日，林业局组织召开全市林业宣传工作座谈会，会议邀请省市多家主流媒体的资深记者围绕2009年全市林业宣传工作的8个重点，结合自身从事宣传工作的经验，以独特的视角对全市林业宣传工作提出了许多操作性强的宝贵建议，并就林业宣传的形式和效果展开了热烈的讨论。

郑州市召开第二届中国绿化博览会动员暨创建全国绿化模范城市表彰大会 4月14日，市委、市政府召开第二届中国绿化博览会动员暨创建全国绿化模范城市表彰大会。市领导马懿、王璋、栗培青、王跃华、张建慧、陈西川出席会议。会议对创建全国绿化模范城市过程中涌现出来的先进集体和个人进行表彰，并对我市第二届中国绿化博览会各项筹备工作进行安排部署。

市林业局召开局系统工作会议 4月14日，郑州市林业局召开局系统工作会议，局长史广敏根据第二届中国绿化博览会动员会精神对绿博园建设提出了明确的措施和要求。

第二届中国绿化博览会筹备组召开形势任务分析会 4月14日，第二届中国绿化博览会筹备组召开形势任务分析会，围绕绿化博览会筹备工作全过程中的大事、要事、必须事，采取倒计时的方法，研究明确了有关会议的召开、规划征集专家评审、土地清理补偿、绿博园开工奠基、邀展招商、大型文艺活动举办以及会标、吉祥物、宣传画征集等一系列工作的时间安排和相关措施意见。

郑州市举办"爱鸟周"活动 4月18日，河南省野生动植物保护协会、郑州市林业局在郑州森林公园举行了第二十八届"爱鸟周"科普宣传活动。本届"爱鸟周"活动的主题是"关注鸟类、保护自然"。

市林业局召开"讲党性修养、树良好作风、促科学发展"教育活动动员会 4月22日，市林业局党委在黄河饭店召开由局系统全体干部职工参加的"讲党性修养、树良好作风、促科学发展"教育活动动员会。副局长曹萍传达了《中共郑州市委关于开展"讲党性修养、树良好作风、促科学发展"教育活动的实施意见》的主要精神，宣读了《中共郑州市林业局党委开展"讲党性修养、树良好作风、促科学发展"教育活动实施方案》。局党委书记、局长史广敏作了动员讲话。会议由党委副书记、常务副局长王凤枝主持。

市林业局组织党员到兰考县参观学习 4月28日，郑州市林业局组织120余名党员干部到兰考县参观学习，缅怀焦裕禄事迹，追思焦裕禄崇高风范。

第二届中国绿化博览会执委会召开第一次主任会议 5月7日，第二届中国绿化博览会执委会召开第一次主任会议。执委会领导赵建才、马懿、康定军、栗培青、陈西川、王跃华等出席会议，市林业局、财政局、规划局、中牟县政府等执委会成员单位领导列席会议。执委会主任、市长赵建才对全力做好绿化博览会的各项工作提出明确要求。

市政协领导视察林业工作 5月7日，市政协副主席李新有带领市政协部分委员在市林业局领导周铭、宋万党、祖学亭的陪同下视察全市林业生态建设。

马懿调研绿化博览会筹备工作 5月19日，第二届中国绿化博览会执委会常务副主任、市委常务副书记马懿来到绿化博览会执委会办公室调研指导工作，要求要安排好重点工作，把握好重点环节，调整好思路，安排好工期，全力以赴做好绿化博览会筹备各项工作。

郑州市召开全市林业有害生物防治暨村级森林病虫害防治与检疫员培训工作会议 5月25~26日，郑州市召开全市林业有害生物防治暨村级森林病虫害防治与检疫员培训工作会议。会议就近期林业有害生物发生、防治情况以及下一步工作进行了安排部署。

郑州市重点森林病虫害防治检疫站负责人赴濮阳市考察美国白蛾防控工作 6月3~4日，郑州市组织辖区内的重点森林病虫害防治检疫站负责人赴濮阳市考察美国白蛾防控工作。

郑州市召开郑州绿博园规划设计工作会议 6月8日，第二届绿化博览会执委会办公室主任、副市长王跃华在市政府常务会议室主持召开了郑州绿博园规划设计工作会议，针对当前郑州绿博园规划设计工作提出明确要求。

郑州绿博园规划建设工作组召开方案优化和任务分解工作安排会 6月13日，郑州绿博园规划建设工作组召开郑州绿博园规划方案优化和任务分解工作安排会。

全国绿化委员会领导考察绿博园建设 6月24日，全国绿化委员会办公室领导杨淑艳、孙志霞来到中牟林场西林区实地考察郑州绿博园建设情况。

召开第二届中国绿化博览会郑州绿博园规划方案优化整合汇报会 6月27日，第二届中国绿化博览会郑州绿博园规划方案优化整合汇报会在郑州召开。会议由第二届绿化博览会执委会办公室主任、副市长王跃华主持，市领导王文超、马懿、康定军、王璋、王林贺、栗培青等出席了会议。

第二届绿化博览会执委会领导听取绿博园规划优化整合情况汇报 6月30日，第二届绿化博览会执委会办公室主任、副市长王跃华，第二届绿化博览会执委会办公室副主任、绿博园规划建设工作组组长、市政府副秘书长姜现钊再次听取了上海同济城市规划设计研究院院长周俭就郑州绿博园规划优化整合情况的汇报。

郑州市召开第二届中国绿化博览会郑州绿博园规划设计方案审定会 7月5日，郑州市召开第二届中国绿化博览会郑州绿博园规划设计方案审定会。会议由第二届绿化博览会执委会办公室主任、副市长王跃华主持，全国绿化委员会办公室张柏涛司长，省绿化委员会办公室主任张胜炎，市领导赵建才、马懿、康定军、王璋、王林贺、栗培青、张建慧、陈西川出席会议。

郑州市召开各县（市）区林业局局长会议 7月9日，郑州市召开各县（市）区林业局局长会议，专题研究部署森林公安工作。

郑州电视台播出杨树食叶害虫发生趋势预报 7月10~12日，市林业局和市气象局首次联合在郑州电视台1套和2套天气预报节目中，播出杨树食叶害虫发生趋势预报。

郑州市纪检监察第九协作区上半年会议召开 7月13日，由市林业局承办的郑州市纪检监察第九协作区上半年会议在黄河饭店召开。

第二届绿化博览会执委会办公室召开全体成员会议 7月14日，第二届绿化博览会执委会办公室召开全体成员会议，专题讨论第二届绿化博览会总体方案、执委会办公室工作部门职责和分工。

全国绿化委员会办公室主任工作会议在郑州市召开 7月22~23日，全国绿化委员会办公室主任工作会议在郑州市召开。郑州市市长、市绿化委员会主任赵建才向国内外友好城市和相关行业企业发出诚挚邀请，并承诺为各参展团提供全方位服务，努力把第二届绿化博览会办成中国一流、世界有影响的盛会，为加快国土绿化，推进生态文明建设作出积极贡献。国家林业局副局长李育材、全国绿化委员会办公室秘书长王祝雄、农业部草原监理中心主任马有祥、省长助理何东成、省林业厅厅长王照平、副市长王跃华等出席会议。

市林业局召开全体人员大会 7月28日，郑州市林业局召开全体大会，总结春节以来绿化博览会筹备工作进展情况，对下一阶段筹备工作进行再部署、再动员。

第二届绿化博览会执委会办公室市场开发部组织召开专家座谈会 7月29日，第二届绿化博览会执委会办公室市场开发部组织召开专家座谈会，专题研究绿化博览会市场化运作方式，以保证展会的可持续发展和绿博园的永续利用。

市林业局召开专题会议 7月31日，郑州市林业局召开专题会议，研究贯彻落实全省省辖市林业局长电视电话会议精神，安排部署下一步全市林业工作。

第二届中国绿化博览会执委会召开主任办公会 8月3日，第二届中国绿化博览会执委会召开主任办公会，听取近期各部门工作情况汇报，研究各部门工作方案并部署下一步工作。执委会办公室主任、副市长王跃华，执委会办公室副主任、市政府副秘书长姜现钊出席会议。

第二届绿化博览会执委会召开了第三次主任会议 8月17日，第二届绿化博览会执委会召开了第三次主任会议。执委会领导赵建才、马懿、康定军、栗培青、王跃华等出席会议，市建委、林业局、交通局、规划局、园林局、中牟县政府等执委会成员单位领导参加了会议。

第二届中国绿化博览会郑州·中国绿化博览园奠基 8月26日，第二届中国绿化博览会郑州·中国绿化博览园奠基。全国绿化委员会办公室司长张柏涛、省长助理何东成、市长赵建才等出席开工奠基仪式。

郑州市召开第二届绿化博览会邀展工作动员大会 8月27日，郑州市召开第二届绿化博览会邀展工作动员大会，要求举全市之力做好绿化博览会的邀展工作，确保绿化博览会邀展任务圆满完成。市领导马懿、王跃华出席会议。

郑州市召开郑州·中国绿化博览园景观专项设计汇报会 8月29日，郑州·中国绿化博览园景观专项设计汇报会在漓江饭店召开。郑州市人民政府副市长、第二届中国（河南·郑州）绿化博览会执行委员会常务副主任王跃华主持会议并听取了河南农大风景园林规划设计院就景观专项设计的汇报。

第二届中国绿化博览会组委会举行新闻发布会 9月4日，第二届中国绿化博览会新闻发布会在人民大会堂河南厅举行。国家林业局卓榕生总工程师代表第二届绿化博览会组委会在会上宣布了第二届中国绿化博览会的举办时间。河南省副省长刘满仓代表省政府作出办好盛会的承诺。第二届中国绿化博览会执行委员会常务副主任、中共郑州市委常务副书记马懿介绍了第二届中国绿化博览会筹备工作进展情况。郑州市政府副市长王跃华发布了第二届中国绿化博览会会徽、吉祥物和主题口号的征集公告。全国绿化委员会有关领导，中直机关和中央国家机关有关部门（系统）绿化委员会办公室负责人，国家林业局各司局，河南省、郑州市有关领导和人民日报社、新华社、中央人民广播电台、中央电视台等50余家媒体的记者，共180余人参加了新闻发布会。

郑州市荣获第九届中原花木交易博览会综合项目金奖 9月21日，郑州市在由国家林业局和省政府主办的第九届中原花木交易博览会上荣获综合项目金奖。

举行第二届中国绿化博览会倒计时一周年活动仪式 9月26日，第二届中国绿化博览会倒计时一周年活动仪式在绿城广场举行。市委常务副书记、第二届中国绿化博览会执委会常务副主任马懿宣布倒计时一周年正式启动，并进行倒计时揭牌仪式和签字活动。康定军、王跃华、张胜炎、栗培青、陈西川、师永全、刘啸峰、姜现钊、李宪敏、吕本超等领导出席会议，绿化博览会执委会各成员单位和广大市民群众代表数千人参加活动。

郑州黄河湿地自然保护区首次发现卷羽鹈鹕 10月15日，郑州黄河湿地自然保护区首次发现卷羽鹈鹕。

郑州市在巩义举办森林消防指挥员培训班 10月20日~10月22日，郑州市在巩义举办森林消防指挥员培训班。

郑州市召开林业产业工作座谈会 10月21日，郑州市林业产业工作座谈会在郑州市林业局召开。会议总结了前三季度产业工作，通报了各县（市）、区2009年上半年产业报表、产业现状调查情况、产业规划和速丰林规划有关资料提供情况、安全生产三项建设上报情况以及存在问题，并就本市林业产业现状与今后的发展方向进行了讨论研究。

刘满仓、何东成听取绿化博览会筹备工作汇报 10月22日，副省长刘满仓、省长助理何东成在省政府四楼会议室专题听取绿化博览会近期筹备工作情况汇报。

马懿调研绿博园建设 10月23日，第二届中国绿化博览会执行委员会常务副主任、市委常务副书记马懿来到绿博园施工现场调研，要求要发扬打硬仗的作风，紧抓关键节点，全力以赴，为参展单位按时进场施工提供保障。

郑州市森林公安局通信指挥中心奠基 10月23日，郑州市森林公安局通信指挥中心奠基。该中心是一个信息研判、协调指挥多功能一体化的一流指挥中心，它的建成对改善郑州市森林公安机关及民警工作条件，提高整体战斗力，进一步加强森林公安队伍正规化建设具有极大的推进作用。

市林业局举办车辆维护保养及交通法规知识讲座 10月24日，林业局举办了车辆维护保养及交通法规知识讲座。

郑州市举办野生动物保护月活动 10月27日，省会郑州第十五届野生动物保护宣传月"倡导绿色生活 共建生态文明"主题社会实践活动仪式在郑州市自然博物馆进行。

省林业厅考核郑州森林病虫害防治工作 10月27~29日，省林业厅林业有害生物防治目标管理考核组对郑州市2009年森林病虫害防治与检疫"四率"完成情况和重点工作进行全面考核。

郑州市领导赴全国绿化委员会汇报工作 10月28日，市委常务副书记马懿、副市长王跃华、市政府副秘书长姜现钊、市林业局局长史广敏、常务副局长王凤枝一行到北京，向全国绿化委员会汇报第二届绿化博览会筹备工作进展情况，全国绿化委员会委员、第二届绿化博览会组委会副主任、国家林业局副局长李育材，造林绿化管理司张柏涛巡视员等领导听取了汇报。

河南省林学会召开学术年会 10月29日，河南省林学会学术年会在郑州市召开。郑州市林学会被评为全省先进单位。市林业工作总站撰写的"林业有害生物防控工作中的'三基'建设研究"荣获优秀论文一等奖，"黄樟一新变种"荣获优秀论文二等奖。

国家森林病虫害防治与检疫总站赵铁良处长来郑调研 10月31日，国家森林病虫害防治与检疫总站赵铁良处长调研郑州市林业有害生物防控工作。

郑州市召开全国绿化委员会办公室主任工作会议筹备会 11月6日，市委、市政府召开全国绿化委员会办公室主任工作会议筹备会。会议由市委副秘书长刘啸峰主持，第二届绿化博览会执委会常务副主任、副市长王跃华，执委会办公室副主任、市林业局局长史广敏出席会议。会议通报了绿化博览会邀展工作进展情况，明确了全国绿化委员会办公室主任工作会议有关筹备任务。副市长王跃华对全国绿化委员会办公室主任工作会议的筹备工作进行了安排部署。

全国绿化委员会办公室主任工作会议召开 11月11日，全国绿化委员会办公室主任工作会议在郑州市召开。全国绿化委员会委员、第二届中国绿化博览会组委会副主任、国家林业局副局长李育材作重要讲话。全国绿化委员会办公室秘书长王祝雄、国家林业局造林绿化管理司巡视员张柏涛、省长助理何东成、省林业厅厅长王照平、市领导马懿、王跃华等出席会议。

郑州市召开全市集体林权制度改革工作会议 11月17日，郑州市召开全市集体林权制度改革工作会议。会议要求各地要增强责任感、紧迫感，保质保量按时完成目标任务，确保全市林权制度改革工作任务如期完成。

第二届绿化博览会执委会办公室召开工作例会 11月18日，第二届绿化博览会执委会办公室召开工作例会，听取各部门近期工作情况汇报，研究部署下一步工作。

省林权制度改革办公室李银生处长调研郑州市集体林权制度改革工作 11月25日，省林权制度改革办李银生处长调研郑州市集体林权制度改革工作，对郑州市的集体林权制度改革工作给予了充分的肯定，并对下一步林权制度改革工作提出了具体要求。

省林业厅组织野生动物疫源疫病监测防控应急演练 11月26日，河南省林业厅组织全省各地市负责野生动物疫源疫病监测工作人员在郑州黄河湿地自然保护区举行河南省野生动物疫源疫病监测防控应急演练，以提高应对野生动物疫源疫病疫情突发事件的应急处理能力。

刘满仓调研绿博园建设 12月7日，副省长刘满仓带领省林业厅等有关部门负责人来到绿博园，就第二届中国绿化博览会前期筹备工作及郑州·中国绿化博览园工程进展情况进行调研。省林业厅厅长王照平、市委常务副书记马懿等陪同调研。

郑州市召开全市林业工作会议 12月10日，郑州市召开全市林业工作会议。副市长王跃华全面总结了2009年的工作情况，分析了当前林业生态建设面临的形势，并对2010年的各项林业工作做了全面系统的安排。市长赵建才发表讲话。会议由市委常务副书记马懿主持。市领导康定军、栗培青、王跃华、陈西川出席会议。

省政府召开第二届中国绿化博览会筹备工作协调会议 12月10日，河南省政府召开第二届中国绿化博览会筹备工作协调会议，副省长刘满仓对绿化博览会前期各项筹备工作给予了充分肯定，并对下一步工作提出了要求。

郑州市召开郑州市林政稽查工作会议 12月15日，郑州市召开郑州市林政稽查工作会议。总结回顾了2009年度全市林政稽查工作，对2010年林政稽查工作提出了工作意见。

组织评选第二届中国绿化博览会会徽、吉祥物和主题口号 12月18日，第二届中国绿化博览会执委会办公室邀请国家和省、市9位专家对第二届中国绿化博览会会徽、吉祥物和主题口号专家评选。

王文超调研绿博园建设　12月21日，第二届中国绿化博览会组委会副主任、省委常委、市委书记王文超在市委常委、郑州新区管委会主任李柳身的陪同下赴绿博园现场视察调研。

马懿调研绿博园建设　12月23日，第二届绿化博览会执委会常务副主任、市委常务副书记马懿和第二届绿化博览会执委会常务副主任、副市长王跃华视察了绿博园施工现场，并召开现场办公会，研究推进园区基础设施、景观绿化工程建设、项目招投标，以及绿化博览会境外邀展、大型活动筹备等工作。

郑州黄河湿地自然保护区首次对灰鹤进行环志放飞活动　12月26日，郑州黄河湿地自然保护区首次对3只国家二级重点保护灰鹤进行环志放飞活动。

开封市

一、概述

2009 年，开封市坚持实施依法治林、科技兴林，更加注重建设质量，注重生态与产业协调发展，努力提高林业生态建设的成效，林业生态建设继续保持又好又快发展的势头。

（一）全面完成了省下达的林业生态建设目标任务

据省林业厅验收，全市完成造林合格面积 18.34 万亩，是省下达目标任务 15.52 万亩的 118.2%，任务完成率居全省第四位；完成森林抚育和改造任务 12.34 万亩，是省下达目标任务的 100%。

各项林业重点工程超额完成了省目标任务。完成农田防护林工程 6.66 万亩，是目标任务的 148%；完成防沙治沙工程 4.06 万亩，是目标任务的 100.5%；完成生态廊道工程 3.58 万亩，是目标任务的 100.6%；完成村镇绿化工程 2.66 万亩，是目标任务的 122%；完成环城防护林工程 0.56 万亩，是目标任务的 102%；完成林业产业工程 0.8 万亩，是目标任务的 118%。

杞县完成造林和森林抚育改造面积 7.1 万亩，任务完成率达 133.6%，任务核实率达 133.6%，核实合格率达 100%，三项指标均居全市第一名。开封县、禹王台区等县（区）也较好地完成了省林业厅下达的目标任务。

林业育苗任务超额完成。经普查，全市完成林业育苗 1.16 万亩，是省林业厅下达任务的 146%。新育苗木面积 0.87 万亩，占总面积的 75%。其中泡桐育苗面积 0.15 万亩，中林 46 杨育苗面积 0.17 万亩，107、108 杨育苗面积 0.68 万亩，绿化树种 0.08 万亩。

（二）严把关键环节，提高林业生态建设质量

一是狠抓苗木质量，夯实造林的物质基础。为了确保苗木质量，开封市提出了"就近调苗，就近栽植，一级苗造林"的造林用苗原则，并于 2008 年冬天开展了育苗普查，澄清了全市可出圃苗木的底子，与育苗户签订了供苗协议。尉氏县县财政拿出 150 万元，由县林业局统一采购调配苗木，

保证了苗木质量。兰考县对造林用苗实行"阳光操作",专门成立了由招标投标中心、监察局、财政局、林业局人员组成的苗木监督组,对乡镇购置的苗木详细调查来源,对苗木规格、价格、数量进行公示,对收苗、栽植负责人建立档案,纪检监察部门进行全程监督审查。开封县、杞县采取了"乡镇负责,就近调苗,林业局把关"的办法,保证了苗木质量。

二是实行专业队栽植和管护,责任明确到人。2009年开封市各县(区)普遍推行了专业队造林的模式,全市共建立造林专业队120多个,队员1 500多人,由林业技术人员培训合格后按规划进行造林。兰考县乡(镇)政府与专业队签订协议,专业队包栽植、包管护、包成活,分期验收,分期给付栽植管护费用,极大地增强了专业队的责任心,提高了造林质量。

(三)开封县继续实施军民共建治沙工程

开封县对县南部沙化严重区域朱仙镇、西姜寨实施综合治理,挖沟、修路、植树同步规划,同步实施,共出动部队官兵1万人次,干群0.6万人次,出土方12万立方米,开挖路沟渠近100公里,新增林网网格40余个,植树10万余株,治理沙地2万亩。为根治风沙,保障生态和粮食安全,促进社会经济可持续发展做出了新的贡献。

(四)全民动员,全民义务植树蓬勃开展

一是各级领导率先垂范,积极兴办领导绿化点,带头履行植树义务。全市共建立了各级领导绿化点290个,植树150万株。二是抓好义务植树基地建设,推进义务植树规范发展。全市建立了各级义务植树基地95个,面积3万亩,每个植树基地都有植树规划,专人管护,确保了植树效果。全市共有128万人参加了义务植树劳动,义务植树466.2万株,有力地推动了全市的林业生态建设。

(五)坚持严打方针,维护森林资源安全

开封市各级森林公安机关先后组织开展了绿盾三号行动、严厉打击破坏野生鸟类资源违法犯罪专项行动、天网四号行动等多次严打专项斗争,侦破了一批破坏森林和野生动植物资源的大案要案,打掉了一批严重破坏森林和野生动物资源的犯罪团伙,严惩了一批涉林违法犯罪分子,有效地保护了开封市森林和野生动植物资源的安全。据统计,2009年共受理各类林业案件263起,其中林业行政案件立案235起,结案214起,行政处罚230人次,刑事立案28起,破案19起,处理犯罪嫌疑人67人,打掉犯罪团伙10个,利用网上追逃抓获逃犯14人,逮捕(含直诉)67人。

(六)认真开展森林病虫害的监测、检疫和防治工作

2009年开封市共设立固定测报标准地98个,临时标准地200多个,测报准确率为82%。全市森林病虫害成灾面积为3 477亩,成灾率为2.82‰。实施产地检疫1.08万亩,种苗产地检疫率达到92.3%,实施调运检疫木材11万立方米,苗木10万余株,果品200余吨,花卉1万余株。采取人工防治与机械防治相结合、专业队防治与群众防治相结合的办法,及时有效地防治各类森林病虫害面积99 208亩,无公害防治率达到79.3%,收到了有虫不成灾的良好效果。

(七)深化集体林权制度改革,促进林业发展

认真贯彻落实《河南省人民政府关于深化集体林权制度改革的意见》,采取得力措施,全面推进集体林权制度改革工作,取得了明显成效。截至年底,已落实产权面积78.46万亩,完成99%;已发证30.83万亩,占38%。认真落实"谁造林、谁所有,谁投入、谁受益"的林业基本政策,推行招标投标造林、股份合作造林等多种造林形式，放活经营权、明晰所有权、落实管护权、保障收益权，不栽无主树，不造无主林，调动了广大群众参与林业生态市建设的积极性。据统计，全市完成的 18 万多亩造林面积中有 17 万亩属于非公有制造林，占造林总面积的 95%，而且全都做到了产权明晰，责权利分明。

（八）以经济林为主的林业科技推广成绩显著

根据开封市实际和群众意愿，先后引进了华美、美 8 苹果，绿宝石梨，突尼斯软籽石榴，豫石榴 4 号、5 号等一系列效益明显的经济林优良品种，推广了果品套袋技术、四季修剪管理技术、嫁接技术、双吉尔—GGR 生根粉技术、化控技术、生物病害防治技术等多种经济林新技术，为开封市经济林工作健康发展做出了新贡献。

（九）林业科技推广项目顺利实施

一是完成了河南省优质苗木繁育补贴项目，培育楝树等乡土树种 14.8 万棵，是省下任务的 117.5%。二是开展了湿地松引进试验示范推广基地建设，在西区营造试验示范林 100 亩。三是突尼斯软籽石榴栽培推广示范项目完成了规划设计和作业设计等第一阶段任务，为项目的实施打下了基础。四是开展了重阳木种质资源收集繁育圃建设，建立重阳木种质资源收集繁育圃 50 亩。

（十）林业产业持续发展

2009 年，开封市的木材产量是 11.2 万立方米，人造板产量 204.9 万立方米；栽植菊花 3 000 亩，菊花盆栽 480 万盆，产值 5 600 万元。全市林业产业产值 22.9 亿元，增幅 18.2%，其中第一产业 14.5 亿元，第二产业 6.4 亿元，第三产业 2 亿元，分别占总产值的 63.4%、27.8%和 8.8%；全市农民人均 545 元，占农民人均纯收入的 11.6%，对农民增收的贡献率逐年提高。

二、纪实

全市林业生态市建设动员会召开 3 月 4 日，市政府召开全市林业生态市建设动员会，市直有关部门负责人、各县区主管林业的副县（区）长参加了会议。副市长李留心做重要讲话。市政府与各县（区）政府签订了 2009 年度林业生态市建设目标责任书，印发了《2009 年开封市林业生态市建设实施意见》（汴政办〔2009〕20 号），将任务分解落实到各县（区）。

禹王台区组织全民义务植树活动 3 月 6 日，禹王台区组织全民义务植树活动，主抓林业的副区长朱虹带队，南郊乡、汪屯乡、区农业办公室等部门的干部群众在大苏村的栽植大叶女桢 600 多棵。区林业局组织开封大学的学生、市志愿者协会成员 200 余人在南郊乡芦花岗村参加义务种植杨树 10 余亩。

杞县县长郅晓峰等领导参加全民义务植树活动 3 月 10 日，杞县县长郅晓峰、县委副书记金和平、正县长级领导干部吴文彬等四大班子领导及部分群众 100 余人到五里河镇县义务植树基地，参加全民义务植树活动，共植树 2 000 余株 。

尉氏县县长王国立等县领导参加全民义务植树活动 3 月 12 日，尉氏县县长王国立、县委副书记徐凤书、韩顺风、副县长陈国际等县四大班子领导带领县直机关干部群众 2 000 多人，冒着细雨到贾鲁河县直义务植树基地参加义务植树劳动，植树 6 000 多棵。

金明区组织全民义务植树活动 3 月 12 日，金明区区委副书记安自力、副区长吴良、统战部长马建升等区四大班子领导带领区直部门干部职工、黄河水利学院的青年志愿者 1 000 余人，在黄河大堤黑岗口上延金明区义务植树基地，冒雨栽下了近 6 000 株速生杨。

通许县县长李尕果县等领导参加全民义务植树活动 3 月 13 日，通许县县长李尕果，县人大主任贺领，县政协主席张继胜，县委副书记高宏勋，县委常委、组织部部长霍传富，副县长高玲等四大班子领导带领县直机关干部职工和林业局、国有通许林场职工 120 余人，前往国有通许林场张庄林区进行义务植树活动，共栽植杨树 3 000 多棵。

龙亭区四大班子领导参加义务植树活动 3 月 14 日，龙亭区四大班子领导率领区干部职工和市共青团员 2 000 余人在龙亭区北郊乡东官庄—开柳路段开展了声势浩大的义务植树活动，共植树 10 000 余株。

认真开展"爱鸟周"、"爱鸟月"活动 4 月 21~27 日，开封市举办"爱鸟周"活动。活动期间，出动 6 辆宣传车，对市内和黄河滩区经营野生动物的餐馆饭店进行宣传，发放宣传单 2 000 余份。对 4 家饭店餐馆进行了行政处罚以及批评教育，救助野生鸟类 30 多只并在黄河滩区进行了放飞。

开展"爱鸟月"活动 10 月，是河南省第十五个"爱鸟月"，开封市成立了"爱鸟月"宣传领导小组，制订了详细的活动方案，开展了形式多样的宣传和整治活动，出动宣传车 10 辆次，散发宣传材料近 5 000 份。没收并放生山鸡 30 余只、其他野生动物 20 余只。对六家饭店进行了批评教育，并责令限期整改。

严厉打击破坏野生动物资源的违法活动 12 月，根据《关于组织开展全市冬季严打涉林违法犯罪专项行动的通知》（汴农林文〔2009〕251 号）的要求，开封市开展了严厉打击破坏野生动物资源的活动。对 12 个野生动物驯养繁殖场所、16 个野生动物加工经营场所和 38 家经营野生动物的饭店、宾馆进行了全面的检查。活动中救助野生动物 120 只，收缴野生动物皮 8 张，收缴野生动物制品为 50 公斤，查获捕猎野生动物的作案工具 5 件。

兰考县成功创建林业生态县 12 月，兰考县成功创建林业生态县。委、县政府十分重视林业生态县创建工作，纳入了政府目标管理，将任务层层分解到乡村、落实到具体地块，责任明确到人。创建过程中，根据创建标准，全力突破农田林网、路河沟渠绿化等薄弱环节，全县共完成造林和森林抚育改造面积 5.77 万亩，全县的总体绿化水平进一步提高，通过了省验收，受到了省政府的表彰。

洛阳市

一、概述

2009 是洛阳市实施林业生态建设第二年，全市全年完成造林 70.76 万亩，完成森林抚育和改造工程 23.11 万亩，完成林业育苗 3.01 万亩，扩建环市区苗木花卉产业带 4 006 亩，防治林业有害生物 16.88 万亩，森林火灾受害率 0.03‰，查处各类案件 1 715 起。开展了国家森林城市创建、集体林权制度改革等工作。市林业局以综合成绩第一名的成绩被省林业厅评为"目标管理优秀单位"，林业生态建设、集体林权制度改革、招商引资、依法行政、新农村建设等工作受到省、市表彰。组织参加由国家林业局与河南省政府联合主办的第九届中原花木交易博览会，荣获团体布展金奖，为洛阳市赢得了荣誉。

（一）林业生态建设

2009 年是洛阳市林业生态建设的第二年，也是创建国家森林城市的关键之年，市委、市政府在春节刚过就组织召开全市林业生态建设暨创建国家森林城市动员会，对造林、创建森林城市、林改和防火等重点工作进行部署和动员，又先后召开 6 次现场会对各项工作进行再安排。森林公园建设、林业项目资金争取等工作多次列入政府常务会议议题。市、县、乡三级政府层层签订了年度林业生态建设目标责任书。为保障资金，2008 年洛阳市与省农发行签订了 5 亿贷款协议，用于林业生态建设，2009 年初贷款到位 2 亿。各县（市、区）配套资金也得到较好落实。宜阳、栾川等县级财政对林业投资总额超过 1 000 万元，伊川县财政投入资金 944 万元用于年度造林。洛龙区财政列支 380 万元用于林业生态建设补助。在全市范围内组织开展了 3 月份的"义务植树节"、4 月份的"爱鸟周"、7 月份的"森防宣传月"、10 月份的"野生动物保护宣传月"、11 月份"森林防火宣传月"等集中宣传活动。在全社会的共同努力下，全市全年完成造林 70.76 万亩，是任务的 122.6%，造林规模为历年之最。规划建成了 16 项规模大、标准高、质量好的市级林业生态建设重点工程，特别是嵩县环陆浑水库三期、宜阳县香鹿山六期、汝阳县凤凰山 3 个城郊森林建设工程近万亩；嵩县、洛宁、宜阳、伊川、新安、孟津、偃师等县（市）建成了8个荒山绿化示范工程，每个工程连片绿化面积均在2 000亩以上，绿化总面积达到1.7万亩。完成森林抚育和改造工程23.11万亩，是任务的109.5％。洛宁通过省政府林业生态县检查验收。

（二）创建国家森林城市工作

全市林业部门按照市创建国家森林城市指挥部的统一部署，大力开展林业生态建设工程，经过努力，各项绿化指标均达到国家森林城市标准。组织编制了高水平的《洛阳森林城市建设总体规划》，提前着手准备验收所需各项资料，在创建过程中，多次邀请国家林业局领导到洛阳检查指导工作，得到国家林业局重视，经过多方努力与争取，国家林业局决定于2010年1月份提前对洛阳市创建森林城市工作进行验收。

（三）环市区苗木花卉林果产业带建设

2009年市政府下达环市区苗木花卉产业带建设任务4 000亩，其中伊洛工业园区3 700亩，洛阳市中心苗圃300亩。经检查验收，全市共完成建设任务4 006亩，占目标任务的100.2％。

（四）林业育苗

全市共完成林业育苗面积3.01万亩，占省定目标2.8万亩的107.8％，预计产苗量2.56亿株，可供当年用苗1.92亿株，其中容器育苗完成1 528.3万袋。能够基本满足全市林业生态建设种苗需要。

（五）集体林权制度改革

洛阳市共有集体林地总面积1 045.09万亩，2009年全市完成集体林地明晰产权面积1 015.73万亩，占全市集体林地总面积的97％。已发证面积881.39万亩，占全市集体林地总面积的92％，发证宗地数为113.82万宗，共发放林权证51.42万本。超额完成省定75％的林改目标任务。

（六）森林防火

2009年以来，先后召开多次会议，对森林防火进行安排部署。大力开展森林防火宣传，组织开展了森林防火宣传月和《森林防火条例》宣传周活动；修订完善了《洛阳市处置重特大森林火灾应急预案》；成立了由县级领导带队的13个督察组，对森林防火工作实行不间断的督察。严格落实火源管理制度，严厉打击各种违法用火行为，查处火灾案件23期，有效遏制了野外违法用火行为的发生。新组建专业森林消防队伍6支，在重点林区新组建重点乡镇森林消防突击队16支，全市森林消防突击队达到46支。新配备各种森林防火机具198台，二、三号工具7 760把，扑火服装2 380套，森林消防物资进一步充实，扑火救灾保障能力得到明显提高。2009年全市共发生一般森林火灾32起，过火面积3 169.05亩，森林受害面积255亩，森林火灾受害率0.03‰，低于1‰的省定目标，无人员伤亡事故。

（七）林业有害生物防治

年初，开展了林业有害生物的越冬前、后情况调查，发布了林业有害生物发生趋势预报，针对各类病虫害分别制订了防治计划和预案。指导各县（市、区）认真进行病虫害检查和防治。全年共防治草履蚧发生面积8 380亩，防治落叶松鞘蛾发生面积3 100亩。7月份组织技术人员对连霍高速、二广高速、310国道等路段杨树食叶害虫进行了飞机防治，作业面积2万亩。组织开展了杨树黄叶病、美国白蛾和松材线虫病等专项调查，调查范围达 200 万亩，均未发现疫情发生。2009 年洛阳市各类林业有害生物发生面积为 18 716.7 亩，其中成灾面积为 5 873 亩，成灾率 0.62‰，远低于省定 6% 的标准。

（八）林业执法

2009 年全市共审核各项工程建设使用林地材料 34 起，征占用林地审核率达 92%，比省定指标 90% 高出 2 个百分点。林木采伐凭证率 98%，比省定指标 90% 高出 8 个百分点；办证合格率 97%，比省定目标 90% 高出 7 个百分点。依法做好野生动物驯养繁殖和经营利用等相关行政审批项目的办理工作，依照法定程序办理运输证，审核、办理运输证 27 份。组织开展野生动物经营市场专项整治行动，没收非法经营野生动物 107 只（头），行政处罚 5 人，有效遏制了非法来源野生动物进入流通领域。扎实做好野生动物疫源疫病疫情的防控工作，切实做好节假日值班，应对突发疫情发生。组织开展了"绿盾三号"、"林区禁毒"和"打击破坏野生鸟类资源"等专项行动，全市共办理各类案件 1 715 起，其中林业行政案件 1 642 起，涉林刑事案件 73 起，行政处理 1 830 人，采取刑事强制措施 75 人，移送起诉（直诉）和批捕 45 人。

（九）退耕还林工作

开展了退耕还林成果巩固完善工作，全年完成补植补造 9.656 万亩，完成阶段性验收 15.11 万亩，落实了 56.5 万亩退耕地的管护责任，确保了退耕还林生态效益。发放退耕还林工程完善政策农户手册 5.2 万余份，发放粮食和现金补助 8 192 万元，完成后续产业项目投资 1 064.2 万元，有效保障了退耕农户利益。

（十）天然林保护工作和重点公益林建设

组织各工程县（区）、工程实施单位对富余职工分流安置、政社性人员情况、职工参加基本养老保险社会统筹、职工参加四项保险、在岗职工年均工资增减变化、木材停伐减产和林木采伐管理情况、工程管理能力、资金管理和使用等工程建设内容进行了全面自查，并于 3 月底通过省级验收。组织、指导各工程县（区）对天然林保护工程档案进行了完善，着重检查、指导对电子档案进行了建设和完善，为天然林保护工程管理的规范化奠定了基础。

完成了 122.55 万亩国家级公益林的申报和落实，对 228 万亩的国家级和省级公益林进行了有效管护。16.95 万亩的第四批扩大内需林业重点工程进展顺利。洛宁县积极按照国家林业局要求开展了森林资源采伐改革试点工作。

（十一）野生动植物资源保护工作

组织开展了第二十八届"爱鸟周"、"野生动物保护宣传月"宣传活动。依法做好野生动物驯养繁殖和经营利用等相关行政审批项目的办理工作，依照法定程序办理运输证，审核、办理运输证 27 份。组织开展野生动物经营市场专项整治行动，没收非法经营野生动物 107 只（头），行政处罚 5 人，有效遏制了非法来源野生动物进入流通领域。扎实做好野生动物疫源疫病疫情的防控工作，切实做好节假日值班，应对突发疫情发生。

（十二）林业科技推广

在林业建设中，各地高度重视提高科技含量，全市引进新品种 30 多个，推广新技术 20 多项，新建科技示范园 6 处。由市林业技术推广站制订的"黑核桃栽培技术规程"发布实施。嵩县林业局、市林站、偃师林站被省厅评为林业科技工作先进单位。开展科技下乡活动，举办各种类型的技术培训班和技术讲座 146 次，共培训林业职工和林农 1 7260 人次，发放林业科普图书 6 936 册。

（十三）古树名木保护

为做好全市古树名木保护工作，安排经费 45 万元，历时近 3 个月，完成了古树名木普查建档和挂牌工作，全市共普查建档古树名木 11 392 株，其中散生古树 5 151 株，

二、纪实

洛阳市召开全市林业生态建设暨创建国家森林城市动员大会　2 月 3 日，洛阳市召开全市林业生态建设暨创建国家森林城市动员大会。会议总结了 2008 年林业生态建设工作，表彰了 2008 年林业生态建设先进单位、先进乡镇和先进个人，安排部署了 2009 年主要林业工作，并对创建国家森林城市工作进行再动员、再部署。会议由市长助理李雪峰主持，林业生态建设和创建国家森林城市相关成员单位主要领导、各县（市、区）政府的主管领导和林业局长（农业办公室主任）参加会议，市领导高凌芝、石海勤、张素环出席会议。

全省林业生态建设现场会在洛阳召开　2 月 17~18 日，省政府在洛阳召开全省林业生态建设现场会，会议主要内容是学习推广洛阳市林业生态建设经验，动员全省各地迅速行动起来，掀起春季植树造林高潮，保质保量完成年度林业生态省建设任务。会议由副省长刘满仓主持，省委常委、洛阳市委书记连维良在会上致辞；省绿化委员会各成员单位、各省辖市党委、政府分管领导、林业部门负责人参加。会议期间，与会代表在省长助理何东成带领下，先后参观了宜阳香鹿山环城绿化、白草村村庄绿化、安虎线、南闫公路通道绿化及沿线荒山造林和嵩县南车路廊道绿化、闫庄镇瑶湾村村庄绿化、田湖镇陆浑村村庄绿化、环陆浑水库绿化三期工程等洛阳市林业生态建设造林现场。

洛阳市召开创建国家森林城市工作会议　2 月 28 日，洛阳市召开全市创建国家森林城市工作会议，会议总结了前一阶段的创建工作，明确了下一步的任务，并与各区县签订了目标责任书。会上，市委常委、副市长高凌芝，市长助理李雪峰、市政府副秘书长邢社军，各区区长、主管区长、农业办公室主任（农林局长）、园林（城建）局局长，各县主管县长、林业局长、园林（城建）局局长，创建森林城市指挥部成员单位和各相关单位负责人参加会议。

国家花卉工程技术研究中心牡丹研发与推广中心成立　3 月 31 日，国家级牡丹科研机构——国家花卉工程技术研究中心牡丹研发与推广中心落户洛阳。当日，洛阳市政府与北京林业大学科技合作协议签字仪式暨国家花卉工程技术研究中心牡丹研发与推广中心揭牌仪式在洛阳国家牡丹园内举行。洛阳国家牡丹园占地面积 700 亩，拥有国内牡丹园艺品种 820 个、引进国外园艺品种 110 余个。

三门峡市党政考察团来洛阳考察林业生态建设工作　3 月 2 日，三门峡市市委正市级领导李建顺、副市长张君贵带领各县（市）区的党政领导组成的党政考察团来洛阳市考察林业生态建设工作。市林业局局长张玉琪为考察团介绍了洛阳市林业生态建设情况。市长助理李雪峰代表市委、市政府接待并陪同考察。考察团一行 42 人分别参观了洛阳市宜阳县香鹿山绿化工程、寻村镇香泉村

村庄绿化工程、嵩县南车路绿化工程和环陆浑水库绿化工程建设情况，对洛阳市林业生态建设工作给予高度评价。

国家林业局副局长李育材来洛调研林业生态建设 3月12日，以国家林业局副局长李育材为组长的国家林业局调研组来洛阳市调研林业生态建设工作。调研组成员有国家林业局造林司司长王祝雄、计资司巡视员王前进、政法司副司长祁宏、速丰办副主任王连志、场圃总站副总站长刘红等。省林业厅厅长王照平、副厅长张胜炎等随同来洛。市领导连维良、郭洪昌、尚朝阳、田金钢、李雪峰陪同调研。在洛期间，调研组一行先后视察了新安县仓头乡鹰嘴山绿化工程、宜阳香鹿山环城绿化工程、嵩县环陆浑水库绿化工程和龙门西山绿化工程。李育才副局长对洛阳市林业生态建设取得的成绩给予了充分肯定。

洛阳市党政军领导参加义务植树活动 3月12日，洛阳市委、市人大、市政府、市政协、洛阳军分区领导和部分市直机关干部职工、驻洛武警、消防官兵等共800余人，在二广高速伊河大桥西侧河道绿化工程工地义务植树，以实际行动号召全市广大干部群众踊跃参与造林绿化，为绿化河洛大地，建设和谐家园作贡献。市领导连维良、李兴太、周宗良、李少敏、刘应安、万功民、郭丛斌、尚朝阳、田金钢、胡广坤、李柳生、杨玉龙、石海钦、王树仁、白志刚、黄元元、任海航、李雪峰，洛阳军分区领导陈凤辉、刘三威、黄红军、徐震松、王中立和干部群众一起，踏着湿泥，三五成组，挥锹、培土、植树、浇水。当天共栽植雪松、杨树、大叶女贞2 250余株。

洛阳市召开林业生态建设现场会 3月17日，洛阳市政府在新安县召开全市林业生态建设现场会，市委常委、市政府党组副书记田金钢、市长助理李雪峰，各县（市、区）主管领导、林业局长参加了会议。与会人员实地参观了新安县城北森林公园、五头镇二郎庙村大粒樱桃种植基地、曹村乡下村生态能源林基地三个现场。会上，新安县和孟津县领导分别作典型发言。田金钢常委作重要讲话，充分肯定了新安县、孟津县的先进经验，总结回顾了前一阶段全市春季林业生态建设工作的成绩和不足，并对下一步工作进行了安排部署。

国家林业局领导到洛阳市林业局调研信息化建设情况 4月19日，在省林业厅副厅长刘有富等陪同下，国家林业局信息化管理办公室主任李世东、处长温战强到洛阳市林业局调研林业信息化建设情况，先后察看了洛阳林业信息网站、洛阳市林业局视频会议系统、森林资源数据库系统、电子公文传输系统及局信息化设施配备情况，听取了洛阳市林业局信息化建设情况汇报，对洛阳市林业局信息化建设给予了充分肯定。

《洛阳市森林城市建设总体规划》通过专家评审 5月16~17日，洛阳市政府邀请安徽农业大学、上海师范大学、北京林业大学、四川省林业科学研究院、河南省林业调查规划院及河南省林业科学研究院等科研机构专家、教授组成的评审委员会，对《洛阳市森林城市建设总体规划》进行评审。

洛阳市编制2009~2015年经济林、种苗花卉产业发展规划 根据《河南省2009~2015年林业产业发展规划提纲》，通过深入基层，开展实地调研活动，了解掌握各县（市、区）经济林、种苗、花卉产业发展现状和今后发展方向，结合全市实际情况编制洛阳市2009~2015年经济林、种苗花卉产业发展规划。规划到2015年全市造经济林34.29万亩，经济林总面积达到230万亩，经济林产品产量达到 100 万吨，产值 22 亿元；建立园林花卉苗木基地 8.28 万亩，年产 4 300 万株，年产值 4 亿元；建设完善提高三大育苗基地，面积 3 万亩，年产各类全格苗木 2.5 亿株，年产值 1.5 亿元；建立 5 个良种基地、10 个采种基地，建成后，可采种基地 10 个，面积 2.33 万亩，年产各类林木种子 2 600 吨，优良种根（条）6 000 万节（段），实现产值 4 200 万元。

2009 年第二届中国生态小康论坛在洛举行 6 月 27~28 日，以"生态文明与科学发展"为主题的 2009 年第二届中国生态小康论坛在洛阳市举行。全国政协副主席陈宗兴向论坛发来贺信。论坛由《求是》杂志社原社长高明光主持，省委副书记陈全国，省委常委、市委书记连维良分别致词。国家气象局副局长王守荣、国家林业局副局长李育材、国务院原副秘书长安成信、《求是》杂志社副总编刘润为、全国绿化委办公室常务副秘书长曹清尧、国家科技部调研室主任胥和平、国家发改委资源节约和环境保护司副司长李静、国家环保部自然生态保护司副司长邱启文、国家商务部市场运行司副司长李朝胜、国家林业局防沙治沙办副主任王信建、中国节能协会秘书长房庆、省气象局局长王建国、省林业厅巡视员张胜炎、省环保厅副厅长王争亚、《小康》杂志社社长兼总编辑舒富民、北京建筑工程学院教授郝晓地、资源与环境信息化工程研究所副所长陶冶、教授常远等出席论坛。与会领导及专家学者分别围绕荒漠化治理、节能减排、城市森林建设、循环经济发展、防沙治沙、可再生能源与新农村建设、农村人居环境改善、文明的系统构架与社会系统工程等议题，作了专题演讲。论坛对 20 个"全国生态文明县市"和 5 个"中国全面小康生态建设贡献人物"进行了表彰。

洛阳市召开核桃产业发展座谈会 7 月 23 日，为贯彻落实市政府做大做强核桃产业的决策，市政府组织召开全市核桃产业发展座谈会，市农经委、林业局、林科所、园林所的负责人，洛宁、宜阳、汝阳、伊川、新安、嵩县等 6 个县的主管副县长、林业局长，以及每个县的 2 个重点发展乡（镇）的乡（镇）长参加座谈。

全省重点公益林管理业务培训班在洛阳市召开 8 月 5~7 日，全省重点公益林管理业务培训班在洛阳召开，来自全省 15 个地市 54 个国有林场近 260 名负责重点公益林的管理及技术人员参加了培训。

省政府举行林业生态效益新闻发布会 8 月 6 日，河南省人民政府新闻办公室在嵩县白云山国家森林公园举行林业生态效益新闻发布会，省长助理何东成、省政府新闻办公室副主任李文良、省林业厅厅长王照平、洛阳市委常委、农工委书记田金刚、中国林业科学研究院研究员王兵、省人民医院呼吸科主任马利军、省林业科学研究院院长朱延林等出席了新闻发布会。《人民日报》、中央广播电台、《光明日报》、《中新报》、《大公报》、《文汇报》、《中国日报》、《香港商报》、《河南日报》、河南电视台、河南广播电台、《大河报》、《河南商报》、《河南工人日报》、《东方今报》、《河南科技报》等 16 家新闻媒体 40 多名记者参加了新闻发布会。新闻发布会由省政府新闻办副主任李文良主持，省长助理何东成发布了《2008 年河南省林业生态效益公报》，中国林业科学研究院研究员王兵、省人民医院呼吸科主任马利军、省林业科学研究院院长朱延林就新闻媒体提出的问题进行了解答。河南广播电台对新闻发布会进行了现场直播。

国家林业局林改调研组到嵩县考察林改工作 8 月 10 日，国家林业局林权制度改革领导小组常务副组长黄建兴、全国绿化委员会办公室司长韩国祥、国家林业局农村林业改革发展司处长周开文、中国林业产权交易所业务经理张修志调研组一行，在省林业厅副巡视员谢晓涛、调研员王胜文、王明付，洛阳市市委常委、农工委书记田金刚等领导的陪同下到嵩县考察林改工作。调研组一行考察了嵩县何村乡吕岭村林改现场，查阅了档案资料，并在该村召开林改座谈会。

黄河湿地（河南）万里行活动走进洛阳 8月18日，由《东方今报》、河南人民广播电台交通台、河南电视台公共频道、商都网等多家媒体单位共同举办的"黄河湿地(河南)万里行"活动一行20人来到洛阳，对洛阳市的新安、孟津县的湿地保护区进行了实地走访。

洛阳市提出未来3年核桃产业发展计划 8月28日，洛阳市政府召开常务会议，研究洛阳核桃产业发展问题，经会议研究，决定从2010年起至2012年，利用土层深厚的宜林荒山和非基本农田的坡耕地新发展核桃30万亩，并对洛阳市现有20万亩核桃进行品种改良，三年内形成50万亩的核桃产业基地，并逐步形成"龙头企业＋基地＋农户"的核桃产业化体系，使核桃产业成为促进洛阳市农村经济发展、农民增收的支柱性产业。

偃师伊洛河国家湿地公园总体规划通过评审 9月1日，河南省林业厅在郑州组织并召开评审会，就《河南偃师伊洛河国家湿地公园总体规划》进行了评审，与会专家在听取了国家林业局林产工业规划设计院的介绍并咨询讨论后，一致给予通过。

洛阳市召开核桃基地建设动员会 9月2日，洛阳市召开全市核桃基地建设动员会。10个相关县（市）的主管领导和林业局长参加会议。市委常委田金钢出席会议并做讲话。会议印发了《洛阳市人民政府办公室关于印发2010年全市核桃基地建设工作实施方案的通知》；田金钢代表市政府与各责任县（市）签订了洛阳市核桃基地建设目标责任书。

洛阳市获第九届中原花博会综合布展金奖 9月21日，第九届中原花木交易博览会在许昌市鄢陵县国家花木博览园隆重开幕。市委常委田金钢率领洛阳市林业局及相关单位参展，并获得综合类金奖的好成绩。

洛阳市《黑核桃栽培技术规程》林业技术标准发布实施 11月1日，洛阳市地方林业技术标准《黑核桃栽培技术规程》，经洛阳市质量技术监督局批准通过，即日起开始在洛阳市各县（市、区）发布实施。此规程由洛阳市组织制定，并由市质量技术监督局和市林业局联合聘请有关专家成立林业技术标准专家评审组，对此项目进行了论证和评审。

洛阳市召开全市冬季整地造林现场会 12月3日，市政府在嵩县召开全市冬季整地造林现场会。与会人员首先参观了新安县城西、城东，嵩县陆浑、高都川核桃基地整地造林现场。在随后召开的会议上，嵩县、新安、汝阳等三个县做了典型发言，介绍了各自的经验与做法。市委常委田金钢做了讲话，分析总结了前一阶段全市冬季整地造林工作，并针对下步工作提出五点要求。

洛阳市委林业工作会议召开 12月30日，洛阳市召开市委林业工作会议。各县（市、区）党委或政府主要负责人、分管负责人，林业局长（农业办公室主任）；市委农村工作领导小组成员，市创建国家森林指挥部成员单位参加会议。省林业厅党组书记、厅长王照平，市领导郭洪昌、田金钢、李雪峰出席。会议传达了中央和省委林业工作会议精神，总结了洛阳林业生态建设取得的成绩，分析了林业发展形势，部署了当前和今后一个时期的林业工作。

一、概述

2009 年，在市委、市政府的高度重视下，在省林业厅的大力支持下，安阳市林业工作紧紧围绕五年建成林业生态市的奋斗目标和年度目标任务，深入贯彻科学发展观，坚持解放思想，扎实开展工作，圆满完成各项工作任务。在安阳市 2009 年 7 项林业目标任务书中，落实退耕还林补助、三大森林公园建设和三大重点生态工程之一的村镇绿化被市委、市政府列入为人民群众办好的十个方面实事。

（一）取得的成绩

（1）圆满完成 46 万亩营造林任务。争取上级无偿资金 4 200 万元，完成营造林 46.56 万亩，是省下达安阳市营造林总任务 43.06 万亩的 108.14%。其中，完成新造林 28. 68 万亩，是省下达安阳市新造林任务 25.85 万亩的 110.92%；完成中幼林抚育 17.91 万亩，是省下达安阳市任务 17.21 万亩的 103.95%。

（2）认真实施三大重点生态工程。村镇绿化工程完成造林 3.06 万亩，全市 1 031 个村实施了村镇绿化工程，分别是任务 2.41 万亩、500 个村的 124.85%、206.2%。生态廊道建设工程完成造林 2.28 万亩，绿化道路 2 002 公里，分别是任务的 101.62%、100.1%。环城防护林建设工程完成 0.24 万亩，是任务 0.2 万亩的 117.8%。

（3）全面启动建设三大森林公园建设。林州市红旗渠森林公园完成新造林 2 000 亩，是任务的 100%；龙安龙泉森林公园 2009 年任务是新造林 2 082 亩，是任务的 104.1%；内黄二帝陵森林公园 2009 年任务是完成规划设计，内黄县规划设计正在进行中，并完成了新造林 580 亩。安阳县也启动了马鞍山森林公园，新植树 2 000 亩。

（4）努力搞好三大特色产业化基地开发。西部山区生态能源林、经济林产业基地完成新造林 5.25 万亩；城市近郊花卉苗木生产、观光、休闲、游览产业基地完成新造林 1.14 万亩；东部平原速生丰产林、经济林产业基地完成新造林 5.7 万亩。2009 年林业总产值预计达到 27.7 亿元。

（5）足额落实退耕还林补助。2009 年安阳市退耕还林补助涉及群众 76 871 户，需要下发补助资金 1 785.92 万元，其中粮款补贴 1 380.68 万元，生活补助 197.24 万元，种苗补助 208 万元。目前，1 785.92 万元已全部下发至乡财政，全市兑现补助资金 1 772.369 万元，其中下发粮款补贴 13 68.822 5 万元，生活补助 195.546 5 万元，种苗补助 208 万元。

(6) 扎实推进集体林权制度改革。全市成立市、县、乡、村四级林权制度改革领导机构 1 429 个，制订村组集体林权制度改革方案 990 个，市县两级培训林改技术骨干 491 人次，260 多名林业干部深入基层参加指导林改工作，集体林权制度改革工作进展扎实有序，未发生一起因林改引发的群体上访或社会不稳定事件。目前，安阳市完成林地勘界确权面积 180.87 万亩，占年度总任务 154.8 万亩的 116.8%。

(7) 继续推行"四荒"拍卖造林。通过大户承包、规模经营，完成"四荒"造林 10.44 万亩，是市政府下达任务 8 万亩的 130.5%。全市百亩以上"四荒"造林大户 76 户，其中 100~300 亩造林大户 12 户，300~500 亩造林大户 13 个，500~1 000 亩造林大户 21 个，1 000 亩以上造林大户 28 个，拉动社会资金 2.1 亿元。其中 7 个大户投入 1.2 亿元建设龙安龙泉、林州红旗渠、安阳县马鞍山三大森林公园。

(8) 搞好资源管护。一是严防重大森林火灾发生。层层签订了森林防火目标责任书，加强 24 小时值班制度，安排护林员 1 000 多名，昼夜 24 小时巡护，对痴、呆、傻等特殊人员，登记造册、专人监管，减少人为火灾隐患。全市发生森林火灾 35 起，森林火灾受害率 0.3‰。二是做好森林病虫害防治工作。筹措资金 76 万元，利用飞机喷药防治作业面积 22.29 万亩，其中防治春尺蠖 10.29 万亩，防治杨小舟蛾等杨树食叶害虫 12 万亩；采取涂毒环等措施对草履蚧进行防治；召开了美国白蛾防控专项会议，制定了监测防控措施，并在全市设置了 40 台杀虫灯、自动测报灯对美国白蛾进行监控。全市森林病虫害成灾面积 0.035 万亩，成灾率 0.2‰。三是严厉打击破坏林业资源行为。开展了 5 次专项严打行动，全市共查处各类涉林案件 121 起，其中刑事案件 10 起、行政案件 111 起；处理各类违法人员 129 人次，其中刑事拘留 8 人，起诉 7 人，行政处罚 114 人，有效保护了安阳市造林成果。

(9) 加强机关建设。一是加强党风廉政建设。制订了市林业局 2009 年纪检监察工作方案，并逐级签订了领导干部廉洁自律责任书。严格了机关纪律，逐步完善和建立请销假、车辆管理、机关管理、目标管理等长效机制，加强干部职工纪律作风建设。全局无违纪案件发生。二是加强思想政治教育。扎实开展深入学习实践科学发展观活动，做到活动有安排、有布置、有落实、出成效。通过学习活动开展，全市林业干部职工应对危机、解决矛盾、统一思想，按照"抓全面——各项工作全面开花、突重点——突出抓好'三个三'九项重点工作、举亮点——打造一批亮点工程、样板工程和效益工程"的工作思路，扎实推进各项工作。三是抓好机关文明建设。巩固市级文明单位成果，认真做好文明创建、平安建设、保密教育、档案管理、信息化建设、职工权益维护等各项工作，为争创省级文明单位打基础。共办理人大、政协议案提案 5 件；受理各类信访案件 10 件，结案 9 件，结案率 90%，满意率 100%。没有发生赴京、赴省集体上访、重复上访或恶意上访事件。

(二) 要工作措施及特点

(1) 切实加强领导，层层组织发动。2 月 5 日，市委、市政府召开高规格、大范围 2009 年安阳林业生态市建设动员会，市委书记张广智、市长张笑东亲自动员、亲自部署。实行了市四大班子领导包县（市、区），县（市、区）四大班子领导包乡（镇），县（市、区）直机关干部、乡（镇、办）领导包村、包项目的办法。各级党政主要领导亲临造林一线督导检查，亲自参加造林现场会提要求，亲自到造林进度慢的乡、村督促工作，帮助解决问题。滑县组织部负责造林进度、纪检委负责造林质量；林州市委、市政府每天在电视上对各乡（镇）造林进展情况进行通报排队；汤阴县集中县直单位车辆值班林业生态建设督导用车；文峰区、龙安区通过召开春季林业建设现场会解决造林工作中存在的问题等等，这些措施，都非常有力地推进了安阳市造林进度，保证了造林质量。

（2）实行户户合同，落实管护责任。全市继续实行"树随地走、户户合同、缺一补一、毁一罚十"的措施，许多地方还创新户户协议奖补办法，进一步调动群众造林、护林的积极性。安阳县白璧镇和群众签订造林管护协议，明确了"谁地谁栽、谁栽谁有"的树权分配方法，并采取每株树群众缴纳 0.3 元的押金、成活后返还 0.6 元的奖励办法；汤阴县古贤乡党委、政府干部职工春节期间不休息，抢抓时机，走村入户讲解政策，逐户签订造林管护协议，2 月 13 日该乡造林管护协议已全部签订等等。今年，全市 85%的造林任务签订了户户管护协议，明晰了管护责任和收益权，较好地解决了造林和管护问题。

（3）创新建设机制，推行社会造林。各级政府在总结去年奖补措施的基础上，都出台了对大户承包造林的奖补政策，充分发挥了政府资金引导作用，调动了群众造林的积极性，推动了社会林业的发展。林州市大户郭学生承包荒山 1 万多亩，建设林州红旗渠森林公园，累计投入 8 000 多万元修建景区道路、宾馆等基础设施，2009 年又投入 300 万元，完成新造林 2 000 多亩。龙安龙泉大户宋成贵承包荒山 2 000 多亩，围绕彰武水库、小南海水库和东方山村打造东方山城，目前，已投入 1 800 万元，硬化道路、完善水利设施等基础建设，2009 年新造林 500 亩。马投涧乡杨大岷村的 400 余亩水土保持林建设工程全部采取了大户承包造林。各乡（镇、办）也都加大了资金投入力度，调动群众造林积极性。滑县半坡店乡、牛屯镇分别拿出 30 万元、6 万元用于奖补造林先进村和先进个人。这些措施，既推动了林业建设，又为群众开辟了一条新的致富途径。

（4）广泛宣传发动，营造良好氛围。一是充分发动领导。在副市长葛爱美的带领下，多次向市委、市政府主要领导汇报林业生态建设情况，取得了主要领导的大力支持，并于 2 月 5 日组织召开了 2009 年度林业生态市建设动员大会，对县、乡、村三级党政领导进行了动员发动。二是倡导生态文明。3 月 11 日，植树节的前一天，市林业局和安阳电视台联合制作了一起《阳光对话》，向全市人民发出倡议，鼓励大家去自觉履行植树义务，共建生态文明，共同打造一个山更绿、水更清、气更爽的新安阳，让河南的北大门更加光彩，更加亮堂。三是营造浓厚氛围。充分利用广播、电视、报纸等新闻媒体，采取在安阳日报设立专栏、出动宣传车、悬挂宣传标语等多种形式，宣传林业生态市建设的重要意义、进展情况和先进经验。截至目前，安阳日报共刊登宣传稿件 100 余篇，安阳电视台报道 60 余次，各县（市、区）出动宣传车辆 500 余次，营造了浓厚的舆论氛围，调动了全市广大干部群众积极参与建设林业生态市的热情。

1 月 4 日，2009 中国·安阳蜡梅文化旅游节在安阳市龙泉举行。活动以"蜡梅文化搭台、经济旅游唱戏"为主题，精心打造蜡梅文化旅游品牌，整个活动由开幕式、万株蜡梅傲雪盛开、河南电视台（梨园春）节目、自贡灯展及书画作品展、灯谜竞猜活动、地方特色的民间艺术表演等组成，为全市营造精彩纷呈、隆重热烈的文化旅游节气氛。龙安区是全国著名的花木之乡，是中国南北温带的交汇地带和南花北移、北花南调的理想驯化地带。2007年12月龙安区建成中国安阳蜡梅园，并成为中国花协梅花分会蜡梅团体会员单位、科研中心，北京林业大学教育教学科研实践基地，该园是中国北方地区纬度最高的蜡梅园。整个园区占地面积1 200多亩，共移栽蜡梅、红梅、绿梅等30多种共5.5万株，其他花木品种100多种共80万株。蜡梅节的举办将进一步加快推进安阳市生态文明建设，极大地扩大安阳的知名度，促进安阳生态旅游产业的发展。

二、纪实

举办2009中国·安阳蜡梅文化节　　1月4日至2月12日，2009中国·安阳蜡梅文化旅游节在安阳市龙泉举行。北京林业大学园林学院副院长、中国花卉协会蜡梅分会秘书长李庆卫，河南农业大学校长王艳玲、河南省林业厅副厅长李军，省农业厅副巡视员刘自印，省农业综合开发办公室副主任郭生建，安阳市领导张广智、张笑东、张琼、张锦堂、赵微、李发军、李文斌、陈明今、马林青、郑俊峰、彭治安、杨六生、吴水和、王希社、倪豫州、葛爱美、刘惠生、乔国强、黄世华、金耀林、李晓煜、胡文录、黄平等出席开幕式。开幕式由市委副书记、市长张笑东主持。市委书记张广智致辞。

召开2009年林业生态市建设动员大会　　2月5日，安阳市在党政综合楼召开2009年林业生态市建设动员大会，回顾总结2008年林业生态市建设工作，总结大户"四荒"造林经验，表彰2008年度作出突出贡献的先进单位和个人，安排部署2009年林业生态市建设工作。市委书记张广智、市委副书记、市长张笑东、市委副书记张琼、市人大副主任吴水和、副市长葛爱美、市政协副主席董宝、市军分区副司令员谭荣登等领导，市委各部委、市直各单位主要负责人，中央、省驻安单位负责人，各县(市、区)委书记、县(市、区)长、分管副书记、副县(市、区)长，各乡(镇、办)党委书记，县(市、区)直有关部门主要负责人，受表彰的先进单位和个人代表共490余人参加了会议。会议由市委副书记、市长张笑东主持。市委书记张广智作了重要讲话。

安阳市党政军领导参加义务植树活动　　2月12日,安阳市委、市人大、市政府、市政协和市军分区领导张笑东、张锦堂、赵微、李发军、王建勋、李文斌、郑俊峰、朱明、李卫国、赵毅、杨六生、吴水和、王希社、葛爱美、吴海、董宝、乔国强、黄世华、李晓煜、黄平，市人民检察院检察长孙建国，市总工会主席聂孟磊等来到龙安区东方山村的山坡上，与市四大班子机关干部160余人一起参加义务植树活动。

市林业局局长做客"阳光对话"积极倡导全民义务植树活动　　3月11日,市林业局局长李博文、副局长贾会堂参加了市纪委、市电视台联合组织的大型直播类谈话节目"阳光对话"，与广大观众面对面亲切交流，认真细致地解答了市民的现场提问和场外热线，全面生动地宣传了与老百姓生活息息相关的林业知识和法律法规，取得了良好的宣传效果。

市林业局召开有害生物发生趋势预测会商会　　3月25日，安阳市林业有害生物发生趋势预测会商会在安阳市林业局三楼会议室召开，会议由市林业局主管局长李树文主持，安阳工学院农学系姚献花教授、王学顺教授，安阳市气象局业务局长张心令及市森林病虫害防治检疫站专家和基层森林病虫害防治与检疫站的专家进行会商，并对2009年林业有害生物发生趋势进行预测。

内黄县自选自育的"内选一号"杏通过省专家审查验收　5月，内黄县选育的新品种"内选一号"杏，继在2004年被农业部优质农产品开发服务中心评为"优质鲜食杏"之后，2009年被省林业厅审定为林木良种并顺利通过省林业厅组织的专家组的验收。

安阳市发现疑似美国白蛾及危害症状　8月14日，安阳市龙安区发现疑似美国白蛾及危害症状。接到疫情，市林业局主要领导、分管领导、龙安区政府有关领导在第一时间赶赴现场安排布置，并及时组织对疑似美国白蛾疫点进行了喷药除治。

积极开展疑似美国白蛾的防治工作　8月15日，安阳市龙安区区委、区政府采取有力措施，积极开展了防治工作。市森林病虫害防治与检疫站专业技术人员在现场进行了防治技术指导，并从市园林局、安阳县、汤阴县积极协调抽调4台大型喷雾机械，采用高压喷雾方式对发生危害区域内及周边的所有行道树和邻近农作物以及地面可能化蛹的场所，使用25%灭幼脲3号悬浮剂和30%桃小灵乳油各1 500倍液混配进行了全面喷淋式灭杀，喷洒面积300余亩，行道树10公里，喷药后未发现疑似美国白蛾幼虫活体。

龙安区政府召开会议部署疑似美国白蛾防治工作　8月16日，为防止疫情进一步扩散，龙安区区政府召开紧急会议，成立了防治美国白蛾工作领导小组，对全区防治工作进一步安排部署，并采取以会代训的形式，对防治美国白蛾知识进行讲解，并发放宣传图片，要求实行拉网式排查，启动日报告、零报告制度，防止疫情进一步传入蔓延。

市林业局积极开展疑似美国白蛾防控工作　8月18日，市林业局紧急召开由市园林局及各县（市、区）林业局（农委）主管领导、森林病虫害防治与检疫站站长、技术人员参加的美国白蛾防控工作会。安排部署，积极开展美国白蛾专项调查工作，并印发了《关于开展美国白蛾专项调查的通知》，要求各县（市、区）要充分认识美国白蛾危害的严重性，根据本地实际，抽调业务技术骨干，精心组织好本次调查，

安阳市第九届中原花博会上获银奖　9月21日，由国家林业局、河南省人民政府联合举办的第九届中原花木交易博览会(以下简称花博会)在许昌市鄢陵县隆重开幕。安阳市荣获第九届中原花木交易博览会银奖。

《内黄县林业志》付梓面世　9月，经过编撰人员近两年的辛勤劳动，《内黄县林业志》付梓面世。该书共11章50节，16开本，彩图52页，内文524页，采用述、记、志、传、图、表6种体裁，全面、详实地记录了新中国成立以来该县林业发展历程，总结了发展经验和历史教训。

晋豫边界森林防火第二十二届联防会在安阳市林州召开　10月29日，晋豫边界森林防火第二十二届联防会在安阳市林州召开。市政府市长助理黄松、山西省预警监测中心副主任仝英杰、河南省护林防火指挥部办公室调研员王义勇、安阳市林业局局长李博文、林州市市政府副市长雷鸣出席会议。会上，雷鸣代表安阳市向山西省壶关县递交了晋豫边界森林防火委员会会旗和印章。山西省平顺县、河南省辉县市、山西省泽州县、河南省济源市有关同志做了发言，进行了经验交流。

鹤壁市

一、概述

2009年，全市各级紧紧围绕建设"富裕、文明、和谐、生态"新鹤壁和建设林业生态市的奋斗目标，以"九项工程"为抓手，以"一河、两园、七线"等绿化工程为重点，求真务实，拼搏进取，扎实工作，林业生态建设呈现出良好的发展态势。据统计，全市共完成造林绿化26.86万亩，是年度任务24.2万亩的111%（其中，山区生态林体系建设工程完成15.2万亩，生态廊道完成953公里、5.04万亩，防沙治沙1.58万亩，农田防护林完成1.42万亩，村镇绿化1.21万亩，环城防护林0.23万亩），林业产业2.18万亩。森林抚育和改造9.67万亩，"四旁"植树238万株，义务植树76万人次，344.3万株。全面完成了年度造林绿化目标任务，为建设林业生态市奠定了良好的基础。淇县成功创建为林业生态县。2009年林业产值达到了6.5亿元，市林业局荣获省林业厅"2009年度目标管理优秀单位"称号，获得鹤壁市政府"2009年度完成责任目标先进单位"称号。

（一）造林绿化

2009年，鹤壁市林业生态建设按照市委、市政府建设大城市、发展大工业的总体思路和目标要求，突出重点，打造亮点，点面结合，搞好环城防护林和城郊森林、村镇绿化、生态廊道网络体系、水源涵养林和水土保持林、生态能源林、防沙治沙、农田防护林体系改扩建、林业产业、森林抚育和改造9项重点工程。重点推进宝山循环经济园区林业生态建设和淇河林业生态建设、森林生态主题公园建设、湿地公园建设。

（二）全民义务植树

2009年，鹤壁市参加义务植树76万人次，植树344.3万株。在这些活动中，各级领导以身作则，带头示范，取得了良好的效果。3月12日，全市全民义务植树活动启动暨淇河森林公园开工仪式在淇河岸边举行。市委书记郭迎光，市长丁巍，市领导李连庆、郭润营、李福州、张俊成、钱伟、易定生等出席仪式并于仪式结束后，拿起铁锹，踏着泥泞，与1 000多名干部职工、青年志愿者一起冒雨植树 4 000 多株。3 月 8 日，山城区四大班子领导、区委各部委，区直各单位机关干部 800 余人，到鹿楼—大湖连接带义务植树。经过一上午的会战，共栽植杨树 5 000 余株。3 月 10 日，浚县 800 多名机关干部冒着寒风，在白寺乡白寺山山坡上开展义务植树。县四大班子和县直各单位参加了这次活动，近 5 000 棵树苗被种植于白寺山上。3 月 10 日，鹤山区统一组织区直各部门在鹤壁集乡西杨邑村进行全民义务植树活动。鹤山区精心组织，周密部署，拓宽全民义务植树绿化渠道，把义务植树与城郊绿化、道路绿化等结合起来，确保了造林成效。3 月 10 日，开发区管委机关工作人员在 107 国道防护林带义务植树。当日机关工作人员 100 多人参加了义务植树。

（三）资源林政管理

2009 年，全市资源林政管理以增加森林资源总量、提高森林质量、加强野生动植物保护为重点，以实现森林可持续经营为目的，深化改革，创新机制，扎实工作，全面提升森林的质量和效益。

扎实推进集体林权制度改革工作。市里成立了林改领导小组，全面协调组织各县区林改工作。同时强化宣传培训。市县两级林业部门认真做好林改业务培训，使乡镇、村组干部掌握林改的工作方法、步骤和规范的操作程序，掌握外业勘查、表格填写、资料整理等业务技术，保证改革质量。在工作中坚持规范操作。严格按照《河南省集体林权制度改革操作规程》的各项规定规范操作，充分尊重群众意愿，切实保障群众的知情权、参与权、决策权和监督权，确保由农民群众依法民主决策改革的方式方法，确保改革内容、程序和结果公开，确保林改在阳光下运行。实行分类指导，坚持因地制宜，实行分类指导，针对山区、平原、大户承包等不同类型林地，采用不同形式进行改革。如对造林难度大、效益低的西部山区，在经过三分之二群众同意的情况下，主要采取了分股不分山的方法改革；对以前已经承包给大户的，在征得群众同意的情况下，予以维护，继续由大户进行承包，对承包费过低的进行适当调高，合同不规范的进行规范。全年全市已勘界确权面积 59.4 万亩，发放林权证面积 26.3 万亩，分别占全部任务的 81% 和 35.8%。

鹤壁市资源林政管理工作紧紧围绕限额采伐、凭证运输及林地管理等重点，加强监管，一是加强林地林权管理。二是规范森林限额采伐管理。市、县两级资源林政部门，严格执行林木采伐审批制度，2009 年，全市实际采伐 2 610.67 立方米，其中：淇县 1 089.84 立方米、浚县 1 313.7 立方米、淇滨区 120.12 立方米、山城区 38 立方米、鹤山区 49.01 立方米。全年，鹤壁市未发生超限采伐现象。2009 年全市共查处滥伐林木、违法运输木材、违反森林植物检疫等各类林业行政案件 81 起，依法行政处罚 90 人次。

加强野生动植物保护工作。"爱鸟周"和"野生动物保护宣传月"集中活动期间，全市共查处乱捕滥猎、非法运输野生动物案件 28 起，清理野味店 9 家，放生斑鸠、野兔等 1 000 余只。严格执行野生动物疫源疫病零报告制度，加强对淇河湿地、太行山林区等候鸟迁徙活动集中区居住的群众，进行野生动物疫源疫病防控知识宣传教育。继续加强野生动物经营和驯养繁殖管理。督促经营、驯养户依法经营，严厉打击各种违法猎捕、收购、出售、经营野生动物违法犯罪行动。规范公益林管理工作。2009 年，淇滨区、浚县新增国家级公益林 1.56 万亩。

（四）森林公安工作

全市森林公安机关坚持"抓队伍，促工作，保稳定"和从严治警的方针，响应公安部关于开展基层基础建设的号召，深入开展了"大走访爱民实践活动"、"政风行风评议活动"、"大轮训"、"三考活动"、"三定"工作、"执法质量检查活动"和"加强枪支、警车和队伍管理警示教育整顿"等活动，广大民警的思想素质、身体素质和精神面貌有了很大转变。结合实际，积极行动，精心组织，及时开展了各项林业严打整治行动，开展了"集中打击破坏森林资源违法犯罪专项行动"、"严厉打击涉枪违法犯罪行动"、"2009集中铲毒专项行动"、"严厉查处破坏森林资源案件切实保护绿色通道林木专项治理活动"、"绿盾三号行动"、"天网4号行动"和"打击破坏野生鸟类资源违法犯罪专项行动"等林业严打斗争，有力地震慑了犯罪分子，取得了显著战果。据统计，全市13名民警共破获各类林业案件237起，其中刑事案件11起，刑拘11人，逮捕犯罪分子10人，移送起诉10人，林业行政案件226起，查结林业行政案件223起，林业行政处罚231人，收缴木材130立方米，整顿木材经营点57个，收缴各类野生动物2 357只(头)，均已放归大自然和进行了妥善处理，打击了各类毁林违法犯罪分子。

（五）森林防火

2009年，全市森林防火工作始终是在极为严峻和高度紧张的形势下展开的。市政府重新下发了《鹤壁市人民政府办公室关于印发鹤壁市森林防火抢险应急预案的通知》。市护林防火指挥部成员单位组成20个检查组，对各乡（镇）森林防火隐患进行全面检查，对重点时期、重点地段进行突击检查。市森林防火指挥部与市电视台和气象局沟通，在天气预报节目里增加了森林火险等级预报，向市、县、区200多位指挥部成员、乡（镇）长的手机每周发布一次天气预报信息，在计算机里安装了气象监测软件，能迅速查找卫星监测到的火点。目前，全市共有专业森林消防队10支，2009年，淇县又由县财政拨款，成立了淇县第二支专业森林消防队，重点山区乡镇已建立专业扑火队9支，专业扑火队员180多名，成立村级护林防火应急小分队30支，应急队员750多名，设专职护林员380名，兼职护林员800余名。在全市真正形成了以市为龙头，以县区为纽带，乡、镇、村为基础的护林防火指挥系统。

（六）森林病虫害防治

2009年，全市森防工作继续推行森林病虫害限期除治制度,完善了防治、测报、检疫三个网络，进行了松材线虫病、杨树黄叶病害、美国白蛾等的专项普查工作，开展了杨树食叶害虫、杨树蛀干害虫、杨树病害、槐树害虫、泡桐病虫害、红枣、苹果等病虫害的防治工作，加强了防治技术宣传工作，组织了森防宣传月活动。全市共发生林业有害生物157 550亩，其中用材林发生106 241亩，经济林发生51 309亩。防治林木有害生物144 188亩，其中防治用材林96 083亩;防治经济林病虫害48 105亩。狠抓林业有害生物测报工作，全市现有测报点40个，其中国家级中心测报点1个（浚县森防站），配备专兼职测报员80人。全市发布病虫情报40多期，3 500多份。

2009年，市林业局和鹤壁电视台联合拍摄了《杨树病虫害防治》专题片，重点对草履蚧、美国白蛾等病虫害的危害性、防治办法进行了播出宣传。通过印发"一法二条例"和各种森防资料向群众宣传森防知识，印发了宣传资料3 000多份发放到农民手中。浚县印制了美国白蛾宣传画进行张贴和发放，对挂置诱虫灯的地方每家一幅，便于及时识别美国白蛾。浚县利用县电视台《科技时空》栏目连续10天播出杨树食叶害虫、蛀干害虫发生规律及防治知识，利用县委内部报纸《今日浚县》

开辟专栏，宣传森防知识；淇县配合县电视台开展森林病虫害知识讲座 2 期。2009 年，美国白蛾传入濮阳市，面对严峻形势，鹤壁市制订了《鹤壁市美国白蛾监测防控预案》，严格落实各项防控措施。林业部门及时购置了诱虫灯 50 台，分挂在各个乡镇监测林地；订购喷药设备和部分监测器械，布设监测点 40 处。全年鹤壁市均未发现美国白蛾疫情。

鹤壁市现有专职检疫员 14 人，兼职检疫员 40 人。各县区都开展了木材、苗木、花卉、果品等的检疫工作。2009 年全市检疫木材 32 697 立方米，苗木 77 万株，花卉 3 万株。查处有病虫害苗木 550 多株，并对带有病虫害的苗木责令销毁。积极组织开展主要病虫害防治工作。

（七）林业科技推广和育苗

2009 年，全市完成林业育苗 8 091 亩。完成容器育苗 105 万袋。总产苗量 4 717.95 万株，主要育苗树种有：杨树 2 235 亩，产苗量 940 万株，柳树 310 亩，产苗量 17 万株，雪松 67 亩，产苗量 3 万株，刺槐 94 亩，产苗量 100 万株，侧柏 261 亩，产苗量 881 万株，核桃 77 亩，产苗量 19 万株，花椒 360 亩，产苗量 410 万株，大枣 175 亩，产苗量 92 万株，国槐 469 亩，产苗量 89 万株，黄连木 625 亩，产苗量 430 万株，黄杨 240 亩，产苗量 38 万株，冬青 300 亩，产苗量 180 万株。

2009 年，林业科技推广重点开展了四项工作：一是太行山抗旱造林技术。经过多年探索，摸索出适宜鹤壁市实际的抗旱造林技术。这些技术包括重截干造林技术、小鱼鳞坑整地造林技术、苗木浸泡造林技术、GGR 和抗旱保水剂处理技术、树盘覆盖造林技术、树干封闭技术等。全年共推广该项技术 3 万亩，在廊道绿化中推广该技术 120 公里，栽植树木 400 万株。二是大机械整地技术。使用挖掘机进行大面积整地，深度 1 米，沟宽 1.2 米。整地后由于使土壤疏松，理化性状发生变化，同时提高了土壤吸纳降水的能力，对树木成活和生长产生了极显著的作用。大机械整地在全市新老区连接带、通道绿化和杨树速生丰产林建设中全面推广，共造林 2.2 万亩，栽植 107 杨 200 万株。三是引进、推广新品种。全年全市引进、推广的新树种、新品种有：107 杨、红叶杨、中泰杨、寿红桃、薄壳核桃、大叶无核枣、淇县无核枣、早生富士、短枝华冠、红将军、信侬红苹果等 20 余个品种。四是地膜覆盖造林技术。冬季、春季造林时进行整地，截干造林后浇水、封土，然后在树盘覆盖塑料薄膜。覆盖面积以将整地部分全覆盖为宜，一般为长宽 50 公分左右。地膜覆盖后保墒效果极为明显。特殊干旱时，可用自制的补水器进行补水。淇滨区采用此法造林，黄连木（小苗）成活率达到 90%以上。

组织研究林业科技项目两项。黄连木栽培技术研究与推广。优良核桃示范基地建设。该基地位于山城区石林乡宋沟村，项目任务 120 亩，实际完成 300 亩，栽植 1.5 万株，品种为香玲、薄丰、辽核系。

在示范园造林过程中，一是推广使用生根粉浸根蘸浆，将苗木根系进行蘸浆，防止栽植过程中苗木失水，并促使早生根；二是克服山区造林浇水困难，进行技术改造，创新山区造林灌溉方式，自制 200 台便携式注水器，将注水枪经过地膜扎入树根周围，将水注入，有效缓解了旱情，保障树木成活。便携式注水器浇水，也成为山区造林浇水的一项典型举措；三是高山地段，还采用二级提灌浇水的方式，最大面积的进行浇水，浇水后采用地膜覆盖，黄连木造林成活率达到 90%以上。

二、纪实

淇河生态湿地主题公园规划基本完成 2月3日，淇河生态湿地主题公园规划完成。淇河湿地公园由许沟湿地和石河岸湿地两部分组成，规划总面积5 244亩，其中许沟湿地3 684亩，石河岸湿地1 560亩，分布在淇河上游寒坡洞至许沟温泉段和浚大线淇河桥至京港澳高速公路淇河桥之间。

报纸刊登淇河生态森林主题公园总体规划征求市民意见 2月13日，《鹤壁日报》上刊登淇河生态森林主题公园总体规划，广泛征求全市人民意见。该公园是市委、市政府"一河五园"建设工程的重要组成部分，共分为森林景观区、道路系统和基础设施三个部分。按照实现春花、秋实、夏荫、冬青目标的原则，打造独具特色的淇河生态森林公园八景，即曲径幽竹、青松傲雪、彩叶抹秋、林中槐香、溪水桃林、荷塘月色、林中鱼乐、莺歌燕舞。

山城区开展义务植树活动 3月8日，山城区四大班子领导、区委各部委，区直各单位机关干部800余人，到鹿楼—大湖连接带义务植树，共栽植杨树5 000余株。

浚县机关开展义务植树活动 3月10日，浚县800多名机关干部冒着寒风，在白寺乡白寺山山坡上开展义务植树。县四大班子和县直各单位参加了这次活动。

鹤山区组织开展全民义务植树活动 3月10日，鹤山区统一组织区直各部门在鹤壁集乡西杨邑村进行全民义务植树活动。

鹤壁市举行全民义务植树活动启动仪式 3月12日，全市全民义务植树活动启动暨淇河森林公园开工仪式在淇河岸边举行。市委书记郭迎光宣布全民义务植树活动启动，市长丁巍致辞，市领导李连庆、郭润营、李福州、张俊成、钱伟、易定生出席了仪式。仪式结束后，郭迎光、丁巍等市领导与1 000多名干部职工、青年志愿者一起冒雨植树4 000多株。

淇河生态森林主题公园开工建设 3月12日，淇河生态森林主题公园开工建设。该主题公园位于107国道以西，京广铁路以东，黄河路以南，跨淇河两岸，规划总面积771亩，其中淇河北岸416亩、南岸355亩，需造林45.8万株。总概算1.2亿元。

淇河湿地公园暨淇河生态园开工建设 11月19日，鹤壁市淇河湿地公园暨淇河生态园开工仪式在淇河一桥东南侧举行。省人大常委会原常务副主任李长铎，市委书记郭迎光，市委副书记李连庆，市政协主席张俊成，市人大常委会原主任、市大力发展职业教育领导小组组长郭润营，市委常委、副市长徐合民，市人大常委会常务副主任韩玉山等出席开工仪式。市政协原主席、市淇河生态保护与开发利用领导小组组长李福州主持仪式。淇河湿地公园由许沟湿地和石河岸湿地两部分组成，规划面积5 244亩，其中许沟湿地3 684亩，石河岸湿地1 560亩。主要建设内容包括湿地生态保育区、湿地生态科普区和湿地生态体验区，总投资1.6亿元。工程分两期进行。淇河生态园位于新区淇河桥以南，107国道以东，淇河以西，高村橡胶坝以北，总面积2 570亩，包括湿地景观林、河岸景观林、滨河防护林、竹子景观林、道路防护林、生态风景林六个分区，总投资1176万元，分两期建设。

全国营造林和森防工作会议在鹤壁市召开 2月14日，全国营造林和森防工作会议在鹤壁市举行，会议总结 2009 年工作，分析当前形势，研究 2010 年以及今后一个时期全国营造林和森防重点工作。国家林业局副局长李育材、副省长刘满仓出席会议并讲话，国家林业局造林司司长王祝雄主持会议，省政府副秘书长何平、省林业厅厅长王照平、鹤壁市委书记郭迎光出席会议。国家林业局造林司、森防总站和省林业厅领导黎云昆、马爱国、吴坚、刘晓洪、宋玉双、张胜炎，市领导李连庆、张俊成、徐合民、韩玉山出席当日上午的会议。全国各省、自治区、直辖市、计划单列市及新疆生产建设兵团营造林和森防部门负责人参加会议。

国家林业局领导考察林业生态建设工作　12 月 15 日，国家林业局造林司司长王祝雄和省林业厅党组成员、巡视员张胜炎，到淇滨区金山办事处蔡庄村参观考察林业生态建设工作。

濮阳市

一、概述

濮阳市围绕建设林业生态市工作，按照"发展现代林业，建设生态文明，推动科学发展"的总体要求，努力实现林业发展理念上由传统林业向现代林业转变，工作重心上由造林为主向营林为主转变，造林模式上由单一片林向农林复合经营转变，着力构建以生态文明为核心价值，以现代林权制度为体制基础，高效、多能、可持续的林业生态产业体系，圆满完成各项林业工作责任目标。据造林实绩核查结果，全市共完成林业生态工程年度造林 20.39 万亩，占责任目标 100.84%，其中农田防护林体系改扩建工程 10.64 万亩，防沙治沙工程 2.58 万亩，生态廊道建设工程 3.13 万亩，环城防护林及城郊森林 0.53 万亩，村镇绿化 3.51 万亩；同时，结合省下达的林业生态产业工程，营造速生丰产林 6 万亩，占责任目标的 100%；完成中幼林抚育工程 31.85 万亩；完成 450 个村庄的村镇绿化工程，占责任目标的 100%。完成 50 个绿色家园示范村建设任务，占责任目标的 100%。台前县创建林业生态县顺利通过省厅验收。参加义务植树人数 180 余万人次，义务植树 920 余万株。濮阳市林业局先后被省政府授予"河南省森林资源连续清查工作先进集体"，被省林业厅授予"目标管理优秀单位"、"全省林业政务信息工作先进单位"，被市委、市政府授予"综合考评先进单位"、"党风廉政建设责任制工作优秀单位"、"目标管理优秀单位"、"招商引资工作先进单位"等荣誉称号。国家林业局常务副局长李育材来濮专题调研林业生态建设，对濮阳市林业工作给予高度评价。全省林下经济现场会在濮阳市召开，推广濮阳市林下经济发展经验。《中国绿色时报》对濮阳市林业生态建设和产业发展取得的成绩和经验进行连续系列报道。

（一）林业生态市建设

2009 年是濮阳市林业生态市建设的第二年，濮阳市紧紧围绕林业生态市建设规划目标，以林业生态市重点工程为抓手，强化组织领导，精心安排部署，层层落实责任，加强督导检查，林业生态建设取得显著成效。全面完成省市下达的各项工作任务。

（1）加强组织领导，实行责任制推进。市委、市政府先后召开了全市林业生态建设暨春季植树造林动员会议、全市春季植树造林现场会。3月12日植树节，市四大班子领导冒雨到高新区带头参加义务植树，市委书记吴灵臣强调要把林业生态建设摆到更加突出的位置，抓出成效；市长王艳玲和市委副书记盛国民、副市长郑实军多次到县（区）调研、检查指导林业工作。市、县（区）、乡（镇）逐级签订林业建设目标责任书，落实目标任务。市林业局领导班子成员分包县（区），在造林一线督促指导。各级新闻部门加强跟踪宣传报道，营造了造林绿化的浓厚氛围，有力推动了林业建设。

（2）大力推广小株距、大行距农林复合营林模式。立足濮阳是平原农区的实际，着眼于粮食生产安全，实现林茂粮丰，调动群众植树造林积极性，濮阳市在去年成功做法的基础上，进一步大力推广2米×8米、2米×10米、2米×12米等小株距、大行距的农林复合营林模式，受到基层干部群众的普遍认同。据统计，全市80%的新造林采用了小株距、大行距的农林复合模式。

（3）严格造林技术规程，切实提高造林质量。坚持把造林质量放在首位，牢固树立精品意识，严格按照"统一画线定点、统一供苗、统一挖坑、统一栽植、统一浇水、统一涂白抹红"的要求和"大苗、大穴、大株距、深栽"三大一深栽植法的标准，精心组织栽植，狠抓各个环节的质量关。一是把好苗木关。严格执行"一签两证"制度和苗木检疫制度，规定凡重点工程造林杨树苗木米径必须在2厘米以上，苗高3.5米以上，泡桐苗高4米以上，并要求所有苗木栽植前必须大水浸泡3天，对达不到规定标准和要求的一律不予验收。二是把好挖坑关。规定挖坑杨树要在60厘米见方，泡桐要达到80厘米，达不到标准的，不予发苗。三是把好栽植浇水关。栽植时栽直踏实，做到纵横成行，统一涂白抹红，栽植后大水浇灌，确保造林成活率。四是强化督导检查。市、县（区）成立督导组和质量监督队伍，分包县（区）、乡（镇），对苗木规格、挖坑质量、栽植质量进行现场查看验收，对达不到要求的，责令限期返工重新栽植。

（4）突出重点，努力建设精品工程。结合濮阳市实际，突出抓好农田林网和生态廊道建设。一是严格建设标准。在农田林网建设中，坚持因地制宜，因害设防，按照省确定的网格面积（一般农区不大于300亩、沙区不大于200亩、稻作区不大于400亩）的标准组织实施。大型商品粮基地建设、农业综合开发、土地整理等项目都要按照水、田、林、路综合治理的要求，抓好农田林网建设。认真组织抓好重点生态廊道建设，要求高速公路、国道、省道等道路两侧的林带宽度必须达到省政府规定的标准。同时，市绿化委员会办公室积极落实部门绿化责任制，协调交通、公路、河务、城建等部门积极参与生态廊道建设。二是实行领导办绿化点制度。要求县（区）、乡（镇）党政主要负责人要建好各自的造林绿化示范点，规模连片成方500亩以上，实行高标准建设，建成样板工程。

（5）大力倡导多树种造林，优化树种。为了改变以往造林树种单一的局面，优化树种结构，大力倡导多树种、多品种造林。濮阳县胡状乡农业综合开发项目栽植泡桐3.5万株，华龙区在濮台公路两侧栽植泡桐1.5万余株，范县在张庄乡、龙王庄乡发展农桐间作2万亩。高新区马辛庄村、华龙区寨里村发展经济林4 500亩。为调整农村产业结构，增加农民收入，发展特色经济找出了一条好路子。

（6）认真抓好林权制度改革和林木管护等工作，巩固造林绿化成果。积极推进集体林权制度改革，大力倡导大户造林、路沟渠拍卖、租地承包等多种林业生产经营模式，对新植林木及时确权发证，依法维护林农等各种经营主体的合法权益。造林结束后，加强林木管护，积极制定出台管护办法，层层落实管护责任，强化对重点路段、地块的林木管护，努力提高造林成活率和保存率，巩固造林绿化成果。

（二）科技兴林

积极开展与中国林科院，北京林业大学、河南农业大学等科研院所科技合作，签订长期合作协议，重点抓好农林复合经营模式、杨树高效集约栽培、林果优质无公害栽培、林下种植、养殖等林业新品种、新技术、新模式的引进、示范推广工作，提升林业建设的科技含量。全市共引进林果优良品种13余个，其中用材林8个，经济林5个，发展林业育苗花卉1.07万亩，推广新成果新技术8项，制定林业技术标准1个，建设科技示范基地1处。全市林下经济发展到15万亩，产值超过5亿元，为农民增收3亿元。

（三）依法治林

依法严厉打击各类破坏森林和野生动植物资源违法行为。全市森林公安机关，深入开展了"大走访活动"、"绿盾三号行动"、"追逃专项行动"、"绿色一号行动"等专项行动。特别是在春季造林、"三夏"、收秋种麦、冬闲等关键季节，市、县（区）森林公安机关成立巡逻队，出动护林宣传车，加强值班巡查，对生态廊道等重要地段，增派力量，严厉打击乱砍滥伐林木、乱垦滥占林地、乱捕滥猎野生动物资源等涉林违法犯罪，共受理各类破坏森林资源和野生动物案件246起，查结188起，有力地维护了林业生产秩序，巩固了绿化成果。

（四）资源林政管理

进一步加强和改进资源林政管理服务。一是抓好源头管理，切实把限额凭证采伐落到实处。全市林木采伐量5.76万立方米，是年采伐限额26.95万立方米的21.36%；林木凭证采伐率、办证合格率达到98%以上。二是强化林地林权管理，严防林地资源非法流失。全市累计发放林权证面积87余万亩，办理征占用林地手续3起，面积94.65亩，征占用林地审核率达到100%。三是加强木材流通管理，强化木材经营加工运输监督检查。全市木材检查站共检查木材运输车辆4674车次，查处违法运输车辆36车次，处罚46人次。四是认真查处林业行政案件。全市共查处林业行政案件190起，林业行政处罚219人次。五是加强野生动物保护管理。积极组织开展"爱鸟周"、"野生动物保护宣传月"活动，严肃查处非法驯养繁殖、经营销售野生动物的行为，做好野生动物救护工作，搞好野生动物疫源疫病监测工作。六是提高服务效率，优化林业环境。建立和完善林业行政主动服务工作机制，林业行政审批逐渐做到审批关口下移，普遍推行服务承诺制、责任追究制和一站式办结服务。在法规政策许可范围内，尽力降低林业规费收费标准，为林农、企业提供方便、快捷、高效的服务。

（五）森林病虫害测报、防治和检疫工作

加强森林病虫害防治，重点做好美国白蛾防控工作。一是加大测报工作力度，准确预测主要林业有害生物发生危害趋势。先后进行了主要林业有害生物的越冬前、后期调查，对2009年濮阳市主要森林病虫害的发生情况进行了预测。在发生期，森防机构定期调查主要林木病害、食叶虫害、蛀干害虫等主要林业有害生物发生情况，准确掌握发生动态，及时发布森防信息指导防治。二是全力做好美国白蛾防控工作。市委、市政府成立了美国白蛾防控工作指挥部，市委副书记盛国民任政委，市政府副市长郑实军任指挥长，市直有关部门、绿化责任部门和各县（区）主要领导任成员，负责组织、协调、督导全市美国白蛾防控工作。2009 年，全市共投入林业有害生物防治资金 1 400 多万元，购置中、小型防治器械 3 000 台、杀虫灯 4 000 余个、高枝剪 5 000 余把，储备各种生物、仿生药物近 80 吨。全市累计发生 90.3 万亩次，防治 302.3 万亩次。其中，飞机防治 11.36 万亩。

（六）林业产业

一是积极争取项目资金。结合 2009 年林业生态省建设任务，积极争取省以上林业建设资金 3 000 余万元。二是严格按照上级有关规定，加强林业建设项目资金管理，杜绝截留、挪用、挤占，确保资金安全有效运行。三是落实林业政策，促进林业产业的健康发展。积极争取科技兴林、林木种质资源、农业综合开发、财政贷款贴息等项目，资金总额 400 余万元。2009 年全市林业总产值达到 38.2 亿元，其中第一产业 14.65 亿元，第二产业 22.98 亿元，第三产业 0.56 亿元，较上年增长 62.6%。

（七）招商引资

按照市委、市政府加强招商引资工作的部署要求，及时建立领导组织，制订工作方案。立足濮阳市速生丰产林面积大、林木资源迅速增多的优势，将加快发展林纸林板加工业和林下经济作为招商引资工作的重点。坚持"走出去，引进来"，积极组织招商小分队出外招商，强化工作措施，扩大招商成果。通过积极努力。2009 年实际签约项目 2 个，分别是年加工 18 万张多层板项目和年产 1.3 万立方米科技木生产线项目，总投资约 5 020 万元，实际到位资金 3 100 万元，圆满完成了招商引资工作目标，被市政府授予"2009 年度招商引资工作先进单位"。

二、纪实

吴灵臣对全市林业生态建设暨今年春季造林工作作出重要批示 2 月 23 日，市委书记吴灵臣对全市林业生态建设暨今年春季造林工作作出重要批示，要求全市广大干部群众进一步认清形势，统一思想，强化措施，全力加快濮阳市林业生态市建设步伐。

濮阳市召开全市林业生态建设暨春季造林动员会议 2 月 23 日上午，全市林业生态建设暨春季造林动员会议在市迎宾馆召开。市委副书记李朝聘、市委常委、组织部长雷凌霄、市委常委、秘书长关少锋、市人大常委副主任何广博、市政府副市长阮金泉、市政协副主席路留瑞出席了大会。各县（区）县（区）长、县（区）委副书记、分管副县（区）长，高新区管委会主任、党工委副书记、分管副主任，各乡（镇、办）书记或乡（镇、办）长（主任），各县（区）发改委主任、财政局、林业局、农业局、水利局、河务局局长，市直各单位主要或分管负责同志参加了会议。市委常委、秘书长关少锋主持会议，副市长阮金泉、市委副书记李朝聘分别在会上做重要讲话。

省春季植树造林督导组来濮阳市督导春季植树造林工作 2 月 25 日，省春季植树造林督导组省林业厅林政处副处长李建平同志一行 3 人来濮阳市督导春季植树造林工作，督导组先后深入到濮阳县五星乡施工现场进行检查指导。督导组对濮阳市春季植树造林的组织和开展情况表示满意，并提出了具体的要求和建议。

濮阳市濮阳县、南乐县、范县被授予"河南省林业生态县"荣誉称号　3月5日，在全省林业生态建设现场会上，省政府对全省45个林业生态县（市、区）进行了通报表彰，濮阳市濮阳县、南乐县、范县被省政府授予"河南省林业生态县"荣誉称号，濮阳市林业生态县创建工作位居全省前列。

濮阳市召开的全市林业生态建设暨春季造林动员会议　2月23日，市委、市政府召开全市林业生态建设暨春季造林动员会议，将抓好林业育苗工作作为一项重要内容进行安排，并采取"四项措施"推进林业育苗工作的开展，将林业育苗任务列入市政府与各县（区）政府签订的目标责任书，明确奖补标准，要求全年完成林业育苗9 000亩，其中订单育苗1 500亩。

市委副书记盛国民检查指导春季植树造林工作　3月11日，濮阳市委副书记盛国民在市农业局、林业局和有关县（区）负责人陪同下，先后深入到高新区、南乐县、清丰县，检查指导麦田管理和春季植树造林工作。

市四大班子领导到高新区参加义务植树活动　3月12日，吴灵臣、王艳玲、盛国民、徐教科、范修芳、雷凌霄、王海鹰、关少锋、申延平、高树森、姜继鼎、刘贵新、阮金泉等四大班子领导、濮阳军分区领导一行30余人冒雨来到高新区胡村乡植树基地参加义务植树，市绿化委员会成员单位负责人，高新区党工委、管委会领导、区内各单位及胡村乡机关干部群众等260余人参加了这次义务植树活动。

市委副书记盛国民检查指导春季植树造林工作　3月13日，市委副书记盛国民在市林业部门负责人的陪同下检查指导濮阳市春季植树造林情况。

省林业厅副厅长王德启来濮阳市检查指导春季造林绿化工作　3月12日，省林业厅副厅长王德启带领省野生动植物保护处甘雨处长等一行四人抵达濮阳市检查指导春季植树造林工作。市委常务副秘书长邵培西陪同检查。

市绿化委员会等部门安排部署市直单位植树节义务植树活动　3月11日，市绿化委员会、市委市直机关工委召开动员会，对植树节期间市直单位义务植树活动进行安排部署。

市直各单位参加义务植树活动　3月12~13日，市直各单位根据市绿化委员会和市直机关工委的统一安排，赴华龙区岳村乡濮台公路沿线参加义务植树活动。全市114个市直单位、3 000余人次参加了活动，濮台公路沿线绿化长度11.5公里，共植树近1 000亩，植树15 000余株。

濮阳市召开春季植树造林现场会　3月19日，濮阳市召开春季植树造林现场会。市委副书记盛国民、市委常委、组织部长雷凌霄、市人大常委会副主任何广博、市政协副主席路留瑞出席会议。各县（区）委副书记、政府分管副县（区）长，高新区党工委副书记、管委会分管副主任，各县（区）林业局（中心）局长（主任）、市直有关部门参加了此次会议。市委常委、组织部长雷凌霄主持会议，市委副书记盛国民作重要讲话，市林业局局长张百昂通报全市春季造林绿化工作进展情况。

市林业局对全市春季植树造林进行现场督导检查　3月25~26日，市林业局党组书记、局长张百昂带领市林业局领导班子全体成员和各科室（局）、局属单位主要负责人对五县两区的春季植树造林进行检查指导。检查组一行先后实地查看了濮阳县、范县、台前县、华龙区、高新区、南乐县、清丰县的春季植树造林现场。详细查看造林树种、苗木选择、栽植质量、栽植模式及浇水、涂白抹红管护工作情况。

市林业局召开深入学习实践科学发展观活动动员会　3月27日，濮阳市林业局召开开展深入学习实践科学发展观活动动员会议，局机关、局属事业单位副科级以上干部和党总支、支部、党小组负责人参加了会议。市委学习实践科学发展观活动指导检查组到会作了指导讲话。

濮阳市召开造林绿化和森林防火工作电视电话会议　3月30日，全国、全省造林绿化和森林防火工作电视电话会议结束后，濮阳市随即召开了全市造林绿化和森林防火电视电话会议，就如何贯彻落实全国、全省会议精神，提出具体要求和安排意见。

濮阳市林业局召开企业服务年活动座谈会　3月30日，濮阳市林业局召开企业服务年活动座谈会，与市森大木业有限公司、晟豪木业有限公司、家家宜米业有限公司进行了专题座谈。初步达成几项成果。

市委副书记盛国民调研林业生态市建设工作　3月31日，市委副书记盛国民在市、县（区）有关负责人的陪同下深入到华龙区岳村乡、范县张庄乡、台前县侯庙镇调研林业生态市建设工作。

濮阳市举办美国白蛾防控技术培训会　4月1日，濮阳市林业局举办全市美国白蛾防控技术培训会，各县（区）林业局分管森防工作的副局长（副主任）、森防机构全体人员，中原油田、农业局、水利局、公路局、河务局、机关事务管理局、市政园林处、濮上园、戚城公园等单位业务骨干共计85人参加了此次培训。

濮阳市举行"关爱生态——万人放生濮上园"活动启动仪式　4月3日，全省"爱鸟周"来临之际，濮阳市旅游局、濮上生态园区管理局、濮阳市野生动物保护协会等单位在濮上生态园共同举办了以爱鸟护鸟、保护生态、共建和谐生态文明为活动主题的"濮阳市2009年'关爱生态——万人放生濮上园'活动"。来自濮阳职业技术学院、城区部分学校师生及部分游园群众共计700余人参加了启动仪式。

市林业局召开"弘扬焦裕禄精神，讲党性修养、树良好作风、促科学发展"教育活动动员会　4月14日，市林业局召开"弘扬焦裕禄精神，讲党性修养、树良好作风、促科学发展"教育活动动员会。局机关、局属事业单位副科级以上干部参加了会议。

市林业局党组书记、局长张百昂作学习实践科学发展观活动专题辅导报告　4月14日，市林业局党组书记、局长张百昂为局机关、局属事业单位副科级以上党员干部作了"发展现代林业，建设生态文明，推动科学发展"的专题辅导报告。

市政协副主席张怀玺到市林业局作学习实践科学发展观活动专题辅导报告　4月17日，市政协副主席张怀玺到市林业局作学习实践科学发展观活动专题辅导报告，市委学习实践科学发展观活动领导小组督导组有关人员，市林业局领导班子成员及全体干部职工参加了此次专题报告会。报告会由局党组书记、局长张百昂同志主持。张怀玺副主席围绕贯彻落实科学发展观的重大意义，林业建设的重要地位和作用以及林业建设应正确处理好的几个关系，作了精辟阐述。

市林业局召开美国白蛾防治工作会议　4月20日，市林业局召开美国白蛾防治工作会议，安排部署美国白蛾防治工作。局领导班子全体成员，有关业务科室、单位负责人参加了会议。

国家林业局到濮阳市调研退耕还林工程建设工作　国家林业局退耕还林办公室主任张鸿文在省退耕还林中心主任邓建钦等人的陪同下到濮阳市调研退耕还林工作，对濮阳市退耕还林工作提出了具体要求。

市政协副主席何建中深入企业调研　4月22日，市政协副主席何建中带领市林业局、市企业服务局负责人，到濮阳县家家宜米业有限公司和范县晟豪木业有限公司进行走访调研，了解企业生产经营中遇到的困难和问题，针对企业急需解决的实际困难，提出解决问题的意见。

濮阳市开展"爱鸟周"宣传活动　4月21日，在第二十八届"爱鸟周"来临之际，市林业局举办了以"关注鸟类，保护自然"为主题的科普宣传活动。在市城区主要街道悬挂"关注鸟类，保护自然"、"同在蓝天下，人鸟共家园"宣传横幅，并展出了有关鸟类、湿地、生态等图文并茂的宣传版面。

市林业局召开学习实践科学发展观活动分析检查阶段工作动员会　5月7日，市林业局召开深入学习实践科学发展观学习调研阶段总结暨转入分析检查阶段动员会，贯彻落实市委学习实践活动转段工作会议精神，对濮阳市林业局学习调研阶段工作情况进行回顾总结，对分析检查阶段工作进行安排部署。局机关全体干部、局属单位负责人共计40余人参加会议。

国家林业局副局长李育材来濮调研林业生态市建设工作　5月10日，国家林业局副局长李育材带领国家林业局有关人员一行10人来濮调研。省林业厅厅长王照平、副厅长张胜炎、市长王艳玲、市委副书记盛国民、市委常委、秘书长关少锋、市人大常委会副主任成定伟、市政协副主席张怀玺等陪同调研。市长王艳玲汇报了濮阳市的基本情况和林业生态市建设情况。调研人员先后深入到高新区胡村乡班家村、濮上园、黄甫路办事处太行村和马辛庄村、王助乡赵庄村、龙丰纸业实地查看林农复合经营、林下经济、治沙造林、林纸林板等林业生态市建设工作开展情况。李育材对濮阳市的林业生态市建设工作给予了充分肯定。

濮阳市林业局收听收看"纪念焦裕禄同志逝世45周年纪念大会"　5月14日，河南省"纪念焦裕禄逝世45周年大会"在兰考礼堂隆重举行，濮阳市林业局组织全体党员干部通过电视进行了观看。

市林业局开展"防灾减灾日"宣传活动　5月7~13日，为配合我国首个"防灾减灾日"宣传工作的开展，增强公众的防灾减灾意识，传播防灾减灾法规和知识，按照市政府应急办统一部署，市林业局结合林业工作实际，组织专业技术人员积极参加"防灾减灾日"宣传活动。

国家林业局驻武汉办事处森林资源监督专员调研濮阳市森林采伐管理工作　5月13~14日，国家林业局驻武汉办事处森林资源监督专员李建军处长一行到范县就森林采伐管理工作进行调研，省林业厅林政处副处长李建平、省林业规划院副总工程师方保华、市林业局副调研员田平稳，范县县委副书记白玉生、县政府副县长周秀安等陪同调研。

濮阳市开展第四次荒漠化和沙化土地监测工作　5月13日，由省林业调查规划院11名专家、技术人员组成的第四次荒漠化和沙化土地监测工作组抵达濮阳市，按照统一安排，省工作组于14日分赴各县（区）开展工作。

国家林业局森林病虫害防治与检疫总站站长来濮阳市检查指导美国白蛾防控工作　5月21日，

国家林业局森林病虫害防治与检疫总站总站长马爱国、副总工程师尤德康、森林病虫害防治与检疫总站驻京办副主任谭宏利一行 3 人在省林业厅副厅长丁荣耀、省森林病虫害防治与检疫站站长邢铁牛陪同下来濮阳市检查指导美国白蛾防控工作。

濮阳市召开美国白蛾防控工作汇报座谈会　5 月 21 日，为配合国家林业局森林病虫害防治与检疫总站总站长马爱国一行的检查指导，濮阳市在濮阳宾馆会议室召开了美国白蛾防控工作汇报座谈会，各县（区）林业局（中心）、中原油田社会化服务管理办公室、市园林绿化处、濮上生态园区管理局、市林业局主要负责人及市林业局科级以上干部参加会议，市政府副秘书长李强出席会议并作了表态发言，会议由省林业厅副厅长丁荣耀主持。

市领导调研濮阳市林业建设工作　6 月 3 日，市委副书记盛国民、市人大副主任成定伟、市政协副主席张怀玺带领高新区、市农业局、林业局、市直机关事务管理局、市政园林管理局、园林绿化处、林业科学研究所、濮上生态园区管理局主要负责人视察美国白蛾防控、林木新品种选育和鲜切花生产工作。盛国民一行先后察看了市林业科学研究所林木培育和林木保护重点实验室、濮水公园美国白蛾监测点、世锦园花卉、高新区皇甫路办事处美国白蛾防控、王助乡乜村鲜切花基地、市林业科学研究所白条河实验场林木新品种选育。

濮阳市召开集体林权制度改革推进会　6 月 3 日，濮阳市召开全市集体林权制度改革推进会，贯彻落实全省集体林权制度改革工作会议精神。全市各县（区）林业局（中心）主管林改工作的副局长、集体林权制度改革办公室主任和市林业局机关有关科室（局）负责人等，共计 30 余人参加了会议。会上，各县（区）汇报了今年以来林改工作进展情况，认真分析了存在的主要问题，并对按期、高质量完成下一步林改工作进行安排部署。

濮阳市安排部署美国白蛾防控和林下经济发展工作　6 月 12 日，濮阳市召开县（区）林业局长会议，各县（区）林业局（中心）局长（主任）、分管副局长（主任），市林业局机关、局属事业单位副科级以上干部参加会议，对美国白蛾防控和林下经济发展工作进行安排部署。

市长王艳玲专题听取林业工作汇报　6 月 29 日，濮阳市市长王艳玲专题听取市林业局工作汇报。市林业局领导班子全体成员参加了汇报会。党组书记、局长张百昂代表局领导班子向王艳玲市长简要汇报了单位基本情况，2009 年以来的主要工作，存在问题和下一步工作打算。王艳玲市长对濮阳市林业工作给予好评。

市林业局召开党组会议学习贯彻中央林业工作会议精神　6 月 30 日，市林业局召开党组中心组学习会议，学习贯彻中央林业工作会议精神，党组书记、局长张百昂主持会议，局领导班子成员，局机关各科室（局）、局属事业单位副科级以上干部共计 30 余人参加会议。

市林业局举行庆"七一"团队活动　7 月 1 日，在中国共产党迎来 88 岁生日之际，市林业局全体干部职工在濮上园举行庆"七一"团队活动，分别进行了乒乓球、象棋、围棋、跳棋、跳绳等文体比赛。

濮阳县两乡（镇）遭受龙卷风袭击　7 月 16 日 18 时，濮阳县子岸乡、五星乡两乡（镇）沿濮渠路、濮坝路两侧遭龙卷风袭击，其中五星乡的东义井、西义井、西葛邱、东八里庄、西八里庄；子岸乡的邹铺、李子园、大陈共 8 个村庄受灾严重。据初步统计，此次龙卷风袭击导致两乡（镇）

近 25 000 余棵树木被毁坏，经济损失达 200 余万元。

市林业局与濮阳林业科学研究所召开技术合作座谈会　7 月 16 日，为进一步加强科技合作，提高林业建设的科技含量，为林业生态市建设提供坚强的科技支撑，濮阳市林业局与濮阳林业科学研究所召开技术合作座谈会。市林业局党组成员、副局长李金明同志主持会议，市林业局领导班子全体成员和业务科室、局属 3 个事业单位负责人，濮阳林业科学研究所领导班子全体成员和重点科室负责人参加了座谈会。

市林业局召开学习实践科学发展观整改落实工作会　7 月 17 日，市林业局召开深入学习实践科学发展观活动分析检查阶段总结暨转入整改落实动员会，对濮阳市林业局学习实践科学发展观分析检查阶段工作情况进行回顾总结，对整改落实阶段工作进行安排部署。局机关中层以上干部及党小组组长参加会议，会议由助理调研员毛兰军主持。

中央人民广播电台《黄河日记》报道组到濮阳市采访林下经济　7 月 21~22 日，以中央人民广播电台记者中心副主任郝佳为组长的《黄河日记》报道组一行 11 人来到濮阳市进行采访。市委书记吴灵臣，市委常委、宣传部部长姜继鼎，会见了报道组全体成员。

市林业局召开会议贯彻落实市委五届十次全会精神　7 月 31 日，市林业局召开副科级以上领导干部会议，传达贯彻濮阳市委五届十次全会、市农业农村重点工作会议、全市大招商工作会议等会议精神，总结上半年全市林业工作，安排部署下半年重点工作任务。

市林业局召开会议贯彻落实全省省辖市林业局长电视电话会议精神　7 月 31 日，全省省辖市林业局长电视电话会议结束后，濮阳市林业局立即召开副科级以上领导干部会议，认真学习领会省林业厅王照平厅长讲话精神，安排部署下半年工作。

市政府常务会议研究发展林下经济　8 月 4 日，濮阳市政府市长王艳玲主持召开市政府第 10 次常务会议，讨论研究发展林下经济等工作。市政协副主席张怀玺应邀列席会议。

市林业局召开加快集体林权制度改革工作会议　8 月 3 日，市林业局召开全市加快集体林权制度改革工作会议。各县（区）林业局（中心）集体林权制度改革办公室主任和市集体林权制度改革办公室工作人员参加会议。会议传达了省厅电视电话会议精神，对濮阳市下一步林改工作进行了安排部署。

濮阳市召开全市县（区）林业局长会议　8 月 6 日，濮阳市召开全市县（区）林业局长会议，传达贯彻全省省辖市林业局长电视电话会议、市委五届十次全会等精神，总结上半年全市林业工作，安排部署下半年重点工作任务。各县（区）林业部门主要负责人和分管森防、林政资源管理工作的副职，市林业局领导班子全体成员，局机关各科室、市森林公安局，局属各事业单位负责人参加了会议。

省林业厅副厅长张胜炎来濮调研美国白蛾防控和林下经济发展工作　8 月 13 日，省林业厅副厅长张胜炎带领省林业厅植树造林处处长师永全、省森林病虫害防治与检疫站站长邢铁牛等一行 4 人来濮调研。市林业局党组书记、局长张百昂、党组成员、副局长李金明、党组成员、副局长王少鹏陪同调研。

市林业局召开会议安排部署美国白蛾飞防和林下经济发展等工作　8 月 19 日，市林业局召开局长办公会议，安排部署当前美国白蛾飞防和林下经济发展及今冬明春造林规划工作。市林业局领导班子全体成员，局机关各科室、市森林公安局，局属各事业单位负责人参加了会议。

濮阳市政府出台《关于加快发展林下经济的意见》 8月中旬，为优化产业结构，发展特色经济，增加农民收入，濮阳市人民政府出台了《关于加快发展林下经济的意见》（濮政〔2009〕32号）。

市林业局召开党风廉政建设专题学习会 8月25日，市林业局召开专题学习会，认真学习了市纪委、市监察局近期下发的有关文件，对下一阶段局机关作风和党风廉政建设进行了具体安排。局机关全体干部及局属事业单位负责人参加了会议。

濮阳市举行飞机防治美国白蛾起航仪式 8月31日，濮阳市飞机防治美国白蛾起航仪式在濮上园足球场举行，市政府副市长郑实军出席起航仪式，作重要讲话并宣布濮阳市飞机防治美国白蛾作业起航。

市政府副市长郑实军调研林下经济发展工作 8月31日，副市长郑实军在有关县区及市林业局负责人的陪同下，先后深入到高新区班家林下种养基地、濮阳县城关林下种植韭菜示范区、华龙区马头林下种养基地进行调研。

市林业局召开大招商工作会议 9月3日，为迅速贯彻落实9月2日市委、市政府召开的全市大招商工作汇报会会议精神，市林业局召开大招商工作会议，对招商引资工作进行再动员、再部署。局领导班子，森林公安局、机关各科室及局属事业单位负责人参加会议。

濮阳市召开全市林政、森林公安工作会议 9月17日，召开了全市林政、森林公安工作会议。会议由市森林公安局局长卓山成主持，各县（区）林业部门主管领导及派出所所长、林政股长参加了会议，重点对森林公安、林政管理工作进行了安排部署。市林业局党组书记、局长张百昂到会并作了重要讲话。

濮阳市召开城区美国白蛾防控工作协调会 9月25日，濮阳市政府在市林业局会议室召开了城区美国白蛾防控工作协调会，会议由市林业局局长张百昂主持，濮阳军分区、武警支队、消防支队、防化团等驻军单位及市城区林业部门、乡镇及办事处负责人参加了会议，市政府副秘书长李强到会并作了讲话。

全省林业技术推广站（林业工作站）本底调查培训暨座谈会在濮阳召开 9月26日，省林业技术推广站在濮阳市召开全省林业技术推广站（林业工作站）本底调查培训暨座谈会，省林业技术推广站站长孔维鹤，各省辖市及扩权县林业技术推广站（林业工作站）站长等60余人参加了会议。

全省林下经济现场会在濮阳召开 9月27日，全省林下经济现场会在濮阳市召开，省林业厅党组成员、巡视员张胜炎，省林业厅有关处室负责人、各省辖市林业（农林）局主管植树造林工作的副局长和植树造林科科长等参加了会议。市政府副秘书长李强参加了现场会。与会代表先后实地参观了濮阳县温庄林下韭菜种植、华龙区马头宽窄行造林模式及林下养柴鸡、高新区班家林下禽类养殖及麦冬种植等林下经济现场。

国家林业局检查组考核验收濮阳市2009年度美国白蛾防治工作 10月10~11日，受国家林业局指派，国家林业局森林病虫害防治与检疫总站副总站长潘宏阳、防治处副处长柴守权一行，在河南省森林病虫害防治与检疫站站长邢铁牛、副站长孔令省等陪同下，考核验收濮阳市2009年度美国白蛾防治工作任务完成情况，此次考核验收结果也代表河南省美国白蛾防控工作完成情况。市委副书记盛国民、副市长郑实军接见了考核组一行，市政府副秘书长李强、林业局局长张百昂等陪同考核验收。

市林业局召开会议贯彻市委全委（扩大）会议精神　10月19日，市林业局召开副科级以上领导干部会议，传达贯彻濮阳市委全委（扩大）会议、全市经济运行分析会议、支持服务重点项目建设暨大招商工作会议、财税工作会议等会议精神。

市林业局召开专题会议贯彻省委林业工作会议精神　11月24日,濮阳市林业局召开专题会议，及时传达学习省委林业工作会议精神，对如何宣传贯彻落实省委林业工作会议精神，做好林业发展改革工作进行了安排部署。市林业局党组书记、局长张百昂同志主持会议，局领导班子全体成员，局机关各科室、市森林公安局，局属事业单位主要负责同志参加会议。

濮阳市委召开常委会议专题研究全市林业改革发展工作　12月10日，为贯彻落实省委林业工作会议精神，濮阳市委召开市委常委会议，专题研究全市林业改革发展工作。会议听取了市林业局提出的贯彻落实省委林业工作会议精神意见的汇报，研究并原则通过了《市委市政府关于加快林业改革发展的意见》，进一步修改完善后以市委、市政府名义印发，同意近期召开市委林业工作会议，传达贯彻中央、省委林业工作会议精神，安排部署濮阳市当前和今后一个时期的林业改革发展工作。

一、概述

2009 年，在市委、市政府的正确领导和在省林业厅的大力支持下，全市林业系统认真贯彻落实党的十七大，十七届三中、四中全会和中央林业工作会议精神，以科学发展观为指导，牢固树立现代林业发展理念，按照"发展现代林业，建设生态文明，促进科学发展"的总体要求，紧紧围绕林业生态建设、凤凰山森林公园建设、林业生态县创建、新型农村住宅社区建设和集体林权制度改革等重点工作，进一步加强领导，落实责任，强化措施，强力推进林业生态市建设，林业工作整体保持了良好的发展态势，为构建和谐社会和新农村建设做出了积极的贡献。我市荣获全国第四届"关注森林组织奖"，林业项目建设、飞播造林、飞机防治林木病虫害等工作受到了市政府的通报表彰。

（一）造林目标任务完成情况

全市共完成林业生态建设 48.96 万亩,占年度任务 46.4 万亩的 105.5%。其中：山区生态体系建设工程 11.4 万亩，农田防护林体系改扩建工程 6.31 万亩，防沙治沙工程 3.17 万亩，生态廊道网络建设工程 4.61 万亩，环城防护林及城郊森林工程 0.31 万亩，村镇绿化工程 4.94 万亩，林业产业工程 6.52 万亩，森林抚育和改造 11.7 万亩。完成大田育苗 1.93 万亩，完成率 120%。完成飞机防治森林病虫害有效作业面积 10.5 万亩，占年度任务的 105%。完成飞播作业面积 4 万亩。

（二）凤凰山森林公园建设

2009 年是凤凰山森林公园新的三年规划实施的开局之年，按照《2009~2011 年凤凰山森林公园建设规划》和《2009 年凤凰山森林公园建设实施方案》的要求，完成造林绿化任务 2.88 万亩，223.54 万株，完成率 100%；架设管网 1 万米，新打机井 2 眼、建设水系景观 10 万平方米；新安装变压器 3 台、架设供电线路 0.55 万米；修建景区道路 9.5 公里、登山步道 3 公里。经过一年的建设，凤凰山森林公园核心区基础设施进一步完善，生态环境明显改善，建设成效更加彰显。集生态、旅游、观光、休闲、娱乐为一体的多功能生态园区已具备了向游人开放的条件。

（三）新型农村住宅社区绿化

新型农村住宅社区建设是市委、市政府的中心工作，省委、省政府已把新乡市设立为省统筹城乡改革发展试验区，林业作为新农村建设的重要组成部分，发挥了积极的作用。新乡市充分结合林业生态建设工作实际，把村镇绿化项目资金向新型农村住宅社区建设倾斜，确保社区绿化快速推进。2009 年，全市已为 120 个新型农村住宅社区投入绿化资金 734.1 万元，绿化面积 1.85 万亩，植树 124.2 万株。自 2010 年开始，市委、市政府计划用 3 年时间，新建 369 个新型农村社区，力争绿化覆盖率达到 30%以上。

（四）林业生态县创建

2009 年辉县市、长垣县认真贯彻《新乡市创建林业生态县实施意见》，通过强化组织、政策、资金、科技、法制和机制保障等六项措施，积极开展创建活动，成功创建了林业生态县。辉县市纳入林业生态建设财政预算资金 1 500 多万元；长垣县财政拨付资金 900 万元用于林业生态建设和大绿化工作，同时吸引社会资金加大投资力度，在王家谭公园建设项目中完成投资 600 余万元。

（五）集体林权制度改革

全市明晰产权面积 182.6 万亩，占集体林地面积 252.5 万亩的 72%；林权发证面积 131.2 万亩，发证 50 736 本，发证率 58.9%，实现了主体改革任务大头落地。积极开展森林保险和林权抵押贷款工作，林地投保面积 9 600 亩，保险金额达 2 000 万元，林权流转面积 97.6 万亩，流转金额 1.1 亿元；全市发放林权抵押贷款 20 件，放贷 76 万元，抵押有林地面积 7 829 亩。在完善辉县市林业要素市场的基础上，新建原阳县林业要素市场 1 个，延津县活立木交易中心 1 个。

（六）项目争取

始终以项目统揽林业工作全局，强化项目支撑，不断完善项目争取工作的激励机制，充分调动机关干部争取项目的积极性，在全局形成了争取项目的浓厚氛围，确保了项目争取工作的成效。截至 12 月底，共争取到各类林业项目资金 21 890.34 万元。其中：上级无偿资金 6 949.24 万元（中央资金 3 794.28 万元，省级资金 3 154.96 万元），日元贷款资金 1 641.1 万元，林业贴息贷款 1.33 亿元。

（七）森林资源保护

一是积极开展林业有害生物普查、林木病虫害测报和森林病虫害防治工作。圆满完成了松材线虫病、红脂大小蠹、美国白蛾的普查和杨树黄叶病调查工作，全市有效防治林木病虫害 42.96 万亩，其中有效飞防面积 10.5 万亩，林木病虫害无公害防治率 82.1%，高于省定 77%指标；林木病虫害成灾率 4.8‰，低于省定 6‰指标；林木病虫害测报率 84.4%，高于省定 84%；种苗产地检疫率 94%，高于省定 92%。全市未发生松材线虫和美国白蛾危害现象。二是认真组织开展林业专项行动。全市森林公安机关相继开展了"追逃"专项行动、"绿盾三号行动"和"严厉打击破坏森林资源违法犯罪专项行动"等一系列严打活动。共受理各类林业案件 176 余起，其中刑事案件 19 起，林业行政案件 157 起。处理违法人员 141 人。三是加强林政资源管理。严格工程征占用林地审核管理和林木采伐审批制度，审核上报各类工程项目建设征占用林地 2 696.55 亩，征收森林植被恢复费 1 232.88 万元；全年未发生超限额采伐现象。加强公路"三乱"管理，系统内未发生公路"三乱"案件。四是严厉打击非法经营野生动物的违法犯罪活动，收缴一般保护动物死体 80 多公斤，活体 200 余只（头），取缔了 5 家无证驯养繁殖、经营户，有效打击了破坏我市野生动植物资源的违法活动，净化了市场环境。五是努力抓好森林防火工作。认真落实森林防火责任制，加强队伍建设，严格火源管理，确保做到火患早排除、火险早预报、火情早发现、火灾早处置，坚决杜绝重特大森林火灾火险的发生。据统计，全市共发生森林火灾 27 起，受害森林面积 58.95 亩，森林受害率 0.03‰，低于与省签订的森林受害率 1‰ 的目标。

（八）林业科技推广

加大新品种引进力度，引入金光油杏、突围及永莲蜜桃等经济林新品种 3 个，用材林品种美国竹柳 2 个，生物质能源林品种速生构树 2 个。推广 ABT、GGR 生根粉、根蒸藤剂、抗旱保水剂、大容器育苗等林业新技术 5 项。搞好科技服务，举办科技培训班 15 场次，培训林果农 2 800 人次，编印核桃栽培、欧美杨速生丰产林、桃主干型树体栽培、杨树病虫害防治技术等林业技术资料 6 种 5 000 份，解答林果技术咨询 2 100 次，发放林业科普宣传资料 3 种 500 份，发布林业科技信息 43 条，受教育人数 3 000 人次。成功举办了省林业厅与新乡市人民政府联合开展的送科技下乡活动。完成了《树莓栽培技术规程地方标准》和《黄连木育苗技术标准》起草发布工作。完成了《黄连木种子小蜂发生规律及综合防控技术集成研究》成果鉴定以及省林业厅下达的生态经济型树莓引种栽培试验研究和桃树主干型科技成果转化项目的前期工作。

（九）全民义务植树

积极贯彻《国务院关于开展全民义务植树运动的实施办法》和《河南省义务植树条例》，制订了《新乡市 2009 年凤凰山义务植树实施方案》和《"3·12"植树节活动方案》，市政府常务会议审议通过了《新乡市全民义务植树实施办法》，本着"合法、合情、合理"的原则，加强了凤凰山森林公园核心区义务植树基地建设，多点建立义务植树基地，实现了义务植树形式多样化、渠道多元化、时间常年化。目前，全市已建立义务植树基地 21 处，面积 6 万亩，其中市级义务植树基地 4 处，面积 4.6 万亩。2009 年共完成义务植树 1 248 万株，参加义务植树 267.6 万人次，尽责率达到了 95% 以上。

（十）林业产业

全市把发展林业产业作为调整农业结构、增加农民收入的重要途径，大力发展经济效益高、市场前景好的用材林、经济林，开发林产品加工业和森林旅游业，为农村经济和全市经济发展作出了积极贡献。一是优化结构，提升林业产业的整体水平。加快形成以森林资源培育为基础，以精深加工为重点，以森林旅游为增长点，以市场体系建设为依托的林业产业新格局，着力拉长具有地方特色的林业产业链条，努力培育特色基地、名牌产品和龙头企业。二是积极发展特色林业。以新亚纸业集团、宏达木业为依托，积极推进林纸、林板一体化等木材加工业发展。以长垣红提葡萄和冬枣、新乡县黄金梨、封丘金银花和石榴、原阳县油桃、辉县山楂和中药材、延津县无花果等名优干鲜果品、特色中药材为主，建立经济林产品贮藏加工基地，逐步形成果汁、果肉、保健食品、药材生产产业带。三是进一步完善林业产业服务体系。鼓励建立林业产业协会和各类中介组织；建立健全信息、咨询、技术服务等产业服务体系，为林业产业发展提供全方位、高效能的服务平台。全年林业总产值 28 亿元。

（十一）开展深入学习实践科学发展观活动

根据市委学习实践活动领导小组的统一安排部署，自 3 月 23 日至 8 月 31 日，新乡市市林业局全面深入地开展了学习实践科学发展观活动。局党组高度重视，把学习实践活动与"讲党性修养、树良好作风、促科学发展"教育活动紧密结合，将开展学习实践活动作为发展现代林业，建设生态和谐新乡，推动林业事业又好又快发展的重要助力器，及时制订方案，周密安排部署，深入宣传发动，加强学习教育，抓好问题整改，圆满完成了学习调研、分析检查和整改落实阶段的各个环节的工作任务，取得明显成效，真正达到了提高党员素质、加强党组织建设、解决突出问题、改进机关作风、推进廉洁从政、促进林业发展的目的。在学习实践活动中，共发放征求意见表 145 份，征求意见 128 条，整改问题 9 条，按照"四明确一承诺"要求，对学习实践科学发展观向社会进行了公开承诺，经测评，干部职工对学习实践活动和局班子分析检查报告的满意率均达到了 100%。

二、纪实

新乡市召开林业生态建设动员大会　2 月 1 日，新乡市委、市政府组织召开全市林业生态建设工作动员大会，对全市林业生态建设进行了安排部署，对凤凰山森林公园建设先进单位、先进个人进行了表彰，明确了将林业生态建设资金纳入了年度财政预算。市政府与各县（市、区）签订了林业生态建设目标责任书，与凤凰山森林公园建设各责任单位签订了森林公园建设目标责任书。

召开春季植树造林现场会　3 月 4 日，新乡市在卫辉市召开全市春季植树造林现场会，对全市春季林业生态建设工作进行再动员、再安排、再部署。与会人员参观了卫辉市唐庄镇春季植树造林现场，唐庄镇作了典型发言，卫辉市介绍了春季植树造林经验，各县（市）、区汇报了春季林业生态建设工作推进情况。

新乡市委书记吴天君带队督导春季植树造林工作　3 月 6 日，市委书记吴天君、市委副书记刘建华带领各县（市、区）党政正职、市直各单位一把手和驻新有关单位主要负责同志督导春季植树造林工作，督导组实地查看了大广高速、济东高速、新长北线生态廊道绿化情况。

新乡市财政林业联合召开会议　3 月 7 日，新乡市财政部门和林业部门联合召开全市退耕还林工程管理工作会议。会议首先传达了全省退耕还林工作会议精神，并对全市搞好退耕还林工程检查验收和粮款兑现进行了具体的安排部署。

举办"3·12"植树节大型宣传活动　3 月 12 日，新乡市在人民公园东门举办植树节大型宣传活动。活动以宣传国家森林城市、凤凰山森林公园建设、林业生态建设为主题，突出"让森林走进城市让城市拥抱森林"、"人与自然和谐相处"、"可持续发展"的生态建设理念，共展出图片 600 余幅、展出版面 80 余块，发放明白纸 1 000 多张，同时现场工作人员还向过往行人耐心地解答林业政策、法规、技术等各类问题。

开展林木采伐管理和木材运输管理检查工作　3 月 11～12 日，新乡市林业局抽调相关县（市、区）资源林政管理科（股）长，由资源林政管理科工作人员带队，成立三个检查组，对全市 2009 年林木采伐管理工作和木材运输管理工作进行全面检查。

新乡市党政军领导参加义务植树活动　3月13日，新乡市党政军领导在市委书记吴天君的带领下，同市直机关干部数百人到凤凰山森林公园参加义务植树活动，当天共栽植杏树、石榴树等500余株。

新乡医学院青年志愿者到凤凰山义务植树　3月15日，新乡市医学院青年志愿者协会组织80名青年志愿者到凤凰山森林公园开展义务植树活动，共植柏树300余棵。

市林业局组织开展廊道绿化督导检查　3月19日，为进一步提高全市廊道绿化标准，确保圆满完成生态廊道网络建设工程任务，新乡市林业局组织12个县（市、区）林业（农林）局长，对长济、大广、京珠三条高速、107国道、五条快速通道等廊道绿化工作进行了全面的督导检查。

市林业局召开全市林业系统党风廉政建设工作会议　3月25日，新乡市召开"全市林业系统党风廉政建设工作会议"，围绕中纪委十七届三次全会、省纪委八届四次全会、市纪委九届四次全会精神，在传达贯彻国务院第二次廉政工作电视电话会议及省、市政府廉政工作电视电话会议精神的基础上，认真安排部署了全市林业系统党风廉政建设和反腐败工作。

召开造林绿化和森林防火工作电视电话会议　3月30日，新乡市召开造林绿化和森林防火工作电视电话会议，收听收看全国、全省造林绿化和森林防火工作电视电话会议实况，对做好全市造林绿化和森林防火工作提出了具体要求。

省林业科技成果转化项目落户新乡市黄河滩区　4月上旬，省林业技术推广站的科技成果转化项目"桃主干形树体栽培新模式及配套栽培技术示范与应用"示范基地选址在原阳县桥北乡盐店庄村，建立了全市第一个经济林高密度标准化示范基地。该项目的实施使桥北乡成为新乡市经济林与鲜切花基地建设的又一新亮点。

省林业厅督导组莅临新乡督导春季林业生态建设　4月14日，省林业厅督导组莅临新乡，听取春季林业生态建设工作汇报后，实地查看了凤泉区和辉县市等地廊道绿化、村镇绿化、重点林网建设情况，对新乡市春季植树造林工作给予充分肯定。

国家林业局调研组到新乡开展退耕还林信访专题调研　4月16日，国家林业局调研组到辉县市进行退耕还林信访专题调研。调研组听取了辉县市退耕还林总体情况和信访案件处理情况汇报，分析了信访案件的成因，实地察看了辉县市上八里镇杨和寺村、回龙村退耕还林工程的退耕地造林，向群众详细询问了管理、粮款兑现、果品销售等情况。

全国标准化林业站建设在新乡市启动　4月10日，省林业厅林业工作站对新乡市基层林站的人员配备、业务素质、办公条件和设施配置等方面进行了认真调查研究，确定将延津县石婆固乡林业工作站列入国家林业局2010年标准化林业站建设试点。

召开黄河大堤和黄河滩区绿化现场会　4月22日，新乡市召开黄河大堤和黄河滩区绿化现场会，围绕提升绿化品位，促进滩区林农致富增收，研究建设黄河大堤和滩区速生丰产林和高档鲜切花生产基地工作。

国家林业局调研组莅新调研　5月11日，国家林业局副局长李育材一行在省林业厅厅长王照平等陪同下，对新乡市集体林权制度改革及林业生态建设进行调研。李育材一行先后到辉县市上八里镇回龙村和凤凰山省级森林公园调研了集体林权制度改革及凤凰山城郊森林建设工程。

省市联合送林业科技下乡到龙泉　5月12日，省林业厅和新乡市政府联合组织有关林业专家到新乡县七里营镇龙泉苑开展送科技下乡活动，来自省林科院、省林业技术工作站、省经济林和林木种苗工作站、市林业局的林业专家就林业新品种、新技术，经济林、用材林病虫害防治，林业育苗等知识对现场农民进行了详细讲解，并通过现场技术咨询的形式解答林农生产中遇到的技术难题。此次活动共展出展板50余块，发放林业技术宣传单、明白纸6 000余份，受教育群众2 000余人。

市林业局组织人员对全市林业系统党风廉政建设责任制工作进行督导　6月23~30日，根据市纪委四次全会精神和廉自办关于加强党风廉政建设责任制的要求，新乡市林业局抽调精干力量，组成7个督导组，每组均由局党组成员带队，对各县市区林业局和局属各单位党风廉政建设情况进行了督导检查。

"桃主干形树体栽培新模式及配套栽培技术示范与应用"项目通过省林业厅验收　7月31日，由省林业厅科技处、河南农业大学、省林业科学研究院组成的专家组，对位于原阳县桥北乡阎店庄村的省级科技成果转化项目"桃主干形树体栽培新模式及配套栽培技术示范与应用"示范基地进行了现场检查验收。

新乡市召开集体林权制度改革工作现场会　8月17日，新乡市在原阳县召开全市集体林权制度现场会议。会议传达了中央林业工作会议精神和省集体林权制度改革现场会精神，通报了全市集体林权制度改革工作情况，对下一步集体林权制度改革工作进行了安排部署。

全省2009年新乡基地飞播造林圆满结束　8月19日，历时28天的全省2009年新乡基地飞播造林圆满结束。此次飞播共完成焦作、新乡、鹤壁、安阳4市的修武县、辉县市、卫辉市、凤泉区、淇滨区、淇县、安阳县7县（市、区）9个播区的飞播作业任务，作业面积10万亩，飞行时间72小时，共68架次，用种4.5万公斤。其中，涉及新乡市3个播区，共25架次，作业面积4万亩。

新乡市召开退耕还林工作会议　9月4日，新乡市召开全市退耕还林工作会议，贯彻落实全省退耕还林工作会议精神。会议学习了省退耕还林管理中心的有关文件，并对下一阶段的退耕还林工作进行了安排部署。

举办全市基层林业站业务培训班　10月15~19日，新乡市基层林业工作站业务培训班在辉县市关山宾馆举办。本次培训班邀请到了河南省政府特聘教授、河南农业大学特聘教授吴国良，河南农业大学教授李靖以及省林业厅的多名知名专家进行了现场授课，授课内容涉及核桃、桃等经济林生产技术，项目的申报、实施、管理以及成果转化，用材林和经济林新品种、林业标准化工作和乡镇林站建设等。

市林业局召开全市资源林政管理工作推进会　10月19日，市林业局召开全市资源林政管理工作推进会。听取了全市2009年以来集体林权制度改革、林木采伐管理、木材运输管理等工作开展情况的汇报，对集体林权制度改革工作重点、林木采伐管理、林业管理等工作进行了安排部署。

市林业局对全市木材检查站督导检查　10月下旬，市林业局组成督导组，分别对长垣县孔庄木材检查站、辉县市薄壁木材检查站进行现场检查督导，组详细察看了各站点的基础设施建设、制度建设情况，询问了执法人员的工作情况，并与各站点负责人进行了座谈。

举办全市林木种苗质量检验员培训班 11月25~26日，新乡市林木种苗质量检验员培训班在东方宾馆举办。河南省经济林和林木种苗工作站的专家就林木种苗基础知识、林木种苗质量检验规程、种子质量分级、苗木质量分级以及林木种子生产经营许可证的发放、生产经营档案管理及种苗执法相关法律法规等内容对全市种苗（林技）站长、种苗质量检验技术人员进行了系统培训。

开展集体林权制度改革摸底检查工作 12月1~10日，新乡市组成6个检查组，对全市21个乡35个村的林改工作进行了摸底检查，以推进全市集体林权制度改革工作的顺利进行。

焦作市

一、概述

2009 年是焦作市林业生态市建设的第二年，也是焦作市林业生态市建设承前启后的重要一年，在市委、市政府的正确领导下，在省林业厅的关心支持下，焦作市林业局紧紧围绕十七大建设生态文明的要求，以科学发展观统领全市林业工作全局，以全面推进林业生态市建设为主题，以改善生态环境、推动新农村建设、加快林业产业化进程、增加农民收入为目标，以山区生态林体系、农田防护林体系改扩建、城郊森林及环城防护林带、生态廊道网络、村镇绿化等林业工程建设为重点，坚持标本兼治、综合治理、惩防并举、注重预防的方针，圆满完成全年各项目标任务，有力地推动了林业各项工作的健康发展。先后荣获全省绿化模范城市、全省省辖市林业局年度目标管理先进单位、全省林业有害生物防治先进单位、全省林业科技工作先进单位、全省林业政务信息工作先进单位、全市专题调研信息工作先进单位、全市政务信息工作先进单位等多项荣誉称号。

（一）植树造林

2009 年，焦作市林业生态建设任务为 21.945 万亩，完成造林绿化 22.989 5 万亩，是任务的 104.7%。其中：完成山区生态体系建设工程 12.598 7 万亩，农田防护林改扩建工程 3.080 7 万亩，防沙治沙工程 0.7 万亩，生态廊道网络建设工程 2.034 万亩，环城防护林及城郊森林 0.195 5 万亩，村镇绿化 1.223 7 万亩，林业产业工程 3.156 9 万亩。完成森林抚育和改造 5.952 5 万亩，是年度任务 5.952 5 万亩的 100%。林业育苗 1.167 3 万亩，是省下达焦作市 0.9 万亩林业育苗任务的 130%。全市义务植树人数达到 144.23 万人，植树 738.08 万株，是年度任务的 118.2%，尽责率达到 96.5%。2009 年沁阳市、武陟县和山阳区三个县（市、区）成功创建省林业生态县,焦作市获得"全省绿化模范城市"荣誉称号。

（二）集体林权制度改革

完成 90.47%的集体林权制度改革工作，超过省定 90%的目标任务。

（三）资源保护

林木采伐 5.12 万立方米，是年度林木采伐限额 42.72 万立方米的 12%，凭证采伐率和办证合格率均达到了 95%以上，高于 90%的目标；征占用林地审核审批率达到了 95%，高于 90%的目标；森林病虫害成灾率低于 6‰的目标；全年无重特大森林火灾发生，无重大毁林、乱占林地和破坏野生动物资源案件；无重大森林病虫害、公路"三乱"案件发生；做好完善退耕还林政策相关工作；较好地完成了国家和省重点公益林管护任务；足额上缴省级育林金。

（四）行政服务中心工作

以"便民、高效、公开、公正"为服务宗旨，做好市行政服务中心林业窗口工作。共办理木材运输证、植物检疫证 1 458 件，办结率 100%，群众投诉率和差错率均为零。

（五）招商引资见成效

经过近一年的考察、协商、运作，全省首家以营造生物能源林基地与加工为主的的项目，由市发改委核准后，正式落户焦作。

该项目的运作单位是中外合资企业科盛（河南）生态有限公司，该公司是由"科盛生态（加拿大）有限公司"与"焦作市加中科盛商贸有限公司"合资组建的公司，一期注册资金人民币 200 万元，规划在河南省内适宜地区投资 2.4 亿元，建设文冠果基地总规模达到 100 万亩，其中在焦作市营造文冠果基地 30 万亩。一期工程 2009 年完成苗圃 200 亩，种子育苗 100 亩，科研示范林 300 亩；二期工程营造文冠果生物能源林基地 1.0 万亩；三期工程营造文冠果生物能源林基地达到 30 万亩。根据基地文冠果生产情况，适时投资在当地建设文冠果榨油厂、茶厂、饮料厂、药厂等。在我省成立文冠果科研所、文冠果协会等，组织开展文冠果丰产技术研究、系列产品研发及产品标准制订等工作。

在市林业局积极推动下，该项目目前已取得实质性进展：一是在焦作市已完成合资公司的注册、税务登记、银行开户，加方投资已经到位；二是在焦作市已经种植文冠果示范林 104 亩、种子育苗 10 亩；三是与河南省林科院签订技术合作协议；四是吸收了拥有 5 000 亩文冠果林、300 亩文冠果苗圃的九麟公司参与项目建设。

二、纪实

焦作市召开造林绿化现场会　2 月 12 日，焦作市造林绿化现场会在温县召开，各县（市、区）县（市、区）长、主管县（市、区）县（市、区）长、林业局局长和市绿化委员会成员单位负责人共 80 余人参加了会议，市委副书记、市长孙立坤出席会议并作重要讲话。

市委副书记、市长孙立坤检查太行山区植树造林及森林防火工作　2 月 10 日，市委副书记、市长孙立坤带领副市长赵建军、市长助理魏丰收，在市直有关部门和县（区）主要负责人陪同下，深入太行山区检查植树造林及森林防火工作。

焦作市召开电视电话会议部署造林绿化暨森林防火工作　3 月 30 日，全国、全省造林绿化暨森林防火工作电视电话会议后，焦作市召开电视电话会议，就近期造林绿化和森林防火工作进行部署，市委副书记、市长孙立坤做重要讲话。

焦作市森林动物园开工建设　4月30日，焦作市森林动物园建设项目开工仪式在市森林动物园内举行，市人大、市政协，市发改委、市财政局、市规划局等有关单位领导参加开工仪式。该项目规模为803亩，总投资8 446.5万元。园区内将建设休闲游乐区、动物观赏区、后勤服务区、标本科普展览区、游客接待中心等五大功能区。建成后的市森林动物园，动物饲养规模将达到140种、1 400头（只），是一个以动物观赏为主，集科研繁殖、动物保护、科普教育、休闲娱乐、旅游服务于一体的大型综合性主题公园。

焦作军分区组织实地勘察森林防火重点区域　6月3日，为进一步熟悉掌握辖区森林防火情况，焦作军分区司令员阚辉、政委王继元在焦作市林业局党组成员、副局长马恒雨的陪同下，带领军分区党委常委、军分区和人武部全体现役干部共80余人实地勘察森林防火重点区域。

完成2009年杨树食叶害虫飞机防治任务　6月20~26日，市森林病虫害防治与检疫站根据全市杨树食叶害虫的发生危害规律及其他林业有害生物的防控形势，组织对全市的杨树食叶害虫进行了飞机喷药防治。本次飞机防治首次采用湖北省荆州市同诚通用航空公司的SC—300直升飞机喷洒阿维灭幼脲Ⅲ号、阿维除虫脲防治杨树食叶害虫，全市共飞防125架次，作业距离1 250公里，作业面积10万亩。根据飞防后的初步防效调查，七天后的平均防治效果达80%左右，有效控制了杨树食叶害虫的蔓延趋势，巩固了造林绿化成果。

"十一"黄金周全市森林旅游喜获丰收　10月，焦作市林业系统抢抓国庆、中秋双节聚首的大好机遇，积极组织"十一"黄金周森林旅游工作。据统计，黄金周全市各森林公园共接待游客75 300人，总收入241万元，实现了"安全、秩序、质量、效益"四统一的目标。

中共焦作市林业局直属机关委员会正式成立　12月14日，市林业局党组根据中共焦作市委市直机关工作委员会《关于成立中共焦作市林业局直属机关委员会的批复》，召开中共焦作市林业局直属机关委员会成立大会。局党组班子成员及林业局各支部64名党员参加了会议。市直机关工委纪工委书记王晓垠、组织部长李志清应邀出席，大会由局党组成员、副局长陈相兰主持。

焦作市开展冬季严厉打击涉林违法犯罪专项行动　12月19~20日，按照省森林公安局统一部署，市森林公安局在全市范围内组织开展了冬季严厉打击涉林违法犯罪统一行动，重点打击非法猎捕、非法经营、加工野生动物的市场、饭店；非法驯养、繁殖野生动物的场点；非法销售野生动物的集散地及贩运窝点等。共收缴野生动物活体26只、死体32公斤、当场放飞野生鸟类200余只。

三门峡市

一、概述

2009 年，三门峡市林业工作紧紧围绕市委、市政府提出的"三年在全省率先建成林业生态市"和创建国家级森林城市的目标，以保持林业平稳较快发展为首要任务，以深化改革为动力，以兴林富民为宗旨，以科技创新为支撑，加快林业生态市建设，全力打造国家级森林城市。全市共完成年度造林绿化任务 80.2 万亩，占目标任务 67.1 万亩的 119.5%；完成森林抚育和改造工程 17.9 万亩，占目标任务 16.3 万亩 109.9%;完成四旁和义务植树 853.2 万株，占目标任务 543 万株的 157.1%。

二、纪实

市林业局召开全市林业系统 2008 年度总结表彰大会　1 月 16 日，三门峡市林业系统 2008 年度总结表彰大会在市林业科技中心九楼会议室举行，各县（市、区）林业（农林）局局长及办公室主任、国有河西林场领导及班子成员、市局机关及二级机构全体人员参加了会议。会议总结了 2008 年的工作，对全市 2009 年林业生态建设作出了新的部署。

三门峡市林业局召开春季林业生产会议　2 月 12 日，三门峡市召开春季林业生产会议，各县（市、区）主管林业生产的副局长、生态办公室主任、退耕还林办公室主任等有关人员参加会议。会议对退耕还林、三级联创、生态建设中的作业设计批复、重点区域绿化工作进行了安排部署。

市级领导李建顺带队赴洛阳参观学习林业生态重点工程建设经验　3 月 2 日，为推进三门峡市林业生态建设又好又快发展，正市级领导李建顺、副市长张君贵率各县（市）、区，三门峡经济开发区和三门峡工业园有关负责人，前往洛阳参观学习林业生态重点工程建设经验。李建顺一行深入洛阳市宜阳县香鹿山、嵩县陆浑水库等地，实地察看环城绿化、环湖绿化等重点工程，以及廊道绿化、村镇绿化情况。

省林业厅副厅长李军到三门峡督导检查　3 月 3~4 日，省林业厅副厅长李军率督察组莅临三门峡市，并深入湖滨区、灵宝市部分乡镇，督促检查贯彻落实全省林业生态建设现场会精神，及春季植树造林各项工作开展情况。副市长张君贵陪同检查。

三门峡市召开林业生态市建设暨创建国家森林城市动员大会　3月6日，三门峡市召开林业生态市建设暨创建国家森林城市动员大会。会议的主要任务是学习贯彻全省有关会议精神，总结2008年以来三门峡市林业生态建设工作，表彰先进，分析形势，部署2009年林业生态建设和创建国家森林城市任务。市委副书记、市长杨树平在会上讲话。正市级领导李建顺，市人大常委会副主任张高登，副市长张君贵，市政协副主席孙继伟，三门峡军分区司令员周世杰，市长助理、市政府秘书长张建峰出席会议。

市党、政、军主要领导参加义务植树活动　3月9日，市党、政、军主要领导带领市直有关部门、人民团体、部分企业等相关人员500余人开展了全民义务植树活动。

三门峡市举行"爱绿、护绿"百米长卷万人签名活动启动仪式　3月9日，三门峡市"爱绿、护绿"百米长卷万人签名活动启动仪式在三门峡湿地公园生态园隆重举行。市委副书记、市长杨树平出席启动仪式并倡议："让我们共同行动起来，用我们的责任、爱心和双手托起三门峡绿色的美好明天！"市领导赵继祥、郭秀荣、李建顺、赵光超、郭绍伟、李明举、赵中生、张高登、马仰峡、亢伊生、陈孟虎、张君贵、赵艳、李琳、周志远、陈雪平、孙继伟，三门峡军分区司令员周世杰，市中级人民法院院长郑泽中，市人民检察院检察长张永键，市总工会主席孙宗会，市长助理、市政府秘书长张建峰，市长助理张万斌、张运礼等出席启动仪式。

李文慧、杨树平在《三门峡日报》发表植树造林署名文章　3月12日，在第31个植树节来临之际，市委书记李文慧、市长杨树平在《三门峡日报》发表《深入开展植树造林活动，全面提高林业生态建设水平》署名文章，动员各行各业、社会各界力量抓住新春大好时节，认真履行公民植树的义务和责任，主动投身到美化环境、营造绿地活动中来，切实把三门峡市林业生态建设提高到一个新水平。

李文慧察看创建国家园林城市和义务植树工作　3月16日，市委书记李文慧在正市级领导李建顺，市委常委、副市长赵光超，市委常委、秘书长赵中生，副市长张君贵的陪同下，带领市建委、市园林局、市交通局、市林业局、市城管局等部门负责人，深入陕县、湖滨区和三门峡经济开发区察看创建国家园林城市和义务植树工作。

张君贵察看春季植树造林工作开展情况　3月25日，副市长张君贵在市林业部门负责人陪同下，深入灵宝市部分乡镇，实地察看春季植树造林工作开展情况。

三门峡市召开春季植树造林和森林防火电视电话会议　3月30日，在收看收听了全国、全省造林绿化和森林防火工作电视电话会议之后，三门峡市接着召开电视电话会议，对春季植树造林和森林防火工作进行部署。市委副书记、市长杨树平出席会议并讲话，市长助理、市政府秘书长张建峰主持会议。

杨树平发表《深化集体林权制度改革，加快林业生态建设步伐》署名文章　4月15日，市长杨树平在三门峡日报发表《深化集体林权制度改革，加快林业生态建设步伐》署名文章，要求各级政府要站在深入贯彻落实科学发展观的战略高度，充分认识抓好集体林权制度改革对三门峡市经济社会发展的重要现实意义，把这项改革作为当前农村改革的一件大事来抓，通过体制、机制改革，进一步完善林业发展的政策机制，推动全市集体林权制度改革工作取得实效。

市林业局长张建友参加"第三届中国林业论坛"　4月24~26日，市林业局长张建友、办公室副主任刘玉明赴福建省厦门市参加"第三届中国林业论坛"。

市长杨树平参加"第六届城市森林论坛"　5月6~10日，市长杨树平，市林业局局长张建友、副局长刘汉良、办公室主任王成民一行4人，赴杭州参加"第六届城市森林论坛"。期间，杨树平市长向国家林业局宣传办公室主任程红、副主任叶智介绍了三门峡市的林业发展情况及创建国家森林城市的设想和打算，并向大会提交了题为"加快生态环境建设，倾力打造森林城市"的交流材料。

重点区域绿化工程通过检查验收　6月2~9日，组织8名技术人员分两组对全市5个市直管项目、9个重点区域绿化项目和27个重点示范工程等总共41个重点区域绿化工程进行了检查验收。通过室内察看资料和现场实地察看，共有31个项目符合规定；其中市直管项目5个、重点区域绿化项目7个、重点示范工程19个。

云南省临沧市市长何剑文考察核桃产业化发展情况　6月14日，云南省临沧市市长何剑文率市政府考察团莅临三门峡市，重点考察核桃产业化发展及中后期管理。副市长张君贵陪同考察。临沧市考察团先后深入卢氏县范里镇大原核桃生产基地、横涧乡营子村核桃育苗基地和沙河乡留书岭万亩无公害核桃基地，对三门峡市核桃产业进行深入细致考察。两市还相互交流了核桃产业化发展的经验和做法。

门峡市飞播造林工作启动　6月13日，三门峡市飞播造林工作在卢氏机场启动，本年度造林任务为5万亩，分卢氏、灵宝、渑池3个播区进行，主要播种黄连木和椿树。同时，卢氏机场还承担洛阳市2万亩飞播林任务。预计整个飞播造林过程将持续15天左右。

张君贵看望执行飞播任务的工作人员　6月15日，副市长张君贵赴卢氏机场看望执行飞播任务的工作人员，勉励他们抓住机遇，加大飞播力度，为三门峡市林业生态建设作出贡献。

李文慧对林业工作作出批示　7月23日，市委书记李文慧于对市林业局2009年上半年总结的汇报材料作出批示：今年三门峡市的林业工作，保持了多年来的好势头，造林面积进一步扩大，生态建设成效显著，望再接再厉，为创建国家森林城市再作新贡献。

市林业局召开全市林业局长工作会议　8月10日，市林业局召开全市林业局长工作会议，传达了中央林业工作会议、省辖市林业局长电视电话会议精神，以及李文慧书记的重要批示精神，回顾总结2009年上半年工作，安排部署下半年任务。各县（市、区）林业（农林）局长、主管造林、林改的副局长及相关负责人，以及局机关副科以上干部参加了会议。

市林业局开展创建全省林业生态县工作市级复查　8月21~23日，市林业局组织人员，对陕县、灵宝市创建全省林业生态县工作开展市级复查。复查人员对照自查材料进行了认真细致的检查，认为陕县、灵宝市创建林业生态县各项指标均达到或超过规定，符合上报条件，建议上报。

省市联合检查退耕还林工程阶段验收工作　9月22日，省林业厅、三门峡市林业局组成联合检查组，对三门峡市退耕还林工程阶段验收工作进行了检查。这次检查是根据各县（市、区）自查的基础上，抽查了全市5万亩的退耕地，了解掌握2002年退耕地生态林和2005年退耕地经济林面积保存、退耕地还林质量和工程管理等情况，并以小班为单位进行实地察看。

三门峡市召开生态建设暨退耕还林流动现场会　9月24日，三门峡市召开生态建设暨退耕还林流动现场会。与会人员先后深入湖滨区、陕县、渑池县造林现场，实地察看各地林业生产和建设情况。

省级检查组检查验收灵宝市林业生态市创建工作　10月23日，省级林业生态市检查组一行6人莅临灵宝市，检查验收灵宝市林业生态市创建工作。检查验收组由省林业厅组织，分成5个小组，分别深入到所抽查的朱阳镇等9个乡镇（林场）、市区42个绿化点进行实地察看。其中，验收抽查涉及乡镇（林场）面积5万余亩，城区面积0.15万亩。

三门峡市在灵宝市召开全市林业工作会议　10月28日，三门峡市在灵宝市召开全市林业工作会议，市委副书记王建勋、正市级领导李建顺，以及省集体林权体制改革办公室调研员李银生，市长助理、市政府秘书长张建峰出席会议。市委副书记王建勋、市政府秘书长、市长助理张建峰分别作了重要讲话。与会人员先后前往灵宝市苏村乡集体林权体制改革办公室、苏村乡阳渠村林改现场、三宝公司花木园、林权交易服务中心和函谷关镇坡寨村，实地察看了解集体林权制度改革、林业产业、林业生态建设等工作进展情况。

市林业局召开南山完善提高绿化工程设计书初稿讨论会　10月30日，市林业局召开南山完善提高绿化工程设计书初稿讨论会，局领导及机关有关科室负责人参加了会议。

市委组织部和市林业局共同主办专家讲坛　11月4日，在市委组织部和市林业局共同主办的第23期专家讲坛上，上海交通大学农业与生物学院博士生导师、教授刘春江作了题为"生态文明建设的理论和实践"的专题讲座，300余位听众聆听了讲座。

市林业局开展林业生态乡创建市级检查验收工作　11月23~29日，市林业局组织开展了林业生态乡创建市级检查验收工作。经检查全市上报的18个创建林业生态乡（镇），有15个乡符合三门峡市林业生态乡标准，建议授予"三门峡市林业生态乡（镇）"荣誉称号。

许昌市

一、概述

2009 年，许昌市林业工作在市委、市政府的正确领导和省林业厅的指导下，按照省、市林业生态建设规划的要求，以建设林业生态许昌为中心，以花卉苗木基地、城乡一体化推进区、通道绿化为重点，以林业重点项目为支撑，深化林业产权制度改革，深入开展全民义务植树活动，注重科技兴林和机制创新，加大森林资源保护力度，各项工作取得了显著成效。

（一）森林资源培育

一年来，相继实施了退耕还林、长江及淮河流域防护林体系建设、速生丰产林、通道绿化、外资造林等一批林业重点工程。全市完成林业生态建设 42.04 万亩；完成花卉苗木基地建设 15.54 万亩，全市花卉苗木总面积达到 90 万亩；完成推进区生态建设任务 18 248 亩；完成生态廊道建设 4.17 万亩；完成农田林网建设 4.94 万亩；完成村镇绿化 5.28 万亩；完成山区生态体系建设 9.43 万亩；完成城郊森林及环城林带 1.76 万亩；完成防沙治沙任务 0.92 万亩；完成"四旁"植树 1 645 万株；参加义务植树人数 220 万人次，义务植树 1 225 万株。各项林业生态建设工程均完成或超额完成了年度目标任务，创建森林城市成果得以巩固提高。

（二）集体林权制度改革工作

按照全省集体林权制度改革的部署和《许昌市集体林权制度改革方案》的要求，许昌市林业局把明晰产权作为推进林业生态建设的关键措施来抓，强力推进林改。目前，全市集体林地面积 153.18 万亩，已基本完成确权阶段工作任务，发放林权证 3 万多本，发证面积 41 万亩，占集体林地面积的 27%。

（三）森林资源保护工作

在森林资源保护管理工作中，全市林业执法部门认真履行工作职责，加大林业资源保护力度，进一步巩固了造林成果。一年来，全市森林公安机关、林政系统以"追逃"、"绿盾三号"、"集中铲毒"等专项行动为契机，严厉打击各类林业违法犯罪活动，有效保护了全市森林资源安全。全年共受理各类涉林案件302起，查处213起。其中刑事案件立案36起，破案23起，刑事拘留14人，逮捕9人，直接移送起诉13人；行政案件立案260起，查处184起，行政处罚193人次；野生动物行政案件立案6起，查处6起，行政处罚6人。资源林政管理成效明显。各县（市、区）加大对辖区内存在的毁林开垦、乱占林地、乱砍滥伐林木、非法运输木材、乱捕滥猎野生动物等破坏森林资源案件的查处力度。禹州市、鄢陵县两个木材检查站共检查木材运输车辆2 239台（次），违法运输车辆73台（次），全部立案查处，挽回经济损失3.1万元。全市的森林防火和林业有害生物防治工作开展的扎实有效。在森林防火期，市县两级护林防火指挥部办公室在做好宣传工作的同时，坚持24小时值班不脱岗，全面落实各项森林火灾预防和扑救措施，有效防止了森林火灾的发生。市森林病虫害防治检疫站严格履行职责，认真开展苗木产地检疫、调运检疫和林木病虫害监测防治工作，有效地预防和控制林业有害生物的传播蔓延。

（四）鄢陵县名优花木生产科技园区建设

鄢陵县名优花木生产科技园区建设项目规划区域在县境内311国道以北、县城以西、汶河两岸，涉及柏梁、陈化店、马坊、安陵4个乡镇的42个行政村，总面积80平方公里，耕地面积10万亩。花木园区建设的目标是到"十一五"末，计划总投资8.2亿元，全面完成10万亩园区花木发展任务，建成道路景观优美、基础设施完善、旅游市场繁荣、管理规范有序、生产效益显著的现代化花木生产科技园区。利用3~5年的时间，将园区建设成为花木标准化生产区、集约化示范区、新优品种展示区、生态旅游观光区、新农村建设试验区。该项目实施以来，已相继有北京九州、宁夏森淼、甘肃酒泉、上海樟晨、河南龙源、河南鑫地、漯河盛林、郑州四季春园林等97家企业入驻园区，栽植花木8 200万株，实现土地流转面积6.3万亩，完成总投资6.9亿元。

（五）完成《许昌市花木产业发展规划》编制任务

按照市政府主要领导的要求，许昌市林业局积极与北京林业大学联系，委托北林大为许昌市编写花木产业发展规划。以北京林业大学校长尹伟伦院士为主的规划编制组于2月8日来许昌市实地踏察调研，收集了农业、林业、水利、土地、气象、规划等相关资料。3月28日，《许昌花木产业发展规划2009~2012》初稿出台，规划编制组来许昌市与市直相关单位进行了座谈，征求了意见。4月16日，在第六届中国花卉产业高峰论坛举办期间，《许昌花卉产业发展规划2009~2012》顺利通过了专家评审。为推进规划的实施，许昌市政府印发了《许昌市人民政府办公室关于印发〈许昌市花卉苗木产业发展振兴规划实施意见〉的通知》。

二、纪实

许昌市召开冬季造林现场观摩会　1月9日，许昌市召开冬季造林现场观摩会，市委副书记石克生、副市长熊广田对全市冬季植树造林工作提出了明确要求，各县（市、区）林业局长参加了现场观摩会。

许昌市召开春季林业生态建设工作会议　2月4日，按照市委、市政府要求，许昌市召开全市林业局长会议，市林业局长盛甲午肯定了许昌市 2008 年冬林业生态建设的成绩，并对 2009 年春许昌市林业生态建设提出了新的要求。

中国工程院院士、北京林业大学尹伟伦校长等来许调研　2 月 8 日，中国工程院院士、北京林业大学校长尹伟伦等 4 位专家、教授到许昌实地考察花木产业发展，共商许昌花木产业发展大计，并委托北京林业大学编制《许昌市花卉苗木产业发展规划》。

国家林业局黎云昆副司长莅临许昌检查指导工作　3 月 8 日，国家林业局植树造林司副司长黎云昆一行在省林业厅张胜炎副厅长的陪同下，莅临许昌就春季抗旱造林、森林防火、资金运转、禽流感等方面进行了深入细致的调研。市委副书记石克生、市政府副市长熊广田、市林业局局长盛甲午陪同调研。

许昌市党政四大班子领导参加义务植树活动　3 月 10 日，许昌市党政四大班子领导带领许昌县机关干部 3 200 余人在许昌县曹魏生态园参加义务植树活动，为许昌的生态建设增添了浓浓的绿色。

第六届中国花卉产业高峰论坛在鄢陵举行　4 月 16~17 日，由中国花卉协会、国家林业局植树造林司和许昌市人民政府主办，中国花卉园艺杂志社、鄢陵县人民政府和许昌市林业局承办，河南省花卉协会协办的第六届中国花卉产业高峰论坛在许昌市鄢陵县举行，中国花卉协会江泽慧会长出席并作主题报告，国内外花卉产业知名学者、企业家代表及新闻界朋友共 600 多人参加了会议。中国花卉协会副秘书长陈建武对此次论坛的成功举办给予了高度评价。

市直林业系统参观焦裕禄精神图片展　7 月 24 日，许昌市林业局组织市直林业系统全体干部职工在市档案局参观了焦裕禄精神图片展，感受焦裕禄同志先进事迹，学习焦裕禄同志全心全意为人民服务的崇高精神。

副省长刘满仓到许昌市调研第九届花博会筹备工作　8 月 7 日，副省长刘满仓带领省委农村工作办公室、省农业厅、省林业厅、省旅游局、省花卉协会等单位负责人到许昌市调研第九届花博会筹备工作。市长李亚、副市长熊广田陪同。

省政府召开第九届花博会筹备工作协调会议　8 月 14 日，第九届花博会筹备工作协调会在省政府会议室召开，省长助理何东成出席会议并讲话。省林业厅厅长王照平宣读了《第九届中原花木交易博览会筹备方案》，许昌市副市长熊广田介绍了第九届花博会许昌筹备工作情况。18 个省辖市相关负责人参加了会议。

第九届中原花木交易博览会开幕　9 月 21 日，第九届中原花木交易博览会在鄢陵国家花木博览园隆重开幕。十届全国政协副主席张思卿，省长郭庚茂，国家林业局副局长李育材，省委副书记陈全国，副省长刘满仓，省政协副主席靳绥东，北京林业大学校长、工程院院士尹伟伦到会祝贺，省直有关部门的负责同志出席了开幕式。

许昌市召开林业生态建设工作会议　10 月 13 日，许昌市召开了林业生态建设工作会议。会议对 2010 年全市林业生态建设工作作了具体部署，表彰了在 2009 年林业生态建设和第九届中原花木交易博览会举办中做出突出贡献的先进单位和个人，各县（市、区）负责人递交了 2010 年林业生态建设目标责任书。

全国绿化模范城市核查验收组莅许　11 月 12~13 日，以中国军事科学院副部长聂世新为组长的全国绿化模范城市核查验收组第四组莅临许昌，对许昌市创建全国绿化模范城市工作进行核查验收。省林业厅副厅长张胜炎陪同核查验收并主持汇报会和意见反馈会。许昌市委书记毛万春、市长李亚、市委副书记石克生、副市长熊广田陪同。

许昌市召开林业生态建设现场会　12月8日，许昌市召开全市林业建设现场会，市委副书记石克生、副市长熊广田分别讲话，并对入冬以来全市林业生态建设工作进行具体部署。

漯河市

一、概述

一年来，在市委、市政府的正确领导和省林业厅、建设厅的指导帮助下，我们坚持以邓小平理论和"三个代表"重要思想为指导，全面落实科学发展观，深入贯彻党的十七大、十七届三中、四中全会精神和省、市委重大决策部署，按照"抓班子、带队伍、促工作、上台阶"的指导思想和工作方针，以创建"国家森林城市"（简称"创森"）统揽林业园林工作全局，取得了显著成效。顺利通过"国家森林城市"验收。先后被市委、市政府授予"全市新农村建设工作先进单位"、"创建国家森林城市和林业生态市建设工作先进单位"、"全市平安建设先进单位"、"全市林业工作先进单位"、"全市创建文明城市工作先进单位"、"第七届中国（漯河）食品博览会对口接待先进单位"、"第四届豫商大会筹办工作先进单位"、"全市创建中国优秀旅游城市工作先进单位"等多项荣誉称号。局系统内有 28 名同志获得市级以上荣誉称号，其中 1 名同志被省委、省政府授予新农村建设先进工作者，1 名同志被评为漯河市"十佳市民"。漯河市有 1 名同志获得全国绿化奖章，市沙澧产业集聚区建设管理委员会被授予"全省绿化模范单位"。

（一）国家森林城市创建工作顺利通过考察验收

我们把 2009 年作为"创森"决战年，全力以赴投入"创森"工作。一是狠抓工程建设。重点实施了围城防护林、村镇绿化、生态廊道网络、农田防护林网建设、森林生态文化建设、城区景观绿化、单位（庭院）小区绿化等城乡绿化重点工程，全市完成造林面积 12.6 万亩，是省定目标任务的 111.5%，超额完成了年度目标任务。二是完善法规政策。先后提请市政府出台了《漯河市城市绿化实施细则》、《漯河市义务植树实施办法》、《漯河市古树名木保护办法》、《漯河市国家森林城市和林业生态市建设奖惩办法》等法规政策，为"创森"提供了有力支持和保障。三是深入宣传发动。在《漯河日报》、漯河电视台开辟"创森"专栏，在城乡主干道设立大型"创森"公益广告，设置灯箱广告、车体广告、墙体广告，在全市形成了浓厚的"创森"氛围。四是动员社会参与。先后和市总工会、团市委、市妇联、市教育局、市文联、市科协等部门联合开展了"创森书法绘画摄影书法比赛"、"创森知识竞赛"、"护绿使者服务行动"，"树木、绿地、游园认建认养"等活动，有力推动了创森工作开展。五是积极沟通协调。争取上级领导对漯河市"创森"工作的支持。目前，全市森林覆盖率达到 26.2%，城市绿化覆盖率、绿地率、人均公共绿地面积分别达到 41.67%、35.52%和13.99 平方米。各项指标均达到或超过了国家森林城市创建标准。9 月 12~14 日，关注森林活动组委会、国家林业局组织专家到漯河市考察验收。考察组领导和专家对漯河市森林城市建设给予了很高评价，称赞漯河市为平原城市"创森"树立了典范。

（二）集体林权制度改革工作走在全省前列

积极探索平原农区林权改革"漯河模式"，在惠农均利的基础上，大力推行大户承包造林、公司造林、股份制造林，扩大了造林绿化主体，拓宽了林业投资渠道，提高了造林质量，有效保护了森林资源，取得了兴林富民的明显成效。提请市委、市政府召开了全市集体林权制度改革促进会，下发了《漯河市集体林权制度改革考核奖励方案》。在全市组织开展林改集中督导月活动。在《漯河日报》开辟林改专栏，每周通报一次林改进度，促进了林改工作深入开展。截止目前，林改目标任务已基本完成。漯河市集体林权制度改革工作走在全省前列，副省长刘满仓对漯河市林改工作给予了高度评价。市长祁金立在省委林业工作会议上作了典型发言。

（三）顺利通过了"国家园林城市"和"全国绿化模范城市"复查验收

坚持高起点规划、高标准设计、高质量建设、高水平管理，城市园林规划、设计、建设、管理水平不断提高。高质量实施了许慎文化园、烟厂花园改造等重点绿化工程。主办了漯河市第七届菊花展。积极参加全省花博会、盆景展，取得良好名次。加强了城市园林精细化管理，坚持全天保洁，扎实开展"城乡环境综合整治月"工作，实施了鲜花摆放工程，继续免费开放市人民公园，组织开展了园林植物修剪、病虫害防治、抗旱保绿、补植补造、树木涂白、设施维护等工作，城市游园绿地坚持全天保洁，黄土裸露现象得到初步整治。为"全国小麦抗旱春管暨备耕现场会"、"四国女排精英赛"、"第七届食博会"、"第四届豫商大会"、"省级文明城市验收"等重大活动和节会营造了良好的城市生态环境。"国家园林城市"复查组和"全国绿化模范城市"复查组先后到漯河市检查，均给予了较高评价。

（四）绿化资源保护工作得到新加强

加强了森林公安和园林监察队伍规范化建设，组建了漯河市森林公安局和漯河市森林警察支队。先后开展"追逃"、"绿盾三号"、"三夏""三秋"护林防火、"春蕾护花保果"等专项行动。认真执行森林采伐限额制度，严格落实林木"绿化资源保护期"规定，积极宣传贯彻《漯河市城市绿化实施细则》。认真做好"爱鸟周"和"野生动物保护月"宣传工作。加大了林业有害生物的监测、检疫和防治力度，开展飞机防治森林病虫害工作。全力抗击 11 月 11 日冰冻雨雪灾害，实行 24 小时值班制度，局领导班子成员分片包区，组织 1 000 余名干部职工连夜上路抢险救灾，提请市政府下发了《关于开展除雪护树活动的紧急通知》，号召全市各级各单位和广大市民积极开展除雪护树活动，力争将损失降到最低，保护漯河市来之不易的绿化成果。

（五）科技推广应用工作有了新进展

先后引进中林薄壳核桃、红叶樱花、红宝石海棠、芍药等乔、灌、花木新品种 47 个，推广应用遏制蒸腾剂、植物蛋白素、微肥应用、喷施保水剂、注射根动力等林业园林新技术 9 项。在全系统组织开展了林业园林技能大赛，积极开展林业园林技术创新活动，召开了全市林业园艺系统生态林业建设论坛暨优秀论文评选。组建科技专家服务团，先后开展送科技下乡活动 15 次，广播技术讲座 3 次，免费发放林果知识读本 600 余套，发放资料 7 000 余份。免费培训林农 18 000 人次，推广林草牧、林菌等林下经济模式 13 000 余亩。组织了 2009 年度优质桃（雨花露）鉴评会，举办了首届（龙城）优质桃采摘节，促进了林果新品种新技术的推广应用。

（六）林业产业健康发展

抓住中央扩大内需的机遇，大力发展经济林、种苗花卉、木业加工三大林业产业基地。制定奖励机制，扶持龙头企业，通过公司带基地、联农户的形式，延长产业链条，在全球金融危机的不利情况下，漯河市林业产业保持了持续健康发展。郾城区伊人黑玫瑰有限公司依托玫瑰产业，植种面积扩大到 300 亩，并逐步向集精油加工、旅游观光、保健休闲一体化发展。临颍南街村木制品有限公司由单一生产保健木梳系列，发展到工艺木梳、木制工艺等四大系列，300 多个品种，获得产品出口许可证。

（七）党的建设、党风廉政建设和精神文明建设得到新加强

围绕加强党的建设和干部队伍建设，深入开展学习实践科学发展观活动、"两转两提"活动、"讲党性修养、树良好作风、促科学发展"活动、学习弘扬焦裕禄精神活动。组织党员、团员干部到市廉政警示教育基地、焦裕禄烈士陵园接受教育。扎实开展了"五个一"竞赛、党员公开承诺、党员干部"双带头"活动，认真开展"企业服务年"工作。机关建设得到加强，"节约型、清洁型"机关建设取得明显成效。加强党风廉政建设，认真贯彻党风廉政建设责任制，积极推进廉政文化进机关。聘请社会中介组织对局属单位进行财务审计，严格财经纪律。在成功创建省级文明单位的基础上，深化精神文明创建活动，倡导文明新风尚。全系统广大党员干部保持了昂扬向上的精神状态，全局上下呈现出团结奋进、锐意创新，风清气正、干事创业的良好局面。

二、纪实

宋孟欣检查指导国家森林城市创建和林业生态市建设工作　1 月 4 日，市林业园艺局党组书记、局长宋孟欣深入到源汇区大刘乡的皇玉村、舞阳县候集乡、临颍县的大郭乡和杜曲镇检查指导国家森林城市创建和林业生态市建设工作。

漯河市政府向省政府报关于申报国家森林城市的请示　1 月 7 日，漯河市人民政府向河南省人民政府上报了关于申报国家森林城市的请示。

漯河市召开冬季植树造林动员会　1 月 7 日，漯河市召开冬季植树造林动员会，市委副书记张社魁，副市长库凤霞出席会议。

漯河市政府向国家林业局递交国家森林城市申请　1 月 8 日，市政府市长祁金立、副市长库凤

霞，市林业园艺局局长宋孟欣向国家林业局递交了漯河市创建森林城市的申请。

省林业厅向省政府递交关于漯河市创建国家森林城市的请示　1月13日，省林业厅向省政府递交了关于漯河市创建国家森林城市的请示。

临颍等县（区）获"河南省林业生态县"称号　1月15日，漯河市临颍县、郾城区、舞阳县获"河南省林业生态县"称号。

宋孟欣看望局大学生派驻村群众　1月20日，市林业园艺局党组书记、局长宋孟欣深入局大学生派驻村源汇区空冢郭乡邵堂村、郾城区裴城镇苏候村看望慰问困难群众。

中国风景园林学会副理事长张树林对漯河市国家园林城市工作进行复查　2月23日，中国风景园林学会副理事长张树林一行对漯河市国家园林城市工作进行复查。市领导祁金立、张社魁、谢连章参加了国家园林城市复查工作。

市政府下发林业生态建设实施意见　2月24日，市政府办公室下发《2009年林业生态建设实施意见的通知》和《漯河市国家森林城市和林业生态市建设奖惩办法的通知》，出台优惠政策，调动社会各界参加森林城市建设的积极性。

漯河市召开春季植树造林及创建国家森林城市现场会　2月25日，2009年春季植树造林及创建国家森林城市现场会在临颍县召开，市委副书记张社魁，副市长库凤霞参加了会议。

祁金立听取漯河市创建国家森林城市工作汇报　2月28日，市长祁金立，副市长库凤霞，市林业园艺局局长宋孟欣向国家林业局汇报漯河市创建国家森林城市工作情况。

省森林公安局局长宋全胜来漯河市督导工作　3月2日，省森林公安局局长、副厅级侦察员宋全胜一行来漯河市督导春季植树造林工作。

市委副书记张社魁发表《全民动手，积极参与国家森林城市建设》答记者问　3月12日，市委副书记、市五城同创领导小组常务副组长张社魁在《漯河日报》发表了《全民动手，积极参与国家森林城市建设》答记者问。

市四大班子领导参加义务植树活动　3月15日，市委书记靳克文、市长祁金立、市人大主任雷建民、市政协主席王俊才等四大班子领导到许慎森林生态文化园参加义务植树活动。

市林业园艺局局长宋孟欣调研桃树生态园　3月18日，市林业园艺局党组书记、局长宋孟欣深入郾城区龙城镇桃树生态园调研。

漯河市召开全市植树造林及森林防火电视电话会议　3月30日，全市植树造林及森林防火电视电话会议召开。市长祁金立、副市长库凤霞、政府副秘书长杜明春出席会议。

副市长库凤霞督导植树造林工作　3月31日，副市长库凤霞在市林业园艺局宋孟欣局长的陪同下到召陵区老窝镇、舞阳县吴城镇督导植树造林工作。

四单位联合举办春蕾护花保果行动"春华秋实"认养活动　4月2日，市妇联、市林业园艺局、漯河医学专科学校、漯河日报社联合举办春蕾护花保果行动"春华秋实"认养活动。市委常委、统战部部长刘瑞红、副市长刘新田参加启动仪式，市林业园艺局局长宋孟欣主持会议，会议号召大家以实际行动为建设绿色家园作贡献。

国家林业局听取漯河市创建国家森林城市工作情况汇报　4月4日，市长祁金立、副市长库凤霞、市林业园艺局局长宋孟欣向国家林业局汇报漯河市创建国家森林城市工作情况。

开"爱鸟周"宣传活动 展 4 月 21 日，由市总工会、团市委、市妇联、市林业园艺局、市教育局等五单位联合，开展了"以爱护自然、保护鸟类"为主题的第 28 届"爱鸟周"宣传活动。

市长祁金立参加第六届中国城市森林论坛并发言 5 月 8 日， 市长祁金立，市林业园艺局局长宋孟欣参加了在杭州举办的第六届中国城市森林论坛，市长祁金立作了《林水相依，宜居漯河》发言。

市林业园艺局开展城市园林管理督察活动 5 月 13 日，市林业园艺局全面开展城市园林管理督察活动。

市林业园艺局组织开展全市造林绿化现场观摩活动 5 月 19 日，市林业园艺局组织开展全市造林绿化现场观摩活动。

市林业园艺局召开全市集体林权制度改革座谈会 6 月 3 日，市林业园艺局召开全市集体林权制度改革座谈会，局长宋孟欣主持。

国家林业局局长贾治邦听取漯河市创建国家森林城市工作汇报 6 月 9 日，市委书记靳克文、省林业厅厅长王照平向国家林业局贾治邦局长汇报漯河市创建国家森林城市有关工作。

市委书记靳克文就创建国家森林城市工作作出批示 6 月 12 日，市委书记靳克文就创建国家森林城市工作作出重要批示："国家林业局贾局长在百忙中听取了漯河市汇报，并提出希望，还专门批示，这对漯河市是最大的关心和支持，请林业园艺局从现在起就要做好各项工作，迎接国家局来漯考察，并取得好成绩"。

漯河市举办漯河市首届（龙城）优质桃采摘节 6 月 16 日，漯河市首届（龙城）优质桃采摘节在郾城区龙城镇举办，市委副书记张社魁，副市长库凤霞参加了活动仪式。

市林业园艺局组织召开庆"七一"暨总结表彰大会 6 月 18 日，市林业园艺局组织召开庆"七一"暨总结表彰大会。会议由局党组成员、副局长谢江华主持。局党组书记、局长宋孟欣做了重要讲话。

漯河市林业园艺局组织召开林权制度改革与林业发展金融服务工作对接座谈会 6 月 19 日，漯河市林业园艺局组织召开林权制度改革与林业发展金融服务工作对接座谈会。

漯河市召开集体林权制度改革工作促进会 6 月 23 日，漯河市召开集体林权制度改革工作促进会。市委副书记张社魁、副市长库凤霞出席会议。会议出台了《漯河市集体林权制度改革考核奖励方案》和《漯河市集体林权制度改革督导工作方案》。

政协副主席刘运杰督导集体林权制度改革工作 7 月 1 日，市政协副主席刘运杰在市林业园艺局宋孟欣局长的陪同下，深入郾城区督导集体林权制度改革工作。

局长宋孟欣向国家林业局宣传办公室汇报创建国家森林城市验收有关事宜 7 月 2 日，市林业园艺局党组书记、局长宋孟欣向国家林业局宣传办公室主任程红、卓榕生协商漯河市创建国家森林城市验收有关事宜，初步定于 9 月上旬组织专家组来漯考察。

市林业园艺局召开集体林权制度改革督导工作汇报会 7 月 3 日，市林业园艺局召开集体林权制度改革督导工作汇报会，党组书记、局长宋孟欣主持。

市政府召开国家森林城市创建工作专题研究会 7月14日，市政府召开市长办公会，专题研究漯河市国家森林城市创建工作。

市委常委会议听取国家森林城市检查验收有关情况汇报 7月17日，市委常委会议听取了漯河市迎接国家森林城市检查验收有关情况的汇报。

市林业园艺局召开学习实践活动整改落实阶段转段工作会 7月17日，市林业园艺局召开学习实践活动整改落实阶段转段工作会。局党组书记、局长、局学习实践活动领导小组组长宋孟欣作转段动员报告，市委学习实践活动第10指导检查组组长焦国瑛作重要讲话。

漯河市召开迎接国家森林城市检查验收动员大会 7月27日，漯河市召开迎接国家森林城市检查验收动员大会，市四大班子领导出席会议，市委书记靳克文做动员报告。

漯河市组织开展飞机防治森林病虫害工作 7月27~30日，漯河市组织开展飞机喷药防治森林病虫害工作。

国家林业局集体林权制度改革领导小组领导来漯河市调研林改工作 8月8日，国家林业局集体林权制度改革领导小组常务副组长黄建兴、全国绿化委员会办公室韩国祥一行四人在省林业厅副巡视员谢晓涛的陪同下来漯河市调研林改工作。副市长库凤霞陪同调研组进行了实地调研。

市"创森"指挥部办公室召开第一次全体会议 8月14日，市"创森"指挥部办公室召开第一次全体会议，"创森"指挥部办公室副主任、市委宣传部部长谢安顺主持，"创森"指挥部办公室主任、市委副书记张社魁作重要讲话。

印发《创建国家森林城市环境综合整治工作台账》 8月28日，市创建国家森林城市指挥部办公室印发了《创建国家森林城市环境综合整治工作台账》。

印发《关于大力开展创建国家森林城市宣传工作的通知》 8月31日，市创建国家森林城市指挥部办公室印发了《关于大力开展创建国家森林城市宣传工作的通知》。

市"创森"指挥部办公室召开第二次全体会议 9月2日，市创建国家森林城市指挥部办公室召开第二次全体会议，"创森"指挥部办公室主任，"创森"指挥部办公室副主任谢安顺、杨国志、库凤霞参加了会议。

市委、市政府召开创建国家森林城市宣传暨环境整治工作会议 9月4日，市委、市政府召开创建国家森林城市宣传暨环境整治工作会议，"创森"指挥部办公室副主任谢安顺、杨国志参加了会议。

国家林业局综合考察组考察漯河市开展国家森林城市创建情况 9月12~14日，国家林业局综合考察组对漯河市开展国家森林城市创建情况进行考察。国家林业局宣传办公室副主任、中国城市森林论坛组委会副秘书长叶智任考察组组长，成员有中国科学院院士蒋有绪，全国政协委员、内蒙古农业大学校长助理、教授闫伟，西南林学院院长教授刘惠民，中国林科院林业研究所研究员博士贾宝全，北京林业大学教授、博导徐程扬，贵阳市林业绿化局高级工程师张德门，国家林业局宣传办公室宣传管理处处长马大轶。

院士蒋有绪莅临市林业园艺局检查指导工作 9月13日，中国科学院院士蒋有绪莅临市林业园艺局检查指导工作。局党组书记、局长宋孟欣就单位发展情况和城乡绿化工作做了详细介绍。

市林业园艺局召开 2009 年职工技术大比武活动表彰会 9 月 29 日，市林业园艺局召开 2009 年职工技术大比武活动表彰会。局党组书记、局长宋孟欣作重要讲话。

国家绿化模范城市复查组检查漯河市绿化工作 10 月 17 日，以国家林业局造林绿化管理司巡视员张柏涛为组长的国家绿化模范城市复查组对漯河市获得全国绿化模范城市称号以来的绿化工作进行检查。复查组认真听取了漯河市造林绿化工作汇报。市委书记靳克文出席会议并致辞。市委常委、秘书长杨国志主持会议。副市长孙运锋作工作汇报。

漯河市第七届菊花展开幕 10 月 23 日，漯河市第七届菊花展在市开源森林公园隆重开幕。市林业园艺局党组书记、局长宋孟欣介绍了本次菊花展的筹备情况。市委常委、市委秘书长杨国志发表了重要讲话。市委副书记张社魁宣布开幕。开幕式由市政府副秘书长陈兴和主持。

国家林业局林改司司长张蕾对漯河林权制度改革工作进行专题调研 11 月 21 日，国家林业局林改司司长张蕾在省林业厅副巡视员谢晓涛及省林改办有关领导的陪同下，深入漯河市对林权制度改革工作进行专题调研。副市长谢连章、市林业园艺局局长宋孟欣陪同调研。

《无公害果品——枣生产技术规程》通过评审 12 月 15 日，漯河市一项林业地方标准《无公害果品——枣生产技术规程》通过专家评审。

市政府召开常务会议专题研究林业工作 12 月 22 日，市政府召开第 46 次常务会议，专题研究林业工作。会议由市长祁金立主持。市林业园艺局局长宋孟欣就省委林业工作会议精神的贯彻、当前和今后一个时期城乡绿化工作的指导思想、工作重点、工作措施、市委林业工作会议的筹备情况进行了汇报。

市委召开林业工作会议 12 月 30 日，市委召开林业工作会议，总结部署漯河市林业生态建设工作。市委书记靳克文、省林业厅厅长王照平出席会议并讲话。市委副书记、市长祁金立主持会议，市委副书记张社魁做工作总结和部署。市委常委、秘书长杨国志，市人大常委会副主任黎涛，副市长库凤霞，市政协副主席刘运杰出席会议。

平顶山市

一、概述

2009 年，在市委、市政府的正确领导下，在省林业厅的大力支持指导下，以林业生态建设为中心，坚持以科学发展观为指导，加强领导，落实责任，创新机制，狠抓落实，圆满完成了年度各项工作任务。全市共完成林业生态建设总规模 38.57 万亩，其中造林 29.28 万亩（2009 年首次在汝州市实施飞播造林 2 万亩），是省定任务 27.47 万亩的 106.5%；完成中幼林抚育和低产林改造 9.29 万亩；完成林业育苗 2.39 万亩，是省定任务 1.8 万亩的 132.7%。完成市委、市政府确定的十大实事 20 个林业生态乡、306 个林业生态村（镇）绿化任务。叶县、卫东区已成功创建为省级林业生态县（区），目前全市已有 6 个县（市、区）创建成功。全市参加义务植树人数 260 万人次，完成义务植树 1 200 万株，义务植树尽责率达 95%，建卡率达 100%。

（一）集体林权制度改革稳步推进

全市完成确权的林地面积 255.77 万亩，占集体林地 282.09 万亩的 90.7%，超过省定 80% 的目标任务，发放林权证 6.1 万本，发证面积 80 万亩，林权制度改革工作进展顺利。

（二）林业育苗

全市完成育苗面积 23 996.85 亩，其中新育 12 608.25 公顷，是省下达育苗任务的 133.3%，总产苗量 9 300.64 万株，预计可出圃各类苗木 7 319.14 万株。

（三）打击破坏森林资源活动

全市范围内组织开展林业执法和治理等一系列专项行动，共查处涉林案件 501 起，其中刑事案件 59 起，一般行政案件 442 起，野生动物行政案件 23 起，刑拘 76 人，逮捕 56 人，打击处理违法犯罪人员 659 人，行政处罚 527 人次。

（四）资源林政管理与木材流通市场管理

林木凭证采伐率、办证运输率、林木加工凭证率分别为 95%、92%、85%，没有超计划和超限额采伐行为发生。全市共查处非法征占用林地 29 起，补征林业育林金费 7.6 万元，行政处罚 24 人次。

全年共查处违法运输木材案件 143 起，行政处罚 143 人次，查获木材 465 立方米，行政处罚 17.25 万元；查处违法收购、经营加工木材案件 276 起，木材 869 立方米，行政罚款 20.34 万元，行政处罚 276 人次。

（五）林业有害生物防治

首次在汝州、叶县两地实施飞机防治病虫害，取得了显著成效。全市共发生各种林木病虫害 26.98 万亩，成灾面积 450 亩，成灾率 0.17‰，低于省定指标 6‰ 的目标，防治各类林业有害生物 21.3 万亩，无公害防治率 80.7‰。

（六）森林防火

全市共发生森林火灾 95 起，过火面积 2041.5 亩,受害森林面积 770.25 亩，受害率 0.19‰，低于 1‰ 的省定责任目标。全年无较大森林火灾发生，人民的生命财产和森林资源安全得到有效保护。

（七）野生动物保护

一是集中对非法猎捕、运输、收购、经营野生动物的行为进行严厉打击，据统计共查处酒楼、饭店 60 余家，收缴鲜活、冷冻野生动物 600 多只。二是积极做好野生动物救护、放生工作。全年共救护国家一级级保护动物黑鹳 1 只，国家二级保护动物 28 只，省重点保护动物 100 余只，救护成功率在 90% 以上。三是加强野生动物疫源疫病监测工作，全市没有疫情发生。

（八）城郊绿化与湿地植被恢复工程规划

2009 年城郊绿化工程建设共完成造林绿化面积 15 568 亩，植树 170 多万株。其中，卫东区北山防护林完成 7 890 亩；新华区北山防护林完成 4 350 亩；湛河区凤凰山完成廊道绿化 3 328 亩。

完成《白龟山湿地省级自然保护区湿地保护恢复生物工程规划》，规划建设总面积 42 869 亩，占保护区总面积 99 000 亩的 43.3%，其中营造防风护岸林 8 234 亩，人工辅助植被恢复种水草 6 890 亩，封滩育草 27 745 亩，工程建设期为三年（2010 年 ~2012 年）。

（九）林业产业

积极引导和扶持发展涉林企业，调整产业结构，扩大规模经营，推动林业产业化经营，林业的经济效益整体提升，全市林业总产值达到 13.33 亿元，较去年 11.3 亿元增长 18%。

（十）机制创新

积极实施股份制、合作制、大户承包、租赁等多种经营形式，采用挖掘机整地和专业队造林的方法，大力推广地膜覆盖、截干造林、ABT 生根粉等造林技术，造林效果十分显著。

（十一）林业资金投入

2009 年，市本级财政投入林业生态建设资金 2 281 万元，县本级财政投入林业生态建设资金 5 168.87 万元。进一步创新投资机制，通过发展非公有制林业，多渠道、跨行业吸引社会闲散资金投入到林业生态建设中来，据不完全统计，一年来共吸引社会资金近 1 亿元。各县（市、区）还立足当地实际，积极出台生态建设的优惠政策，对新造林按每亩每年 200~400 元的标准给予补偿，连补 5 年，切实解决了占地补偿和造林投资问题，极大的提高了群众造林和管护的积极性。

（十二）林业宣传与林业执法培训

全年在《中国绿色时报》、河南林业信息网、平顶山日报、《平顶山晚报》、平顶山电视台刊（播）发林业生态建设稿件 65 篇（条）。借助建国 60 周年纪念活动，分别在《河南日报》（农村版）和《平顶山日报》制作一期林业专版，大力宣传平顶山 60 年来林业生态建设取得的巨大成就。

组织开展林政执法培训、森林防火指挥员和专业扑火队培训、种苗管理培训、森林病虫害防治等培训班，共 1 000 余人次参加培训，为平顶山林业发展提供人才保障和技术保障。

（十三）林业技术推广

全年推广优良核桃、石榴、青竹复叶槭品种 3 个，面积 2 000 亩。推广使用南京林业大学杨树生长调节剂"长的快"面积 200 亩。推广使用"清华绿水肥营养缓释剂"系统产品 300 亩。

二、纪实

出台市县森林公安机构设置和政法专项编制核定方案　1 月 7 日，平顶山市机构编制委员会就市、县森林公安机构设置和核定政法专项编制问题下发了《平顶山市机构编制委员会关于市县森林公安机构设置和核定政法专项编制问题的通知》（平编〔2009〕1 号），对市、县森林公安机构规格、编制数额、领导职数、未过渡人员的安置等工作进行了明确。

召开全市林木种苗工作站站长会议　1 月 15 日，市林业局召开全市林木种苗工作站站长会议，总结 2008 年工作，安排部署 2009 年种苗工作。

鲁山县发生森林火灾　1 月 25 日，鲁山县尧山镇发生森林火灾，其中两处火场海拔均在 1 000 米以上。

鲁山县森林火灾扑救　1 月 27 日，由于市委、市政府和鲁山县委、县政府高度重视，措施得力，鲁山森林火灾得到及时有效地控制，并很快被扑灭，最大限度减少了损失，受到省政府的通报表扬。

召开全市林业工作及春季造林现场会　2 月 11 日，市委、市政府召开全市林业工作及春季造林现场会。市委副书记冯昕、副市长王跃华分别作了重要讲话，市人大副主任肖来福、市政协副主席马四海出席会议，各县（市、区）主管副书记、副县长、林业局长参加了会议。与会人员实地观摩了叶县仙台镇、廉村镇的农田防护林工程建设情况。

市四大班子领导参加义务植树活动　2 月 24 日，平顶山市委书记赵顷霖、市长李恩东等四大班子领导到香山寺景区与 1 000 余名干部群众一起参加义务植树活动。本次活动植树 8 000 余株。

宣传贯彻新《森林防火条例》　2 月 24 日，市护林防火指挥部下发通知，就《森林防火条例》的宣传普及、强化责任追究机制等提出明确要求；市护林防火指挥部成立条例宣传贯彻领导小组；组织干部职工对照新、旧条例深入分析、学习讨论，开设了专题讲座；印发传单、宣传册、光盘 30 000余份，向社会发放；出动宣传车 200 辆次，深入县、乡、村、厂矿、学校播放录音；日报、电视台、广播电台多次刊发播放条例宣传专题节目、文章。

出版《鹰城古树大观》　3 月，市绿化委员会牵头组织编纂的《鹰城古树大观》一书，由河南大学出版社正式出版，市委书记赵顷霖题写书名并作序。该书介绍了平顶山具有代表性的古树100株。

组织市民栽植纪念林 3月7~8日，2 000多名市民来到"市民纪念林"植树点，栽植了3 000多棵石榴、核桃等树木。该"市民纪念林"植树点是平顶山市为了推动了全民义务植树运动的开展特意开辟的。地点在香山寺南坡、香山游园东侧，占地200亩，为宜林荒山区。

市政府召开造林绿化暨森林防火电视电话会 3月31日，收看收听了国家、省造林绿化暨森林防火电视电话会议后，市政府接着召开了平顶山市造林绿化暨森林防火电视电话会，对下一步春季造林和森林防火工作进行安排部署。副市长、市政府护林防火指挥部指挥长王富兴出席会议讲话。

举办"爱鸟周"宣传活动 4月21~27日，平顶山有关部门组织开展主题为"关注鸟类、保护自然"的"爱鸟周"宣传活动。活动期间，全市共出动400多人次，散发宣传材料30 000余份，悬挂宣传横幅40多条，制作宣传版面和宣传图片150多幅，现场咨询3 000多人次。

开展全市苗木普查工作 5月1~28日，平顶山市林业局组织开展全市苗木普查工作。据考察结果，平顶山市超额完成省林业厅下达的育苗任务。

首次开展飞机防治森林病虫害 8月3~7日，组织对汝州、叶县的国道、省道、县乡道路及河滩杨树片林实施了飞机防治杨树食叶害虫，这是全省开展飞机防治病虫害九年来，平顶山市首次开展的飞防。此次飞防采用的是R44直升机，使用新型环保无公害仿生物制剂，超低容量喷药，对人畜安全。共飞防作业40架次，每架次防治600亩，总防治面积近3万亩，600公里。

舞钢市为60名专业森林消防队员购买人身保险 8月14日，舞钢市为60名专业森林消防队员购买了保额为3万元，险种为人身意外伤亡保险，同时还为专业森林消防队员建立了定期检查制度。

白龟山湿地自然保护区保护与管理地方性法规建立 8月27日，平顶山市第九届人民代表大会常务委员会第三次会议审议通过了《平顶山市人民代表大会常务委员会关于进一步加强平顶山市水源地保护的决定》。决定第六条明确提出，要进一步加强对白龟山水库湿地自然保护区的建设与监管。

参加第九届中原花木交易博览会 9月21~22日，参加国家林业局、河南省人民政府主办的第九届中原花木交易博览会，平顶山参展的产品有玉兰系列、粗榧、十月红柿、红枫、红栌及优良新品种青竹复叶槭、平抗金叶女贞1号等。在本届花博会上，平顶山代表团被组委会授予团体综合布展银奖。

开展野生动物保护宣传月活动 10月8日，开展全市野生动物保护宣传月活动，活动期间共出动500多人次，设立咨询台15个，制作宣传版面50余块，展示野生动物宣传图片上千张，散发宣传单40 000余份。

森林火灾应急预案出台 10月12日，平顶山市出台《平顶山市森林火灾应急预案》，对市防火指挥部成员单位的职责、森林火灾的预防和应急准备、监测与预警、应急响应、后期处置等作出具体规定。

副市长王富兴到市林业局调研 10月14日，副市长王富兴到市林业局调研环城防护林及城郊森林建设工作。

加强白龟山湿地自然保护区保护与管理 10月20日，充分利用市政府加强对白龟山水库的综合整治行动，积极与水利局、环保局等职能部门共同参与水库综合治理活动，严厉打击和取缔了破坏保护区生态系统完整性的破坏行为，重点取缔采砂、饭店、网箱养鱼等破坏活动，使保护区的生态环境得到了有效保护和明显改善。

白龟山湿地省级自然保护区植被恢复工程　11月3日，被平顶山市人民政府列入平顶山市2010年"生态建设"总体规划目标任务（平政文〔2009〕98号文）。规划建设总面积42 869亩，占保护区总面积99 000亩的43.3%，其中营造防风护岸林8 234亩，人工辅助植被恢复种水草6 890亩，封滩育草27 745亩。

召开全市林业工作会议　11月26日，市委市政府召开全市林业工作会议，市委书记赵顷霖，市长李恩东，市委副书记冯昕，市委常委、秘书长张遂兴，市人大常委会副主任巩国顺，副市长王富兴，市政协副主席白进忠，副市厅级干部王天顺出席会议。会议传达了省林业工作会议精神，总结全市林业生态建设取得的成绩，部署当前和今后一个时期林业改革发展工作，提出用3年时间实现生态鹰城建设目标，在全省率先完成林业生态建设任务。

召开森林防火工作会议　12月18日，在收听收看了全省森林防火工作电视电话会议后，平顶山市也随即召开会议。副市长、市护林防火指挥部指挥长王富兴出席会议并作出具体指示。会议总结了2009年以来的森林防火工作，进一步明确了市护林防火指挥部成员单位工作职责，分析了2009年冬2010年春森林防火形势和任务。

商丘市

一、概述

2009年，市林业工作在市委、市政府的正确领导下，深入贯彻科学发展观、中央、省委、市委林业工作会议精神，扎实推进林业生态建设和产业发展，深化林权制度改革，强化森林资源管理和支撑体系建设，全面完成了省、市下达的年度目标任务，各项工作取得了较好成绩。市林业局荣获"全省思想政治工作先进单位"、"全省林业目标管理优秀单位"，被评为2009年度"全市组织工作先进单位"、"全市思想政治工作先进单位"、行风政风评议进入全市前十名、商丘市成功创建全国绿化模范城市。全省林业病虫害防治工作现场会在商丘召开，推广商丘市先进经验。

（一）林业生态建设取得新成效

（1）林业生态建设任务超额完成。完成造林32.6万亩，是省林业厅下达商丘市目标任务23.3万亩的140%，造林面积创历史新高。其中，生态工程造林29.3万亩，是省、市下达目标任务的144.68％。民权县生态县建设通过了省级验收。一是强化目标管理。实行"一把手"责任制，市、县、乡层层签订目标责任书，分解任务，落实责任。二是强化督察。市委、市政府督察室将造林任务作为督察重点，定期督察；造林季节，市林业局抽调30多名干部组成督导组，分包县（市、区），现场督察指导。三是将林业生态市建设列入效能监察的重要内容，对各县（市、区）跟踪问效。四是年终兑现奖惩。对林业建设成绩突出的3个集体二等功、28个集体三等功、28个先进单位、9个个人二等功、85个个人三等功、53个先进个人和20个绿化模范乡（镇）、40个绿化模范村、25个绿化模范单位进行了表彰。五是加大生态效益补偿力度。虞城县、夏邑县、民权县、柘城县、睢县、梁园区、永城市等县（市、区）政府出台了生态廊道工程占地补偿机制。

（2）义务植树活动扎实开展。围绕林业生态市建设和创建全国绿化模范城市目标，市、县、乡联动，开展全民义务植树，完成义务植树2 300多万株，义务植树尽责率达90%以上。特别正月初七，春节后上班第一天，市四大班子领导带头，市直机关干部以及驻商部队、武警官兵、部分群众、青少年学生 3 000 余人，集中开展义务植树活动。全市各县（市、区）、各乡（镇）也统一行动，举行了形式多样的义务植树活动，全市有近 13 万干部群众参加义务植树，栽植绿化苗木 65 万余株。这一典型做法被人民日报、中国农民报、中国绿色时报、河南日报、河南电视台、人民网、新浪网、全国绿化网等多家新闻媒体、网站报道，营造了较好的社会氛围。

（3）林种树种结构进一步调整。一是结合商丘实际，从林农的意愿和栽植习惯出发、从突出生态效益、经济效益出发、从构建科学合理的农田防护林体系出发，大力发展农桐间作，虞城县、柘城县、睢县、民权县、梁园区、睢阳区新发展农桐间作 5 万亩，新增农桐间作控制区面积近 60 万亩。二是积极发展酥梨、苹果、葡萄、核桃、白蜡等经济林，栽植名优经济林 3.2 万亩。三是依托国有林场、苗圃场，大力发展花卉苗木，完成花卉苗木培育 3 万亩。通过林业生态市建设，完善农田防护林体系，提高了林业的抗灾减灾能力。特别是沿黄河故道，民权县、宁陵县、梁园区、虞城县大力营造生态林、防护林、经济林、景观林和护堤护岸林，建成了长 140 多公里集生态防护、经济富民、观光旅游三位一体的黄河故道绿色屏障。2009 年 6 月份，商丘市发生了历史上罕见的强飑线天气灾害，刮倒折断树木 5 000 多万株，农田防护林在抵御灾害中发挥了重要作用，将灾害的危害程度降到了最低限度。

（二）城乡绿化一体化取得新突破

（1）创建全国绿化模范城市工作深入开展。一是高标准规划。编制完成了《商丘市创建全国绿化模范城市规划》，围绕"一环一湖、两河五带"，着力构建城市绿地系统和城乡生态体系。二是高标准建设。城市绿化突出城市绿地系统、森林系统、街道绿化、小区绿化和机关单位庭院绿化；农村绿化按照因地制宜、适地适树和生态、经济效益兼顾的原则，点、线、面绿化相结合，开展田、林、路、渠综合治理，以农桐间作、农条间作、杨树林网和生态廊道建设、村镇绿化为重点，构建高标准农田生态防护林体系。三是突出商丘特色。坚持城市、园林、森林融合，市区、近郊、远郊三位一体，路网、水网、林网三网合一，生态林、产业林、景观林三林共建，以城带乡，开展点、片、带、网多元绿化和乔、灌、花、草立体绿化，构建 "城中森林连片、城郊森林围城、城外森林成网、城乡绿化一体"的城乡绿化大环境。

（2）村镇绿化深入推进。一是市委、市政府把村镇绿化作为每年要办的大事实事，列为重点工程，向全市承诺，强力推进。二是以村镇为单位，农村"四旁"植树和村镇绿化同步推进，加大围村林、休闲公益林建设和村镇街道绿化、庭院绿化力度。三是开展村容村貌综合整治，对村庄周围废坑塘、废闲地合理利用，规划为绿化用地，实施村镇绿化工程，加快新农村绿化步伐。完成村镇绿化 13.6 万亩，建成 "绿色生态示范村" 1 000 个。评选出了 20 个绿化模范乡（镇）、40 个绿化模范村和 25 个绿化模范单位。民权王公庄村荣获第一批"全国生态文化村"称号，成为我省第一个获此殊荣的生态文化示范村。

（三）林业产业发展有了新提升

围绕林业产业"持续提升、跨越发展"的目标，按照"做优第一产业、做强第二产业、做大第三产业"的总体要求，大力提升林业产业。完成林业产业工程 3.28 万亩。林业产值实现 55 亿元，较上年增长 14.5%。在第七届中国花卉博览会上，商丘市豫东花木公司代表河南省参展，荣获设计制作银奖、创意金奖以及 11 项优秀奖，为我省争得了荣誉。在我省第九届中原花博会上荣获银奖。一是高标准编制了《商丘市林业产业发展规划》，重点培育发展工业原料林、果品生产、木材加工、森林旅游、林下经济等 6 大产业，推进产业升级。二是政策扶持。落实财政扶持和信贷、税收优惠政策，对龙头企业、重点项目和中小企业、林业生产合作社给予重点支持。改革育林基金管理办法，降低育林基金征收比例，减轻林产加工企业和林农负担。三是政府推动。将林业产业作为支柱产业纳入市、县经济发展规划，鼓励发展工业原料林和木材深加工，在产业工程方面积极落实配套资金，制定产业和花卉苗木业发展扶持办法，加大对林业产业的支持力度。市、县（市、区）都规划建设了林产品加工集聚区。四是积极筹备成立林业产业协会。鼓励支持企业与林农、林业专业合作组织组成经济联合体，逐步形成全市"林业企业＋林业专业合作社＋基地"，"林业企业＋基地＋农户"的新型林业产业体系。五是优化发展环境。落实政务公开、服务承诺制度，清理行政审批、许可和收费项目，积极为企业提供产品、市场和信息服务。加快了林产品交易市场建设，完善了市、县、乡林产品生产、流通和经营体系。六是招商引资。把招商引资作为林业产业发展的助推器，依靠商丘市资源、区位、交通优势，开展网络招商、专业招商、以商招商。宁陵县引进木材加工业项目 1 个，投资 1.5 亿元，已建成投产。

（四）林权制度改革迈出新步伐

一是进一步深化集体林权改革，运用"四议两公开"工作法，加强林权管理，推进了配套改革。突出抓好林地林木流转，引导农民以转包、出租、转让、互换、入股、抵押等多种形式流转林权。二是坚持把林业资源增长和农民增收作为改革的出发点和落脚点，做到"不栽无主树、不造无主林、造林就确权、确权就发证"。在全市范围内推进新造林确权发证，凡林农自愿申请办理林权证的，林业部门都给予积极办理，提供高效服务。已发放林权证 19 万多份。三是搭建林权交易平台，扎实做好林权登记管理、流转交易、纠纷调处、合同仲裁等方面的管理服务工作，激发林农的积极性。以永城市为试点开展林权评估、抵押贷款，一部分林农和造林大户利用林权证抵押，从农村信用社获得了贷款。

（五）森林资源管护得到新加强

（1）资源管理切实加强。一是加强木材采伐管理。下达林木年度采伐限额和木材生产计划，严禁超限额采伐，全年完成森林更新采伐 55 万立方米，林木凭证采伐率、办证合格率均达 90% 以上；强化林业用地管理，征占用林地审核率达 98% 以上。二是加强木材运输管理，严厉打击无证运输木材和冲撞站卡行为。同时，对木材检查站采取明查暗访，对执法人员加强业务培训，规范行政执法，严禁公路三乱行为。三是积极开展重点公益林管护，完成了 2 万亩国家重点公益林的生态补偿基金申报和管护抚育任务。四是加快国有林场改革发展，完成了国有林场棚户区改造入户调查及林区水电路建设规划工作。五是加强野生动物保护和疫源疫病监测工作，对民权林七省级鸟类疫源疫病监测站开展业务指导。加大了非法猎捕、非法经营野生动物行为的打击力度，共办理野生动物案件 42 起，收缴野生动物 1.9 万只。六是抗灾救灾工作扎实深入。积极应对强飑线灾害，全面组织林区开展生产自救，清理倒伏折断树木 300 多万株，抚育林木 200 多万株。争取国家救灾资金 180 万元，为林区开展生产自救提供了保障。

（2）森林公安打击力度加大。一是加强了对森林公安"三定"和人员过渡、考录工作的监督管理，完成了民警过渡工作。二是基层派出所建设进一步加强，森林公安办公办案场所和条件有了新的改善。完善了警务区建设，规范了警务区管理，增强了林区防控能力。三是大力开展打击破坏森林资源违法犯罪专项行动。组织开展了"追逃"、"林区禁毒"、"绿盾三号"、"打击破坏野生鸟类违法犯罪"、"打击破坏森林资源违法犯罪"、"天网四号"和"保护新植幼树"等7次林业严打专项行动，全年查处各类涉林案件622起，其中刑事案件98起，林政案件524起，治安案件39起，逮捕51人，处理其他违法人员738人，治安拘留42人，追捕外省逃犯2名。

（3）护林防火力度加大。落实护林防火责任制，加强国有林区和重点部位火源管理，"三夏"、"三秋"期间开展了火灾隐患排查，严格落实秸秆"禁烧"，控制野外用火。全年没有发生森林火灾现象。

（六）科技兴林取得新成果

一是围绕林业生态市建设，种苗先行，加大了林业育苗力度，大力发展非公有育苗，积极鼓励发展育苗专业户和专业村，建立了比较稳定的育苗基地，年出圃优质苗木6 000多万株。《河南日报》头版报道了商丘市发展花卉苗木的做法。二是加强苗木质量管理，按照育苗与林业重点工程建设"同步设计、同步实施、同步验收"的要求，严格落实"一签两证"制度，确保种苗质量，使商丘市造林苗木合格率提高到了90%以上。三是推广9501、9502泡桐等优良林木新品种7个，推广中红杨繁育等先进林业技术5项，制定林业地方标准1项，申报审定白皮千头椿林木良种1个，建成了黄河故道科技示范园1处。四是加强林木种质资源收集，建成了林木种质资源收集保存区300亩，收集林木优良单株1 500株。五是积极探索乡（镇）林业中心工作站建设模式，对全市乡（镇）林业工作站建设进行了深入调研论证，提出了建设规划。

（七）林木病虫害防治迈上新台阶

一是以防为主，加强林业有害生物监测预报，定期发布林业有害生物发生报告。组织全市森防技术干部到濮阳、菏泽进行了美国白蛾监测防治学习培训，密切关注美国白蛾的传播入侵，并制订了应急预案。重点开展了杨树黄叶病、美国白蛾专项调查，在商丘市没发生危害现象。二是开展杨树、经济林等林木病虫害综合防治，林木病虫害成灾率控制在了3.23%以下，无公害防治率提高到78.78%以上，种苗产地检疫率92.98%。2009年夏秋季节，商丘市杨树食叶害虫暴发，危害面积84万多亩，及时调用飞机防治20余万亩，开展专业队防治和群防群治60多万亩，没有造成大的灾害。三是编写了《村级森防员培训教材》，重点对梁园区、睢阳区国有林场护林员、乡村护林员、乡（镇）林场职工以及林业专业户进行了培训。四是进一步完善森防体系，建成了市森防站标本室，目前全市已经建成国家级标准站1个、省级标准站8个，国家级中心测报点2个、省级中心测报点1个。市森防站和宁陵县、睢阳区森防站被省林业厅评为全省林业有害生物防治工作先进单位，睢阳区森防站被评为全省先进中心测报点。全省林业有害生物防治现场会在商丘市召开。

（八）林业宣传得到新拓展

围绕林业生态市建设、产业发展、林权制度改革、资源管护和林木病虫害防治等工作，全方位宣传林业。共设立林业大型宣传牌 20 多个，刷写墙体标语 2 100 多条，全年在国家级媒体和网站发消息 15 篇、省级 6 篇、市级 100 多篇；在国家、省、市级发信息 120 多篇，提高了商丘林业知名度。一是建立信息宣传网络。市、县、乡三级林业部门明确了林业宣传信息员，利用互联网、信息刊物、信息直报等畅通信息报送渠道，完善了信息宣传网络。二是实行目标责任制。将宣传信息工作量化分解，制定了考评奖惩办法，坚持每月发信息通报，根据完成情况，年终兑现奖惩。三是与市委宣传部联合下发了林业宣传方案，将 3 月份定为林业宣传月，组织开展了爱鸟周、野生动物保护宣传月、林业法制宣传日、湿地保护宣传日等宣传活动。四是设计宣传载体。以林业生态建设为主线，结合生态市建设、创建绿化模范城、林权制度改革等重点工作，确定宣传主题，通过电视、电台、报纸、网站、行风热线和宣传牌、村头大喇叭、墙体标语等形式，营造宣传氛围。五是加强宣传信息员队伍建设。定期组织宣传信息员业务培训，交流经验，提高信息质量。

（九）队伍建设呈现新面貌

一是深入开展学习实践科学发展观、焦裕禄精神和 "讲、树、促" 活动，以 "坚持科学发展，建设生态文明" 为主线，以 "三问商丘林业" 为突破口，围绕 "林业十大专题"，认真查找制约商丘市林业发展的难题，坚持边查边改、创新体制机制，促进了林业的科学发展。全局党员干部共撰写心得体会 600 余篇，撰写调研报告 20 余篇，形成理论文章 30 余篇，为完成全年林业各项工作任务奠定了思想基础。二是加强政风行风建设。把政风行风建设与 "两转两提" 相结合，与提高执法水平相结合，与反腐倡廉相结合，加强领导，健全制度，实行跟踪问效。三是积极转变作风，利用行风热线平台，开展林业政策、法律、技术咨询服务。积极开展下基层服务林农活动，6 月份集中一周时间，抽调 300 多名干部，深入 4 800 多个行政村，利用村头大喇叭开展 "送政策、送法律、送技术" 活动，共发放 "送政策、送法律、送技术" 明白纸 2 万多份。四是加强精神文明建设，围绕树立林业形象，开展了 "比、学、赶、帮、超" 争先创优活动和先进文明科室站评选活动；积极组织为灾区捐款，开展帮扶解困和送温暖、献爱心活动，共捐款 2 万多元。

2009 年，是贯彻中央、省委、市委林业工作会议精神，推进林业发展的关键一年，也是林业部门抢抓机遇、奋发有为、提升水平的一年。商丘市林业局紧紧围绕加快林业持续发展的目标，突出林业生态建设、林业产业发展、林权制度改革，强化依法治林、科技兴林、资源保护、队伍建设，进一步推进生态改善、产业跨越、林兴民富，取得了显著的成绩。商丘市林业局被省政府授予 "河南省森林资源连续清查工作先进集体" 荣誉称号，商丘市梁园区林业局、民权县林业局被省政府授予 "河南省森林资源连续清查工作先进集体" 荣誉称号，睢县被省绿化委员会授予 "河南省绿化模范城县" 荣誉称号，虞城县乔集乡、商丘市梁园区张阁镇被省绿化委员会授予 "河南省绿化模范城乡" 荣誉称号；张瑞英、王学超被省林业厅授予 "全省林业科技先进工作者"；李瑞华被全国绿化委员会授予 "全国绿化奖章"，王法清、陈国杰、王剑被河南省绿化委员会授予 "河南省绿化奖章"。

二、纪实

开展全民义务植树活动　2 月 6 日，春节后第一个工作日，市委、市政府在 105 国道开发区段举行了林业生态市建设全民义务植树活动启动仪式，拉开了 2009 年林业生态市建设春季植树造林的序幕。市委书记王保存、市人大主任高献涛、市长陶明伦、市政协主席吴宏蔚率领市四大班子成员和市直机关、企事业单位、各人民团体负责人以及商丘军分区、驻商部队、武警官兵、部分群众、青年自愿者共 3 000 余人参加了这次义务植树活动。

河南民盟在民权营造"河南民盟生态林" 2 月 28 日，河南民盟在民权林场举行了"参与绿色行动、共建生态河南"植树造林活动启动仪式。省政协副秘书长、民盟河南省委副主委毛德富，副市长、民盟商丘市委主委刘爱田，市政协副主席胡学亮出席启动仪式并为"河南民盟生态林"揭幕。

商丘市召开高规格林业生态市建设工作会议 2 月 13 日，商丘市召开了全市林业生态市建设工作会议。各县（市、区）长、分管副县（市、区）长、林业局长、财政局长和各乡（镇）党委书记或乡（镇）长以及林业生态市建设领导小组成员、受表彰的林业生态市建设先进集体、个人共 300 多人参加。市长陶明伦出席会议并作重要讲话。市委副书记张文深主持会议。市人大副主任陈海娥宣读市政府关于对林业生态市建设工作先进集体和先进个人表彰的决定，并进行了大会颁奖。副市长李思杰总结了 2008 年林业生态市建设工作，安排部署了 2009 年林业生态市建设工作。各县（市、区）政府分别向市政府递交了 2009 年林业生态市建设目标责任书。睢县人民政府、柘城县起台镇政府作典型发言。市政协副主席胡学亮、军分区副司令员王红旗出席会议。

市长陶明伦查看林业生态市建设情况 3 月 4 日，市长陶明伦在市领导刘慧生、李思杰和市直相关部门负责人陪同下，深入到夏邑县的田间地头，与基层干部群众亲切交谈，详细询问了解林业生态市建设进展情况。陶明伦在对夏邑县太平乡赵庄村育苗收入情况查看后，对今年林业生态市建设提出了更高要求，当前正是植树造林的黄金季节，各级要抓住有利时机，加快造林进度。

商丘市召开林业生态市建设现场观摩会 4 月 22~23 日，商丘市召开了各县（市、区）林业局长参加的林业生态市建设现场观摩会，由市林业局 3 位副局长带队组成 3 个现场观摩组，对全市农田防护林、廊道绿化、村镇绿化、黄河故道沙区治理等林业生态市建设重点工程进行了现场观摩；23 日下午专门召开座谈会，各县（市、区）林业局长总结汇报了春季林业生态县建设情况，交流了经验，查找了不足，并对近期林业生态市建设核查验收、林权制度改革、林业有害生物防治、幼树管护和森林公安工作进行了安排部署。

省林业厅副厅长丁荣耀莅临商丘市查看林业灾情 6 月 4~5 日，省林业厅副厅长丁荣耀一行 3 人莅临商丘市查看林业受灾情况，督导商丘市林业部门全力以赴开展救灾、生产自救工作。

国家林业局木材安全调研组莅临商丘调研 6 月 10~11 日，国家林业局木材安全调研组在原林业部副部长、中国老科协副会长刘于鹤率领下一行 6 人莅临商丘市调研林业生态建设、产业发展和木材安全工作。在市领导的陪同下，调研组先后到虞城县、永城市、梁园区、睢阳区和鼎盛木业调研林业重点工程建设、植树造林、林业产业和木材安全生产情况。

国家林业局驻武汉森林资源监督专员办事处来商丘市调研现代林业建设情况 7 月 10~12 日，为贯彻中央林业工作会议精神，国家林业局驻武汉森林资源监督专员办事处专员何美成带领主任科员席明星、刘星组成调研组，在省林业厅副巡视员谢晓涛、副处长王理顺的陪同下，来商丘市调研现代林业建设情况。

商丘市顺利通过全国绿化模范城市预检　9月16~17日，由省政府参事室参事、教授级高工赵体顺为组长、省林业厅植树造林处处长师永全、河南农业大学园艺学院院长、教授冯建灿、郑州牧专宣传部部长、教授王凌彬、省绿委办科长李怀占为成员的全国绿化模范城市预检组莅临商丘，对商丘市创建全国绿化模范城市工作进行了预检。

周口市

一、概述

2009 年，周口市林业局以邓小平理论和"三个代表"重要思想为指导，深入学习实践科学发展观，认真贯彻落实中央、省委和市委林业工作会议精神，科学规划，多策并举，突出重点，狠抓落实，全力推进林业生态市和国家现代林业示范市建设，林业生态建设再上新台阶。全年共完成营造林 50.28 万亩，是年度任务 44.82 万亩的 112%。其中，完成植树造林 4 099 万株，面积 30.68 万亩；完成中幼林抚育 19.6 万亩。全年林业总产值 61.8 亿元，较上年增长 20%。党风廉政建设、机关建设和其他工作取得新成效。周口市林业局领导班子被评为"优秀领导班子"。周口市被国家林业局确定为"国家现代林业建设示范市"，被省绿化委员会授予"河南省绿化模范城市"称号。周口市林业局被省委、省政府授予"河南省民族团结进步模范集体"称号。淮阳、太康、郸城、沈丘等 4 个县顺利通过了省林业生态县验收，淮阳、沈丘两县获"河南省绿化模范县"称号，鹿邑、太康两县获"全国绿化模范县"称号，淮阳龙湖被国家林业局确定为"国家湿地公园"。

（一）以实施六大生态工程为重点，全面推进林业生态建设

（1）农田防护林网改扩建工程。把农田林网的改扩建作为工作重点，对断带和网格较大的农田防护林网进行更新改造，实行统一规划，重点突破，一步到位，一次成网。

（2）生态廊道网络建设工程。绿化的重点是境内的高速公路、国道、省道、县乡公路和部分大中型河道。公路绿化主要是许亳、大广、周商、南洛高速公路、省道 207 线和部分新修扩建的县乡公路；河道绿化包括西华县境内的颍河，淮阳县境内的老黑河，商水县境内的黄碱沟、界沟河、老枯河、黑沟、牛王寺河、雷马沟，项城市境内的沙河和汾河等。

（3）城市林业生态建设工程。通过创建园林城市等活动，加强了环城防护林、城区绿化、通道绿化和城市森林公园建设，使城市林木覆盖率和人均绿地面积大大增加，改善了市民的生活及工作环境。

（4）村镇绿化工程。围绕新农村建设，以村镇周围、村内道路两侧和农户房前屋后及庭院为重点进行了绿化、美化。

（5）森林抚育和改造工程。通过加强培育、科学改造、适当补植，加大了对中幼林抚育和低质低效林改造的力度，提高了林业的综合效益。

（6）防沙治沙工程。目前，全市有宜林沙荒地 14 万亩，沙化耕地 129.08 万亩。根据林业生态建设规划，主要分布在西华、扶沟、太康、淮阳、川汇区五个县区，均圆满完成了目标任务。

（7）深入开展全民义务植树运动。2009 年，动员广大群众自觉参与到全民义务植树运动，掀起全社会办林业、全民搞绿化的热潮。在义务植树活动中，适龄公民以直接参与植树、缴纳绿化费或以认领认养树木绿地等形式履行法定植树义务，全民义务植树尽责率达 86%以上。同时，注重科学规划，加强科技推广，强化经营管护，认真检查监督，造林成活率达到 90%以上。

（二）依托资源优势，加快林业产业发展

针对国际金融危机引起木材价格下滑的不利影响，采取扶持引导、优化结构等措施，着力推动木材加工、林果、花卉苗木和生态旅游等四大林业产业发展，使林业产业保持稳步较快发展。

（1）大力发展林产品加工业。通过制定优惠政策，开展招商引资，继续加大了对郸城县天工木业、淮阳县恒源木业、西华县欧美木业和盛荣木业、商水县晨曦木业、扶沟县豫鑫木业等龙头板材加工企业的政策扶持力度，充分发挥龙头企业优势，延伸产业链条，扩张规模，辐射带动，加快林业产业的发展。目前，全市速生丰产林基地达 44 万亩，木材加工企业 2 334 家，家具厂 160 家，年木材加工能力达 40 万立方米。

（2）积极发展名优经济林。通过扶持引导、扩张规模、拉长链条，全市经济林得到较快发展。目前，全市以苹果、桃、柿、梨、杏、李子、大枣、胡桑为主的经济林达 60 万亩，总产量 29.3 万吨。

（3）切实抓好林业育苗。林木种苗工作围绕林业生态市和国家现代林业示范市建设，坚持以市场为导向，积极调整育苗树种结构，发展名特优稀果树育苗和常青绿化树种及花卉苗木，提高了经济效益和社会效益。全市现有园林绿化苗木面积 12.5 万元，以花卉和林木种苗为主的国有、集体和个体户超过 2 100 家。

（4）积极发展生态旅游。利用丰富的林果资源积极推动生态旅游，取得良好效果。淮阳、西华、商水、项城、川汇区等县市区依托经济林和文化资源优势发展生态观光游，成功举办了荷花节、桃花节、葡萄节和采摘节，累计接待省内外游客 10 万人次。

（三）以保护林业资源为中心，加强支撑保障体系建设

（1）加强森林公安队伍建设。森林公安部门严格队伍管理，坚持从严治警与从优待警相结合，认真执行内务条令，落实公安部"五条禁令"，加强"三基"工程建设，深化"大练兵"活动，提高了森林公安民警的整体素质。做好全市森林公安民警过渡工作。按照全省统一部署，周口市林业局与市人事、编制等部门密切配合，精心组织，顺利开展了全市森林公安机构核定政法专项编制暨人员过渡和考试录用工作，全市共核定政法专项编制 130 人，其中周口市森林公安局核定政法专项编制 20 人。

（2）深入开展林业严打专项行动，切实保护林业资源。2009 年，全市相继组织开展了绿盾三号、林区禁毒和打击破坏野生动物资源违法犯罪活动等专项行动。专项行动中，全市共查处各类案件 314 起，处理违法人员 338 人。同时，切实加强麦收期间秸秆禁烧和秋冬季护林防火工作。未发生因焚烧秸秆损毁林木重大事故。

（3）资源林政管理部门切实抓好林木采伐、木材运输和销售管理。2009 年，全市林政管理部门共办理审批采伐林木 8.1 万立方米，凭证采伐率达 85 % 以上，全部实行网上办理。全市木材经营加工户达 2 334 户，凭证经营率达 90 % 以上。加强林业行政服务窗口创建工作，提升了服务水平，提高了工作效率，保持了"河南省林业文明服务窗口"的荣誉称号。

（4）加强野生动植物保护和疫源疫病监测工作。2009 年，依法办理省重点野生动物驯养繁殖许可证 8 份。救助国家 Ⅰ、Ⅱ 级野生保护动物 36 只，主要有白天鹅、鹰、鹭等。建立健全了野生动物疫源疫病监测体系。建省级监测站 1 个，市级监测站 2 个，县级监测站 10 个，全市野生动物疫源疫病监测点达到 182 个。上报野生动物疫源疫病监测报告单 300 份，培训监测人员 20 人次。

（5）积极实施科教兴林。采取引进、推广等形式，深入开展了科教兴林工作。一是引进林业新品种。共引进推广新品种 29 个，造林良种率达 85 % 以上，推动了林业精品工程建设。二是推广林业新技术。在造林过程中，大力推广杨树病虫害综合防治、楸树新品种快繁技术等新技术 16 项，提高了造林成活率和保存率。三是加大科技项目建设。获市科技进步一等奖 1 项，二等奖 2 项。新建林业科技示范区 25 个，共 1.82 万亩。四是加强林业科技知识宣传。举办各种技术培训班 10 期，培训林技人员和林农 5.15 万人次。印发技术资料 2 万份，解答技术咨询及疑难问题 6 000 多人次。

（6）开展林业有害生物防治和林业检疫工作。2009 年，全市林木病虫害发生面积 33 万亩，按照上级要求，运用无公害防治措施和手段，在中、重度病虫害发生的区域实施综合除治，防治 29.7 万亩，无公害防治率达 91.27%。在林业检疫工作中，全市森检人员与各木材检查站紧密配合，依法开展调运检疫，两年共检疫苗木 2 638 万株，木材 12.9 万立方米，种苗产地检疫率达 99.8 %。

（四）集体林权制度改革工作有序推进

认真贯彻落实《中共中央 国务院关于全面推进集体林权制度改革的意见》（中发〔2008〕10号）和省政府《关于深化集体林权制度改革的意见》（豫政〔2007〕82 号），因地制宜，采取责任承包、联户承包、大户承包和公司＋农户承包等四种模式，大力推进集体林权制度改革，初步建立了产权归属明晰、经营主体落实、责权划分明确、利益保障严格、监督服务到位的现代林业产权制度。全市 189 万亩林地全部明晰了产权，并录入上网，已完成发证面积 181.2 万亩。

（五）加快文昌生态园建设

市领导对文昌生态园建设高度重视，多次听取项目建设专题汇报，并数次亲临现场进行督促指导。共栽植各类树木 26.6 万株，硬化绿化中心广场 1 500 平方米，完成热带植物园 95% 的热带植物配置。

二、纪实

文昌生态园一期工程已正式向市民开放　1 月 1 日，文昌生态园一期工程已正式向市民开放。文昌生态园北邻文昌路，南至洼冲沟，西起东一路，东到李楼村。相距周口市区 10 公里，总占地面积达 2 500 亩，总投资 1.2 亿元，被市委、市政府列入 2008 年"双十五"重点基础设施工程项目。一期工程占地 1 300 亩。

市政府出台《2009 年周口林业生态市建设实施意见》　2 月 12 日，周口市人民政府办公室下发《关于印发〈2009 年周口林业生态市建设实施意见〉的通知》（周政办〔2009〕13 号），对周口市 2009 年林业生态市建设目标与要求作出了规定。

毛超峰察看春季植树造林情况　3 月 17 日，毛超峰、李明方、史根治等来到淮阳县曹河、齐老、安岭等乡镇，察看春季植树造林情况，并和当地群众一起参加植树活动。

商水县城区绿化改造项目工程会议　3 月 26 日，商水县在周口市招投标交易中心举行城区绿化改造项目工程会议。评标委员会进行了认真、细致公正的审查、评标和比较。向招标人推荐了两名中标候选人。

永城市发布创建省级园林城市实施方案　4 月 9 日，永城市创建省级园林城市实施方案编制完成并向社会发布。

周口市开展杨树食叶害虫集中防治　8 月 1 日，即日起，周口市林业局采取得力措施，集中时间，对杨树食叶害虫开展突击防治。

周口市获"第九届中原花木博览会金奖"　9 月 6 日，第九届中原花木博览会在许昌鄢陵召开，周口市积极参会参展，获"第九届中原花木博览会金奖"。

淮阳龙湖国家湿地公园总体规划评审会召开　10 月 16~18 日，《淮阳龙湖国家湿地公园总体规划》评审会在淮阳县召开。国家林业局专家评审组、省林业厅、周口市林业局及淮阳县林业、城建、土管、发改委等部门的负责同志参加评审会。

驻马店市

一、概述

2009 年，驻马店市林业工作在市委、市政府的正确领导下，在省林业厅的亲切指导下，在社会各界和全市人民的大力支持下，以"三个代表"重要思想和十七大精神为指导，以科学发展观为统领，以贯彻落实中央和省市委林业工作会议精神为契机，以创建林业生态县为载体，以集体林权制度改革为动力，以科技进步为支撑，以保护森林资源为前提，精心组织，狠抓落实，圆满完成了省林业厅和市政府下达驻马店市的年度目标任务，全面推进林业建设迈上新台阶。造林绿化工作取得新进展，汝南、正阳、确山三县通过了省里林业生态县检查验收；集体林权制度改革稳步推进，全市所有县（区）都完成了省林业厅下达的年度目标任务，勘界确权都在 80%以上，微机录入都在40%以上；森林资源保护管理工作取得新突破；科技兴林得到长足发展，为构建和谐中原、打造生态驻马店、促进新农村建设作出了新贡献，取得了新成就。

（一）着眼生态建设，大力开展造林绿化

全市各级党委、政府高度重视造林绿化工作，广泛动员，精心组织，强化措施，狠抓落实，投入了大量的人力财力，以林业生态县、生态市建设为载体，大力开展植树造林活动。经省验收，全市共完成造林面积 40.89 万亩，为任务的 118%；义务植树 1 669.3 万株，为任务的 139%；森林抚育和改造完成 17.1 万亩，为任务的 100.2%，圆满地完成了市政府下达驻马店市的年度营造林总体目标任务。认真落实"市委、市政府 2009 年承诺的十五件实事"，超额完成了全市 114 个乡（镇）1 160 个村的绿化任务，为任务的 146%；以巩固成果、发展后续产业为重点，扎实推进退耕还林，荒山荒地造林 5.8 万亩，巩固退耕还林后续产业 1.143 万亩，补植补造 4.25 万亩，已 100%完成，同时突出抓了政策兑现和退耕还林信访工作，确保了退耕还林工程的顺利实施。汝南、确山、正阳三县通过了省里林业生态县检查验收。

（二)不断强化措施，积极推进集体林权制度改革

由于种种原因，驻马店市林改工作起步较晚，但通过全市上下的共同努力，2009 年集体林权制

度改革实现了重大突破，取得了阶段性成效。全市集体林地总面积 332.2 万亩，已勘界确权面积 305 万亩，确权率 92%，超省定目标 12 个百分点；微机录入面积 229.2 万亩，完成率 69%，超省定目标 29 个百分点。其中遂平、上蔡、西平、汝南、平舆五县已经基本完成任务。

（三）严格依法治林，切实加强森林资源管护

大力加强森林资源管理和保护工作，是巩固造林绿化成果，实现林业又好又快发展的重要途经。2009 年主要抓了以下几点：

一是大力开展林业法律法规宣传教育活动。充分利用各种新闻媒体向全社会宣传普及林业法律知识，多次在市区组织版面、图片宣传，设立咨询台普法，在全市林业系统进行普法学习考试，组织各县区、国有林场等林业单位，充分利用电视、广播、报纸、宣传车、传单、标语、林业法律知识竞赛等多种手段、多种形式，把林业法律知识送到千家万户。通过有力的宣传教育，进一步增强了林业部门依法行政和全社会以法治林的法制观念，增强了广大人民群众遵纪守法、爱林护林的文明意识和保护绿色、保护环境的自觉性。

二是切实加强林政管理。为规范林木采伐管理，严格执行《国家林业局关于切实加强森林资源保护管理的通知》和《河南省人民政府关于严格执行"十一五"期间年森林采伐限额加强森林资源保护管理工作的通知》，并结合驻马店市实际情况，完善了林木采伐程序，规范了林木采伐档案管理，严格采伐审批制度，认真进行伐前踏查、伐中监督和伐后验收，林木凭证采伐率和发证合格率均达到 95% 以上。依法严厉打击违法占用林地、毁林开垦、超限额采伐、盗伐林木、滥伐林木、非法运输、经营加工木材等破坏森林资源的行为，依法查处各类林业行政案件，无发生重大毁林、乱占林地案件。2009 年驻马店市共发生各类林业行政案件 453 起，查结 418 起，案件查结率在 92.2%。

三是不断强化森公安工作。全市森林公安机关根据国家林业局森林公安局、省林业厅、省公安厅、省森林公安局的统一部署和安排，先后开展了追逃专项行动、绿盾三号行动、打击破坏野生鸟类资源违法犯罪专项行动、严厉打击破坏森林资源违法犯罪专项行动、严厉打击涉林违法犯罪专项行动。一年来，全市森林公安机关共查处林业案件 1 037 起，其中刑事案件 85 起，治安案件 22 起，行政案件 930 起，打掉犯罪团伙 4 个，破获 2 起社会影响大、群众反映强烈的非法占用林地案件，查处违法人员 1 263 人，其中刑事拘留 98 人，批准逮捕 41 人，移送审查起诉 52 人，治安拘留 26 人，行政处罚 1 175 人，清理非法占用林地 46 处，非法经营木材加工点 102 个，收缴木材 205 立方米。同时，加强队伍建设，积极开展森林公安人员过渡工作，截至目前，驻马店市森林公安机关已有 121 人过渡为公务员。

四是大力加强生态公益林建设。2009 年驻马店市根据省厅要求，对国家重点公益林资源进行了细致调查，进一步掌握国家重点公益林分布情况和资源状况，并对国家重点公益林进行科学化、合理化调整，为下一步对公益林进行等级划分提供依据。2009 年，驻马店市共落实中央财政森林生态效益补偿基金 260.3 万元，补偿面积 54.81 万亩；落实省级森林生态效益补偿基金 344.4 万元，补偿面积 72.5 万亩；落实省级支出公益林建设项目 3 个，项目资金 40 万元。全市公益林管理工作开展正常，各项公益林保护管理措施得到落实，生态效益补偿基金使用没有违规行为。

五是积极开展野生动植物保护活动。以"爱鸟周"活动、10 月野生动物保护宣传月活动和

"冬季严厉打击涉林违法犯罪专项行动"为契机,认真贯彻省林业厅《关于促进野生动植物可持续发展的指导意见》精神,突出抓了野生动植物保护、自然保护区建设。全市共出动宣传车 300 余次,出动人员 1 000 余人次,散发野生动物保护宣传页 10 000 余张,张贴标语 500 多条,有效提高了保护意识。同时,与林政、森林公安联合行动,对非法猎捕、毒杀野生动物的重点地域,非法经营、加工野生动物的市场、饭店、酒楼,非法驯养、繁殖野生动物场所,非法销售野生动物的集散地、贩运渠道及窝点进行了突击检查和集中治理,依法打击破坏野生动植物的违法犯罪行为,教育了群众,震慑了犯罪分子。

六是大力加强森林防火工作。按照"预防为主,积极消灭"的方针,狠抓组织指挥体系、行政领导负责制、宣传教育、火源管理、应急机制、基础设施和森林消防队伍建设,取得了明显成效。监测瞭望和预测预报、通信联络、林火阻隔等体系日益完善,预防和控制重特大森林火灾的能力进一步增强。2009 年森林火灾受害率为 0.3‰,实现了与省林业厅、市政府签订的年森林火灾受害率不超过 1‰ 的森林防火控制目标。

七是狠抓森林病虫害防治工作。坚持"预防为主,科学防控,依法治理,促进健康"的方针,认真贯彻《森林病虫害防治条例》和《植物检疫条例》,继续推行林业有害生物目标管理、考核制度,强化林业有害生物防治体系建设,积极开展了林业有害生物测报、防治、检疫,松材线虫病、美国白蛾、杨树黄叶病害专项调查,森防宣传月活动、村级森防员培训等工作;加大了防治、检疫的执法力度,圆满完成了省林业厅下达驻马店市的林业有害生物防治目标管理任务,有效保护了驻马店市的造林绿化成果和生态环境安全。全市有林地面积 35 793 万亩,成灾面积 3 610 亩,成灾率 1‰,比省林业厅下达目标 5‰ 下降 4 个千分点。对西平、平舆、汝南等 8 个县(区)7.5 万亩受食叶害虫侵害的速生杨树进行了飞机防治,收到良好效果。

（四）强化科技兴林，提高林业经营效益

紧紧围绕驻马店市生态建设、退耕还林、淮河防护林、绿色通道及平原绿化等林业重点生态工程项目建设,积极实施科教兴林和人才强林战略,结合农业经济结构调整,积极服务"三农",大力推广应用林业新技术、新成果,强化林业技术服务。2009 年重点推广了速生杨、速生刺槐、楸树、大枣、杏李、桃、板栗、石榴等林木新品种 10 余个。工程造林良种使用率达到 90% 以上,推广应用林业新技术 6 项,果树无公害栽培技术,低效林改造技术,地膜覆盖技术,杨树食叶害虫防治和马尾松毛虫防治技术,板栗储藏保鲜技术,ABT 生根粉等新技术得到普遍应用。狠抓林业育苗基础产业和种苗工程建设,为造林绿化和林业生态建设提供优质苗木、奠定扎实基础。2009 年,全市共完成大田育苗 3.3 万亩,是省林业厅下达任务的 110%。同时,注重抓了林业科技教育和人才培训工作,千方百计改善园林学校办学条件,努力解决生源不足,资金短缺,基础设施落后问题。

（五）围绕繁荣发展，加强国有林场管理

依据国家体制、机制改革政策,着眼国有林场的发展与繁荣,在搞好政策调整的同时,加大了对林场脱贫解困的工作力度,国有林区秩序稳定,国有林地管护良好,林场经济稳步发展。

（六）搞好林业产业，促进经济快速发展

在搞好生态建设的同时,注重抓了林业产业发展。结合驻马店市实际,制定了《驻马店市林业产业发展实施意见》，促进了驻马店市林业产业的快速发展，2009 年全市共争取各类林业建设资金 1.14 亿元，实现林业产业总产值 26.8 亿元，比去年增长 14%，较好地完成了省厅下达驻马店市的产值目标任务，林业产业呈现良好发展势头，为驻马店市经济发展注入了新的活力。

（七）围绕中心工作，积极开展信息信访宣传工作

2009 年，围绕贯彻落实中央和省、市委林业工作会议精神和完成各项林业生产任务，适时加大了林业信息、林业宣传及信访工作力度。全年共编发"驻马店林业"简报 49 期，制作宣传条幅 14 条，制作宣传版面 10 块，印发宣传单 2 500 份，在市电视台播放林业公益宣传广告 185 次。同时，结合驻马店市林业生产进展情况，局领导先后 4 次在市广播电台开辟的"行风热线"栏目，现场回答群众提出的热点、敏感问题，积极宣传林业法律、法规及政策，受到群众的广泛好评。在每次组织开展的林业专项严打及其他林业活动中，我们都及时邀请新闻单位给予宣传报道。对于林业来信来访案件，做到及时认真登记、及时呈报领导、及时安排查处、及时上报结果。

（八）开展文明创建，促进林业改革发展

2009 年，驻马店市林业局精神文明建设工作，在市精神文明建设指导委员会办公室的亲切指导下，在局党组直接带领下，紧紧围绕年度目标任务，以创建省级文明单位为载体，以"建一流队伍、树一流形象、创一流业绩"为目标，努力打造一支"业务精通、思想过硬、作风优良、廉洁高效"的干部职工队伍，在全局形成了"善于争先、勇于创新、甘于奉献"的良好氛围，广大干部职工精神面貌焕然一新，各项林业工作都取得了新的突破，文明单位创建活动取得了显著成绩。

二、纪实

召开全市森林公安核定政法专项编制暨人员过渡和考试录用工作会议 1 月 6 日，在市人事局召开了全市森林公安核定政法专项编制暨人员过渡和考试录用工作会议。各县（区）人事局分管局长、干部股长、调配录用股长、机构编制办公室主任、林业局局长、森林公安局局长、人事股股长参加了会议。会议安排部署了全市森林公安核定政法专项编制暨人员过渡和考试录用工作。

召开全市林业有害生物防治工作会议 2 月 19 日，市林业局召开全市林业有害生物防治工作会议。各县（区）分管林业有害生物防治工作的副局长、森林病虫害防治与检疫站站长，国有林场副场长、生产科科长和市森林病虫害防治与检疫站全体人员参加会议。会上，表彰了 2008 年度先进单位和先进个人；传达了全省森林病虫害防治与检疫站长会议精神；签订了 2009 年林业有害生物防治目标管理责任书；总结了 2008 年工作、安排部署了 2009 年主要防治工作。

市委、市政府召开林业生态县建设现场会 2 月 24 日，市委、市政府在平舆县召开全市林业生态县建设现场会。各县（区）政府的县（区）长、县（区）委副书记、主管副县（区）长、林业局长，市直有关部门的负责人等 100 多人参加了会议。市委副书记杨喜廷出席会议并作重要讲话，西平等县进行了大会交流 。

检查指导草履蚧防治区防治工作 3 月 4 日，市林业局副局长安志泉、市森林病虫害防治与检疫站站长石湘云一行到上蔡县朱里镇草履蚧防治区检查、指导防治工作。

召开全市退耕还林工作会议 3月10日，市林业局召开全市退耕还林工作会议。参加会议的有各县（区）林业局主管局长、退耕还林办公室主任。会议通报了3月5日全省退耕还林工作会议精神，安排布置了下一阶段退耕还林工作。

发布2009年主要林业有害生物发生趋势 3月25日，市林业局发布了2009年主要林业有害生物发生趋势。

市政府召开造林绿化电视电话会议 3月30日，市政府召开全市造林绿化电视电话会议。市绿化委员会成员单位主要负责人参加了会议。各县（区）分会场由各县（区）县（区）长、分管副县（区）长、林业局局长及绿化委员会成员单位负责人参加。会议由副市长陈星主持，市长刘国庆作了重要讲话。

市政府召开森林防火工作电视电话会议 3月30日，市政府召开森林防火工作电视电话会议。会议由市政府护林防火指挥部指挥长、副市长陈星主持，市长刘国庆出席会议并作了重要讲话，市政府护林防火指挥部副指挥长、市林业局局长李清河及市政府护林防火指挥部全体成员参加了会议。会议贯彻落实国务院、省政府森林防火工作电视电话会议精神，并结合工作实际，对春季森林防火工作进行了全面部署。

组织开展"绿盾三号行动" 3月至5月1日，驻马店市林业局在全市范围内组织开展"绿盾三号行动"。重点打击因开矿、修路、建厂、采石、挖沙、旅游景区设施建设等活动引发的毁林和非法占用林地违法犯罪行为，盗伐、滥伐林木违法犯罪行为，故意毁坏新植幼树的违法犯罪行为，利用投毒、网捕、枪击、下套等手段非法猎捕、杀害野生动物的违法犯罪行为，非法收购、出售、经营、加工、运输野生动物及其制品的违法犯罪行为及查处各类涉林信访案（事）件。

省林业厅厅长王照平来驻马店市检查指导工作 4月1日，省林业厅厅长王照平一行4人，在市委副书记、市长刘国庆，市委常委、宣传部部长赵焕之，副市长陈星，林业局长李清河及有关县主要领导的陪同下，到驻马店市西平县、上蔡县检查了春季植树造林和林业生态县建设工作。

配合省种苗站开展种苗工作检查 4月6~8日，市林业技术推广站配合省经济林和林木种苗工作站开展了2009年种苗造林质量抽查、优质林木种苗培育扶持、项目落实情况，并对2008年的种质资源(马尾松)进行了检查验收。

召开全市林业有害生物防治检疫暨美国白蛾预防工作会议 4月13日，市林业局召开全市林业有害生物防治检疫工作会议暨美国白蛾预防工作会议。各县（区）分管林业有害生物防治工作的副局长、森林病虫害防治与检疫站站长、国有林场副场长和市森林病虫害防治与检疫站全体人员参加会议。会议传达了全省防治检疫工作会议暨美国白蛾防治工作会议精神，部署了驻马店市2009年的防治检疫工作。

市人大审议全市集体林权制度改革专项工作报告 4月27日，市林业局局长李清河在市二届人大常委会第十三次会议上向大会作关于全市集体林权制度改革工作情况的专项报告。大会审议并通过了该报告。

组织开展退耕还林宣传月活动 4月，退耕还林十周年宣传月活动在全市全面展开。活动宣传、总结了自2002年驻马店市实施退耕还林以来取得的巨大成绩、主要做法和典型经验。

召开国有林场危旧房改造工作会议　5月4日，市林业局组织四个国有林场危旧房改造工作会议。各国有林场场长、局保护科人员参加会议，局党组成员、调研员杨保森出席会议并讲话。会上，传达了省厅有关会议精神，安排部署了全市国有林场危旧房改造调查摸底工作。

市林业局与市气象局联合发布林业有害生物预警信息　5月31日，市林业局与市气象局联合发布林业有害生物预警信息。这次预警信息同时在驻马店电视台1、2、3套播出，连续播出2天。这次合作是市林业局、市气象局继上年签订《林业有害生物监测预报合作协议》后，首次联合发布预警信息。

开展严厉打击破坏森林资源违法犯罪专项行动　6月5日至8月31日，根据省林业厅、省公安厅的统一部署和安排，在全市范围内组织开展严厉打击破坏森林资源违法犯罪专项行动。行动中，共出动警力1 561人次，其他林业执法人员1 064人次，车辆845台次，清理非法占用林地56处、木材和野生动物加工经营场所52处，立刑事案件37起，林业行政案件326起，破获2起重特大毁林案件，刑事拘留32人，逮捕18人，治安拘留12人，行政处罚369人，罚款65万余元，收缴木材80余立方米。

对杨树食叶害虫实施大面积飞机防治　6月12~16日，驻马店市对杨树食叶害虫实施了大面积飞机防治。全市共涉及遂平、西平、上蔡、汝南、平舆、正阳、确山、驿城区等8个县区，是驻马店市飞防面积最大的一次，作业面积7.5万亩。飞防期间，西平、平舆、汝南等县分别举行飞防起航仪式，县政府及林业部门主要领导参加起航仪式并讲话。

迅速组织技术人员开展松材线虫病普查工作　6月14~29日，根据省厅紧急部署，驻马店市迅速组织技术人员开展松材线虫病普查工作。普查期间，市森林病虫害防治与检疫站石湘云站长带领技术人员分别赴上蔡、确山、泌阳等县及四个国有林场督促、指导普查工作。经查，驻马店市未发现松材线虫病。

召开全市林改工作推进会　7月13日，市林业局召开了全市林改工作推进会。会议回顾总结前一阶段工作，肯定了成绩，查找了问题，进一步统一了思想、提高认识、加强领导、强化措施、落实责任。各县(区)汇报了林改工作进展情况，讨论了林改工作量化考评办法和育林金征收管理办法。各县区林业局局长、分管局长、林改办主任参加了会议。党组书记、局长蒋金玉同志出席会议并作讲话。

多措施开展大规模林业有害生物人工地面防治　7月1日至8月20日，根据市林业局安排部署，结合实际情况，汝南、西平、平舆、泌阳等县分别以政府文件或政府明传电报下发紧急通知部署防治工作，采用喷药车、喷烟机、喷雾器等开展了大规模林业有害生物人工地面防治工作。

省护林防火指挥部办公室副主任李山林来驻马店市调研森林防火工作　7月24~27日，省护林防火指挥部办公室副主任李山林深入驻马店市森林防火重点县（区、场），对森林消防队伍建设、森林消防物资储备库建设以及航空消防地面信息情况等工作进行实地调研。

组织开展以"宣传防治法规，促进依法防治"为主题的森防宣传月活动　7月，驻马店市组织开展了以"宣传防治法规，促进依法防治"为主题的森防宣传月活动。市、县森林病虫害防治与检疫站组织人员参加了全国森防知识竞赛活动，通过印发宣传资料、设立咨询台、制作宣传版面等多种形式开展宣传月活动，收到了明显效果。

召开全市林业局长电视电话会议　8月11日，市林业局组织召开全市县（区）林业局长电视电话会议。会上，进一步学习贯彻中央林业工作会议精神和全省省辖市林业局长电视电话会议精神，回顾总结上半年林业工作，分析形势，安排部署下半年林业工作。副局长安志泉通报了林改工作情况，党组书记、局长蒋金玉作了重要讲话。

举办全市森林扑火指挥员业务知识培训班　8月18~19日，全市森林扑火指挥员业务知识培训班在薄山湖国家森林公园举办。市政府护林防火指挥部副指挥长、市林业局长蒋金玉作开班动员讲话，省护林防火办公室副主任马国顺授课，全市10个县（区）林业局主管森林防火工作的副局长、护林防火办公室主任，4大国有林场主管副场长、护林防火办公室主任，山区重点乡镇主管乡镇长，各风景名胜区、森林公园、湿地自然保护区的负责人及各级森林消防队长70余人参加了培训。

省厅检查组来市检查指导退耕还林工作　9月7~15日，省退耕还林和天然林保护工程管理中心组织对驻马店市2002年度到期的生态林和2005年度到期的经济林进行复查指导，给予了充分肯定和好评。

组织开展林业科普宣传活动　9月25日，市林业局在市解放大道组织开展了林业科普宣传活动。制作宣传版面10块，宣传横幅2条、宣传标语20条，印发宣传单1 000份，现场解答群众林果技术问题14条，受到群众一致好评。

省林业厅考核组来驻马店进行林业生态县检查验收　10月，省林业厅考核组来驻马店对申报林业生态县的确山、正阳、汝南三县进行了达标验收。经考核验收，三县达到了林业生态县建设标准，被省政府命名为"林业生态县"。

积极参加森林公安民警全员大轮训　11月29日至12月29日，根据省森林公安局统一部署，驻马店市积极组织森林公安民警参加省森林公安局统一组织的第一期民警全员大轮训。通过培训，使民警教育训练的基础设施不断完善、质量有效提升、各项保障措施得到较好的落实。

召开市委林业工作会议　12月2日，市委召开林业工作会议。会议回顾总结了2009年全市集体林权制度改革和林业生态县建设两项重点工作情况，安排部署了下一步驻马店市林业改革发展工作。副市长陈星宣读《驻马店市人民政府护林防火指挥部关于表彰2009年度森林防火目标管理优秀单位的决定》；各县（区）政府向市政府递交《驻马店市2010年度林业工作目标管理责任书》。各县（区）县（区）长、县（区）委副书记、分管林业的副县（区）长、林业局局长，以及市绿化委员会、护林防火指挥部、集体林改领导小组成员等单位的负责人参加了会议。市委副书记、市长刘国庆出席会议并作重要讲话。会议由市委副书记杨喜廷主持。

市政府召开森林防火工作电视电话会议　12月18日，市政府召开森林防火工作电视电话会议。市政府护林防火指挥部指挥长、副市长陈星主持会议并作重要讲话，市政府护林防火指挥部副指挥长、市林业局局长蒋金玉出席会议，市护林防火指挥部全体成员、各平原县（区）林业局主管副局长、驿城区政府护林防火指挥部全体成员参加了会议。

省林业厅检查组来市进行集体林权制度改革年度检查验收　12月22~28日，省林业厅集体林权制度改革工作年度检查验收组在市林业局副局长宋国恩、安志泉陪同下，对全市2009年集体林权制度改革工作情况进行年度检查验收。

南阳市

一、概述

一年来，以十七大精神为指针，认真贯彻落实省市林业工作精神，突出抓好林业生态建设和集体林权制度改革工作，不断加大科技和资金投入，大力发展林业产业，强化森林资源管护，林业建设持续快速发展，各项林业工作都取得了很大成绩。全市完成工程造林 129.95 万亩，完成森林抚育和改造 40.96 万亩；建成林业生态村 653 个。市中心城区以"一环二带四片六线"为重点，完成造林 3 500 亩，兰湖森林公园高标准植树 2 250 亩。全市完成义务植树 1 859 万株，参加植树 568 万人次。查处各类涉林案件 2 705 起，处理违法犯罪分子 2 913 人，收缴木材 7 468 立方米，为国家挽回经济损失 680 万元。

（一）造林绿化

市委、市政府把林业作为"生态大市、绿色南阳"建设的重要抓手，采取一系列措施，加快推进林业生态建设，形成了主要领导亲自抓、分管领导具体抓、全社会共同支持参与的大好局面。一是领导高度重视。市委、市政府十分重视林业工作，市委书记黄兴维深入县乡，调研指导林业生态建设和集体林权体制改革工作。市长穆为民亲自主持召开会议，安排部署林业工作，参加植树活动。市委副书记贾崇兰、市人大副主任谢先锋、副市长姚龙其、市政协副主席贺国勤等四大班子领导多次督导造林绿化工作，研究解决林业改革发展中存在的问题。各县市区也把林业生态建设放到重要位置，县委、县政府主要领导亲自研究部署抓落实，有力地促进了工作的开展。二是责任明确到位。市委、市政府明确了各级党政一把手是林业生态建设第一责任人，分管领导是主要责任人。市政府与各县市区政府签订了林业生态建设和森林防火目标责任书，强化目标管理，严格考核奖惩。对达到林业生态县创建任务的，通报表彰，奖励资金 10 万元，授予"全市林业生态建设先进县"荣誉称号。继续组织开展"常青杯"劳动竞赛活动，表先促后，奖优罚劣。三是加大资金投入。在省市投资的基础上，各地采取多种形式，拓宽筹资渠道，加大资金投入。去年，市财政投入林业生态建设资金 1 500 万元。市中心城区兰营水库生态防护林建设工程采取市财政安排一部分、动员机关团体和社会各界捐助一部分、通过其他项目和途径争取一部分的办法，共筹集资金 430 万元，高标准造林 2 260 亩。淅川县协调林业、水利、移民、金融等部门，融资 800 万元用于造林。卧龙区、镇平县拿出 500 万元，方城县列支 300 万元，对工程造林进行补助。据统计，全市共筹措资金 1.23 亿元，用于林业生态建设。四是严格督察奖惩。采取现场观摩、分片督察等形式，加大督导力度。 市林业局领导班子成员带队，分包 13 个县（市、区），对全市植树造林、集体林权体制改革、林业案件查处等工作，分阶段、有重点进行督察，指导解决问题，推动工作开展。各县（市、区）也都成立了由县四大班子领导或县（市、区）委、政府"两办"牵头组成的督察组，搞好督察评比，落实兑现奖惩。

（二）集体林权制度改革

按照省、市集体林权制度改革工作部署，全面推进集体林权体制改革工作，完成了省政府下达的 75% 以上年度目标任务。据统计，全市集体林地明晰产权面积 1 345 万亩，占应集体林权体制改革面积的 92.7%；登记输机 873.4 万亩，占 60.13%；已发放林权证 13 万户、11 万本，面积 287.2 万亩，投入集体林权体制改革资金 1 200 万元。市集体林权体制改革工作受到国家、省林业部门的高度关注，国家林业局孔明站长带队深入南阳进行调研；去年 5 月 26 日，全省集体林权体制改革现场会在内乡召开，总结推广内乡经验。

（三）林业生态县创建

各地按照林业生态县建设标准，细化目标，强化责任，逐项抓好落实。继南召县、内乡县、桐柏县之后，西峡县达到了林业生态县建设标准。唐河县积极开展申报工作，对照指标，完善提高，通过了省核查验收。其他县市区创建工作也都取得了较大成效，完成了年度建设任务。

（四）林业产业

以"调整结构、优化布局、增加收入"为原则，大力发展速生丰产用材林，扩大名优经济林面积，提高质量和效益。据统计，全市新发展速丰林 25 万亩，占任务 20 万亩的 125%；新发展名优经济林 5.4 万亩，占任务 4.21 万亩的 128.2%；年培育苗木 6.96 万亩，占任务 4 万亩的 174%；森林旅游年接待游客 560 万人次，旅游收入 3.53 亿元。2009 年，全市林业产值达到 70.27 亿元，占目标 68.31 亿元的 103%，增幅达 17.2%。积极组织参加第九届中原花木交易博览会，荣获金奖。

（五）林业支撑保障

加大科技兴林力度，实施省级林业科技项目 5 个，引进林果新品种 20 个，推广应用新技术 10 余项；完成科研攻关项目 5 个，编写制定市级林业标准文本 1 个。扶持 27 类优质种苗培育资金 141 万元。加强了自然保护区、森林防火、野生动物疫源疫病监测、林业有害生物防治、基层科技推广站和生态定位站等基础设施建设，启动了国有林场棚户区改造工程。完成了全市林业政务专网、视频会议系统及公文传输系统扩建到县的建设任务。组织开展了森林公安人员过渡和考核录用工作，抓好森林公安派出所建设，林业执法力量得到充实和加强。

（六）项目资金争取

抓住国家加大资金投入的有利时机，积极争取项目资金，做到论证储备一批，申报争取一批，组织实施一批。去年，全市组织实施退耕还林、长（淮）防林、生态公益林等国家重点项目 10 个，日元贷款造林、中德合作造林等外资项目 2 个，山区生态林、通道绿化、农田防护林、环城及村屯绿化、林业支撑体系建设项目等省级林业项目 8 个，林业投资力度进一步加大。2009 年，全市争取到省以上林业投资 2.88 亿元，占全省林业总投资的八分之一强。

（七）森林资源管护

全市林木凭证采伐率、办证合格率均达到 95%，分别高出省定目标 5 个百分点；征占用林地审核率达到 91%，高出省定目标 1 个百分点；森林、林木年采伐限额 4.911 万立方米，占年度总限额 72.08 万立方米的 6.8%；林业案件查处率达到 95%以上；森林火灾受害率控制在 0.45‰，低于省定目标 0.55 个千分点；林木病虫害成灾率控制在 3.8‰，低于省定目标 2.2 个千分点。2009 年，全市没有发生重大毁林、乱占林地和破坏野生动物资源案件，没有发生重大森林火灾和林木病虫害，森林资源得到有效保护。

二、纪实

市委、市政府召开绿化捐款动员大会　1 月 8 日，为加快城区绿化步伐，建设生态宜居城市，市委、市政府召开绿化捐款动员大会，动员社会各界捐款建设以兰营水库为重点的生态防护林工程。市委书记黄兴维、市长朱广平率先垂范，带头捐款。驻宛"两属"和市属大中型企业慷慨捐赠，河南石油勘探局、中国移动南阳分公司各捐款 20 万元，天冠集团、二胶厂等企业各捐款 10 万元。社会各界共捐款 400 万元。

市委召开全市抗旱保苗夺丰收电视电话会议　2 月 2 日，市委召开全市抗旱保苗夺丰收电视电话会议，市委书记黄兴维在会议上，对当前森林防火的严峻形势进行了分析，对森林防火和春季植树造林工作进行了安排部署。

组织开展造林绿化专题督察活动　2 月 6 日，市林业局组织开展植树造林专题督察，对全市 13 个县（市、区）2008 年冬 2009 年春整地造林进展情况进行督察指导，重点检查山区生态林，以高速公路为主的国道、省道及主要景区道路绿化，通道两侧各 1 公里范围内的农田林网、村镇绿化、环城防护林及城郊森林，林业产业工程，中央新增 7.2 万亩长（淮）防林建设工程的进展情况及建设质量。

举办优质林木种苗培训班　2 月 12~13 日，南阳市举办 2009 年优质林木种苗培训班，对 2009 年签订优质林木种苗育苗合同的国有、民营、集体和个人优质种苗进行了专题培训。

省林业厅副巡视员谢晓涛到南阳调研指导工作　2 月 24~26 日，省林业厅副巡视员谢晓涛到南阳检查指导造林绿化工作。

开展"希望林"、"喜迎建国六十周年共植青少年纪念林"认种活动　3 月 7 日，绿化委员会与南阳日报社联合开展"希望林"认种活动，团市委组织广大青年团员栽植"喜迎建国六十周年共植青少年纪念林"，市长穆为民、市委副书记贾崇兰、市委宣传部长姚进忠、副市长姚龙琪等市领导出席活动仪式，市区机关单位、社会团体、市民及中小学生 5 000 余人在兰湖森林公园种下 2 000

余棵冬青树。

市长穆为民带领四大班子领导参加义务植树活动 3月11日,市委副书记、代市长穆为民与贾崇兰、褚庆甫、姚进忠、陈代云、陈光杰等市领导,带领3 000余名干部职工、驻宛部队官兵和在校师生到兰湖森林公园参加义务植树,共栽植香樟、白蜡、石楠等5 000株。

开展造林绿化观摩督察活动 3月23~24日,南阳市召开第二次造林绿化观摩督察会议,副市长姚龙其、政协副主席王清华,各县(市、区)党委、政府分管领导、林业局局长、林业副局长共50余人,分东西两片对各县(市、区)春季植树造林情况再次实地观摩督察,并按照评分办法,对各地造林情况进行了打分评比。

豫京两地青年共建渠首生态林 4月11日,北京市青年考察团成员与河南省、青联委员300余人,在淅川县共同营建"饮水思源——南水北调渠首豫京青年生态林"。北京市青联常委赵威、河南省南水北调办公室副主任薛显林、副市长张振强出席生态林建设启动仪式,并为"豫京青年生态林"揭牌。团省委副书记、省青联副主席郭鹏主持仪式。仪式上,省青联还与北京市青联签署了战略合作协议书。

举办第28届"爱鸟周"活动仪式 4月21日,第28届"爱鸟周"活动启动仪式在南阳解放广场举行,市人大副主任谢先锋、市政协副主席贺国勤、团市委副书记樊牛、市林业局党组书记张荣山等领导同志参加了启动仪式。兴宛小学、书院小学、二机厂子弟学校、新闻媒体以及各县市区林业系统干部职工等约2 000人参加。

举办集体集体林权体制改革业务技术培训班 6月11~12日,集体林权体制改革办公室组织了为期两天的全市集体林权制度改革业务技术培训班。参加培训的有各县(市、区)主管集体林权体制改革工作的副局长、集体林权体制改革办公室主任和负责集体林权体制改革勘界制图、网上办证的技术人员等共计60余人。

对杨树食叶害虫病开展生物防治 6月12日,市林业局从湖北荆门市调集一架运五飞机和两架轻型直升飞机,使用生物制剂阿维灭幼脲、阿维除虫脲等无公害农药,对南阳市杨树食叶害虫高发区域进行了集中防治,防治效果明显。

开展集体林权体制改革专项督察活动 8月17~21日,市林业局由班子成员带队,组成七个督察组,对13个县(市、区)集体林权体制改革工作情况进行专项督察。

市委召开集体林权体制改革座谈会 8月17日,市委组织召开了《河南日报》驻南阳记者站、《南阳日报》、南阳电视台、《南阳晚报》、南阳电台等新闻媒体参加的集体林权体制改革宣传座谈会,市委宣传部副部长吴朝河出席会议并作重要讲话。

国家林业局领导深入南阳市调研落实中央林业工作会议和集体林权体制改革工作 9月9日,国家林业局基金总站站长孔明带领调研组,在省林业厅常务副厅长刘有富等领导陪同下,深入内乡县就贯彻落实中央林业工作会议和集体林权制度改革工作进行专题调研。

市政协领导视察集体林权制度改革工作 9月27日,政协视察组到市林业局视察全市集体林权制度改革工作。市政协主席朱广平、副主席贺国勤等参加了视察。9月28~29日,视察组分别深入到西峡县、内乡县的乡镇、村组进行调研视察,并分别听取了县乡两级的工作汇报。

召开全市林业工作会议 11月25日，南阳市召开全市林业工作会议。市长穆为民、市委副书记贾崇兰、市人大副主任谢先锋、副市长姚龙其、市政协副主席贺国勤等领导出席会议。各县（市、区）党委或政府的主要领导，主管林业工作的副书记、副县市区长、林业局长、26个造林绿化先进乡镇的主要负责人和市直有关部门主要负责人参加了会议。

信阳市

一、概述

2009 年，信阳市林业工作在省林业厅的大力指导和支持下，严格按照省厅和市委、市政府的安排部署，坚持以科学发展观为指导，认真实施《河南林业生态省建设规划》和《信阳林业生态建设规划》，生态建设持续推进，产业效益不断提升，森林资源得到有效保护，取得明显成效。

（一）造林绿化任务超额完成

据省林业厅核查，全市共完成营造林 96.97 万亩，是目标任务 92.53 万亩的 104.8％，其中完成造林 67.54 万亩，是目标任务 64.47 万亩的 104.76％；完成森林抚育和改造 29.43 万亩，是目标任务 28.07 万亩的 105％。完成林业育苗 3.29 万亩， 是目标任务 3 万亩的 109.7％。义务植树参加人数 401.9 万人次，义务植树 1 695 万株。息县实现林业生态县达标。

（二）林权制度改革稳步推进

继续认真贯彻落实中发〔2008〕10 号文件精神，把集体林权制度改革作为试验区建设工作的重点。在浉河区召开全市集体林权制度改革现场会，推广浉河林权制度改革经验，进一步掀起林改高潮。截至目前,主体改革已全面完成年度工作目标，完成确权 730.6 万亩,占 805.7 万亩集体林地的90.7％。在做好主体改革的同时，全市配套改革稳步推进，取得了明显成效：一是林权流转体系初步建立。目前全市 10 个县（区）均已成立了以林权评估中心、林权交易中心、林权储备中心、林权资本化运作中心“四合一”的林权流转服务中心，开展从拟流转林权的价值评估到林权的交易、储备以及资本化运作一条龙服务，初步构建了林权流转体系，建成了森林资源流转交易的平台。到目前为止，全市已规范流转林地 203.1 万亩，占集体林地总面积的 25.2％。二是林业发展模式有新突破。通过深化林权改革，因势利导，积极鼓励农民自愿的、民主的、产权明晰的大力发展各类林业专业经济合作组织和林业股份公司、合作公司。目前，信阳市已发展各类林业专业合作社、股份制公司、合作公司等 101 家，有力地促进了林业经济的发展。同时，林业合作经济组织在引导林农科学化、标准化生产方面起到了示范作用。三是积极推进林权抵押贷款。林权抵押贷款在信阳市尽管起步较晚，但发展很快，在很大程度上解决了信阳市林业投资不足、农民贷款难的问题，促进了林业生产要素的合理流动，吸引了社会资本和金融资本向林业集聚。到目前为止，林权流转转让金额已达 7 100 多万元。林权抵押贷款 9 400 多万元。

（三）林业特色产业加快发展

大力发展特色产业。一是茶产业。凡适宜种茶的地块优先种茶，在林业生态建设项目资金上给予倾斜，每亩新建茶园补贴 100 元，进一步扩大信阳毛尖种植面积，今年，新建茶园近 20 万亩。二是种苗花卉产业。推进六大苗木花卉基地建设，已完成育苗 3.29 万亩，产苗量 13 000 万株，当年可出圃合格苗木 9 000 万株。完成花木种植面积 5.5 万亩。三是油茶产业。74 万亩油茶基地项目已上报国家林业局，并列入全国油茶产业发展规划，全市已建成油茶基地 6.29 万亩，其中千亩以上油茶基地 16 处；建成科技示范园和丰产示范园 3 000 多亩，供应 450 万株良种嫁接苗。四是生态旅游产业。加强鸡公山波尔登公园、南湾森林公园、新县金兰山森林公园等景区景点基础设施建设，进一步开发茶乡观光游、观鸟游、科普教学游、休闲度假游等，旅游服务水平不断提高。当年，全市林业产值达 70.12 亿元，同比增长 17.1 %。

（四）森林资源保护进一步强化

组织开展了"猎鹰二号"、"候鸟三号"等一系列专项行动，严打涉林违法犯罪活动，全年没有发生重大毁林、乱占林地和破坏野生动物资源案件，省厅领导和省厅批办案件全部按时查办，受理各类涉林违法犯罪案件 949 起，行政处罚 925 人，没收木材 1 427 立方米，野生动物 14 041 只，补种树木 46 492 株，罚款 207 万元。严格执行森林、林木限额采伐制度，森林、林木采伐量没有突破年森林采伐限额，林木年凭证采伐率、办证合格率均在 90% 以上；征占用林地审核率在 90% 以上。认真落实森林防火制度，没有发生重大森林火灾，森林火灾受害率为 0.1‰，远低于 1‰。加强森林病虫害预测、防治和检疫，没有发生重大森林病虫害，森林病虫害成灾率为 5.9‰，低于 6‰的省定目标任务。严格林业执法，没有发生公路"三乱"案件。做好完善退耕还林政策相关工作，认真做好补植补造，及时兑现补助资金。完成国家和省重点公益林管护任务。根据年度商品材采伐限额实际执行情况，按比例足额上缴省级育林基金。

（五）科技支撑能力不断增强

制定了一项"金桂"省级地方标准，被河南省技术监督局批准实施；在平桥区胡店乡龙岗村建设 500 亩省级林业科技示范园一处，已通过省林业厅检查验收。市林业局和市委组织部远程办在罗山县楠杆镇联合开展了送科技下乡活动，共组织市直林业系统专家 16 人，现场免费发放杨树、板栗、油茶、茶叶等 19 个树种的速生栽培及病虫害防治技术资料 2 000 余份，解答群众咨询 200 余人次，公布信阳市 5 个林业技术服务热线电话。开展了油茶优良品种引种示范，建成油茶科技示范园和丰产示范园 3 000 多亩、优良品种采穗圃 50 亩，采用油茶芽苗砧嫁接育苗新技术，培育油茶良种苗木 450 万株。信阳市林业局和市林业科学研究所、森林病虫害防治与检疫站被省林业厅授予"2005~2009 年全省林业科技工作先进单位"称号。

(六）党风廉政建设不断深入

严格遵守党风廉政建设的各项规定，无违法违纪案件发生。继续深化林业行政审批制度改革，严格落实首问负责制、限时办结制等，全年共受理行政服务事项1 014件，办结率100%，无一例投诉案例。在重要项目安排和大额度资金的使用上，班子集中研究、集体决定。以治理公路"三乱"为重点，开展纠正行业不正之风。积极开展创建群众满意基层站所活动，全面提升全市木材检查站基础建设和文明服务水平，进一步规范执法行为。高度重视信访工作，全年共接受群众来信来访和上级转办的信访件29起，已结办25起，正在查处4起。做到了件件有结果，事事有回音。

二、纪实

市政府召开全市林业生态建设现场会 2月12日，全市林业生态建设现场会在息县召开。会议听取了息县的典型经验介绍和市林业局关于全市林业生态建设进展情况及林业生态建设任务的情况通报，市长郭瑞民参加会议并对全市林业生态建设和林业发展工作提出四点要求。

信阳市妇联启动营造"三八林"活动 3月8日，为营造人人爱绿、人人护绿、人人植绿，争创国家园林城市的良好氛围，信阳市妇联组织100多名机关女干部启动了以"绿化家园，建魅力园林城市"为主题的三八绿色工程植树活动。共栽种石榴树600多株。

国家森林病虫害防治与检疫总站测报专家到信阳市检查指导林业有害生物测报工作 3月21～22日，国家森林病虫害防治与检疫总站测报处高级工程师王玉玲到信阳市检查指导林业有害生物测报工作。王玉玲先后深入罗山县、商城县两县的部分乡镇察看了测报样地设置，松毛虫性诱剂测报试验，并就"集体林权制度改革后林业有害生物测报工作如何开展"进行了专题调研，与县森林病虫害防治与检疫站长、乡林业站负责人、林业技术干部等进行座谈。

市林业局被省政府评为全省森林资源连续清查工作先进集体 3月20日，河南省人民政府作出了《关于表彰全省森林资源连续清查工作先进集体和先进个人的决定》，信阳市林业局、淮滨县林业局、潢川县林业局、固始县林业局、新县林业局5个单位被省政府评为全省森林资源连续清查工作先进集体。

信阳市召开林业生态建设现场观摩会 4月1日，市委、市政府市召开林业生态建设现场观摩会。市人大常委会副主任尹保斌、市政府副市长张继敬、市政协副主席任宏业出席会议，各（县、区）和市林业局等有关单位负责人参加会议。

市委书记王铁参加义务植树 4月1日，市委书记王铁来到平桥区参加义务植树活动。

河南省首家林权交易服务中心在浉河区成立 4月17日，河南省首家林权交易服务中心信阳市浉河区林权交易服务中心、林权评估服务中心、林权资本化服务中心、林权储备中心正式成立。市委副书记王道云、市人大常委会副主任尹保斌、市政协副主席任宏业、省集体林权制度改革领导小组办公室调研员王明付出席揭牌仪式并为中心揭牌。

全省林业有害生物监测预报工作暨培训会议在信阳召开 4月20～23日，省森林病虫害防治与检疫站在信阳市罗山县召开全省林业有害生物监测预报工作暨培训会议，罗山县、信阳市、三门峡市、林州市、原阳县、济源市等单位作了会议交流发言。全省 38 个国家级中心测报点、12 个省级测报点及各省辖市业务站长或测报业务骨干共计 90 余人参加了培训会议。

信阳市举办第 28 个"爱鸟周"活动仪式   4 月 21 日，信阳市 "爱鸟周"活动启动仪式在董寨国家级自然保护区举行，拉开了全市第 28 个"爱鸟周"科普宣传活动的序幕。为改善生态环境、保持生物多样性、保护鸟类，从 1982 年开始，每年 4 月的最后一周，信阳市都会开展内容丰富的"爱鸟周"宣传活动，增强广大群众的环保意识和生态保护意识。2009 年"爱鸟周"宣传活动的主题是"关注鸟类，保护自然"。 活动启动仪式上，信阳市成立了鸟网河南信阳联络站。

国家林业局监测总站领导来信阳调研   4 月下旬，国家林业局野生动物疫源疫病监测总站，野生动物疫源疫病监测处处长吴长江来信阳市调研，实地查看监测站建设及工作开展情况。

信阳市第三届盆景大赛暨花木展销会开幕   4 月 27 日，由市林业局举办的信阳市第三届盆景大赛暨花木展销会开幕。王道云、尹保斌、张继敬、赵主明、陈伟琳、叶昭垲等市领导和原省市领导张守印、于国民、许仰明等出席开幕仪式。此次大赛共有 300 余件盆景作品参展，经过认真评审，有 39 件作品获奖。

市林业局开展送科技下乡活动   5 月 12 日，市林业局和市委组织部远程办在罗山县楠杆镇联合开展了送科技下乡活动。市林业局共组织市直林业系统专家 16 人，现场免费发放杨树、板栗、油茶、茶叶、桃树、石榴、木瓜、美国杏李、笋用竹等 19 个树种的速生栽培及病虫害防治技术资料 2 000 余份，解答群众咨询 200 余人次，并公布信阳市 5 个林业技术服务热线电话。

中国绿化基金会副主席、秘书长关松林到平桥区调研   5 月 16 日，中国绿化基金会副主席、秘书长关松林，副秘书长沙涛，工程处处长陈英歌，省林业厅经济林和种苗工作站站长裴海潮一行到平桥区调研石榴产业发展情况。

中纪委书记贺国强视察茶叶生产基地   5 月 16 日，中纪委书记贺国强考察信阳期间，到平桥区洋河镇陆庙村万亩茶叶生产基地视察。对马氏生态茶叶专业合作社采取的分散种植，统一培训、统一收购鲜叶、统一管理、统一加工、统一品牌、统一销售的"一分散"、"六统一"经营模式给予肯定。

市委书记王铁等领导到浉河区林权评估交易服务中心检查指导工作   6 月 8 日，信阳市委书记王铁、市长郭瑞民、市委副书记王道云等一行在浉河区区长邵春杰的陪同下，来到浉河区林权评估交易服务中心检查指导工作。

全市集体林权制度改革工作会议召开   6 月 11 日，全市集体林权制度改革工作会议在豫花园召开。市政府副市长张继敬出席会议并讲话，市直有关单位和各县（区）负责人参加了会议。

信阳市林业、金融部门召开座谈会   6 月 26 日，信阳市林业部门、人行等金融部门主要负责人召开座谈会，商讨从五个方面加强银林合作：一是建立银林合作的定期沟通联络机制。二是制定出台林权抵押贷款管理办法。三是创新林业信贷模式。四是积极推进森林保险工作。五是完善林权抵押贷款配套服务。

《河南信阳国家现代林业示范市建设总体规划》通过评审   8 月 22 日，受国家林业局委托，由河南省林业厅主持，对国家林业局中南林业调查规划设计院编制的《河南信阳国家现代林业示范市建设总体规划（2009~2020 年）》评审会在信阳市召开。省林业厅副厅长张胜炎、市政府副市长张继敬出席评审会。来自省林业厅、河南农业大学等单位的 10 余名专家参加了评审会。

刘满仓副省长到浉河区林权交易服务中心视察指导工作　7 月 18 日，副省长刘满仓在市领导王铁、郭瑞民、张继敬的陪同下，来到信阳市浉河区林权交易服务中心，就集体林权制度改革、林权规范流转、林业金融服务等工作开展调研，并指导工作。

省委书记徐光春到信阳市浉河区林权交易服务中心调研　8 月 5 日，省委书记徐光春在市领导的陪同下，来到信阳市浉河区林权交易服务中心视察和调研，并视察了信阳市平桥区洋河镇陆庙万亩生态茶园。

世界银行贷款河南省林业持续发展项目竣工验收培训班在信阳市举办　8 月 23~24 日，省林业厅项目办在信阳举办世行贷款河南省林业持续发展项目竣工验收培训班。省林业厅副厅长张胜炎出席本次培训班开班仪式。郑州市、信阳市、开封市、洛阳市等 12 个省辖市的 130 余人参加了培训。

全市城市绿化工作会议召开　12 月 8 日，全市 2009 年冬 2010 年春城市绿化工作会议召开，市委书记王铁出席会议并作重要讲话。

市委召开林业工作会议　12 月 9 日，市委召开林业工作会议。王铁书记、郭瑞民市长、王照平厅长分别作重要讲话。王道云副书记主持会议。张继敬副市长宣读了《信阳市人民政府关于表彰林业生态建设先进县区的决定》。会议对林业生产先进县区进行了表彰，新县、浉河区、平桥区作典型发言。

豫鄂两省九县护林防火联防指挥部第四联防区九届三次会议在信阳市召开　12 月 17 日，豫鄂两省九县（市、区）护林防火联防指挥部第四联防区九届三次会议在信阳市召开。信阳市浉河区、平桥区、南湾湖管理区及湖北省广水、曾都等隶属于第四联防区的 13 个联防单位负责人参加了会议。

济源市

一、概述

2009 年，济源市深入贯彻落实科学发展观，紧紧围绕林业生态市建设、薄皮核桃产业发展、集体林权制度改革以及国家森林城市创建等中心任务，积极筹划，精心组织，狠抓落实，促使各项工作顺利进展。全年完成林业生态市建设 12.02 万亩，其中，完成山区生态体系建设工程 7.36 万亩，农田防护林体系改扩建工程 0.2 万亩，生态廊道网络建设工程 1.49 万亩，城市林业生态建设工程 0.02 万亩，村镇绿化工程 0.41 万亩，林业产业工程 0.41 万亩，中幼林抚育 1.58 万亩，低质低效林改造 0.55 万亩。另外，薄皮核桃基地建设新植 113.2 万株，补植 12.23 万株，建设示范园 35 个；完成绿色家园建设 100 个村，栽植各类绿化苗木 225.6 万株；完成日元贷款营造林 12 428 亩，荒山造林 1 3525 亩，义务植树 190.8 万株，退耕还林补植补造 15 208 亩。实现林业产值 7.45 亿元。

（一）薄皮核桃基地建设

2009 年，济源市积极调整薄皮核桃发展思路，变重发展面积为重栽培管理，变零星分散为园区管理，确保上规模见效益。不断加大技术培训力度，举办各类培训班 30 期，全年共培训果农 2 500 余人次，发放技术资料 10 000 余份；建设克井镇白涧村、坡头镇双堂村等核桃标准化管理示范园 35 个；在三个国有林场各建设一个 50 亩的核桃专业育苗园，在克井镇西许村建设占地 50 多亩核桃良种采穗圃，引进国内外核桃良种 25 个，实现了专业育苗，定点采穗。

（二）国家森林城市创建

2009 年 4 月，济源市政府与国家林业局规划设计院签订规划合同，正式启动了该市国家森林城市的创建工作；而后成立了创建国家森林城市指挥部，统一指挥、组织、协调和推进全市的"创森"工作；并通过组织培训和参观学习，为高标准做好该市的创建工作提供了经验；同时，编制了《济源市 2009~2010 年创建国家森林城市总体方案》和工作台账，以及《济源市关于开展创建绿色镇（街道）、绿色家园、绿色机关、绿色企业、绿色校园的实施意见》，并付诸实施；完成济邵高速两侧造林 0.08 万亩，退耕地补植补造 0.2 万亩，雨季造林 1.5 万亩等绿化工程建设，使济源市"创森"工作取得了阶段性的成果。

（三）集体林权制度改革

2009 年是济源市集体林权制度改革的攻坚时期，经过一年的努力，全市累计完成林地勘界确权 106 万亩，占全市集体林总面积的 87%。加大了宣传力度，深入基层农村进行林改宣传，共计出动宣传车 50 余台次，发放宣传彩页 10 000 余份，使更多的群众了解了林改政策；出台了《关于集体林权制度改革量化考评与奖补办法》，市财政拿出 400 万元专项资金用于集体林权制度改革的奖补；实行以奖代补工作机制，向林改工作先进单位和有林改工作任务的镇、街道拨付奖金及工作经费 17.5 万元，有力推动了全市的林改工作。

（四）资源管护

一是认真加强林政资源管理工作。严格采伐运输管理和征占用林地审核，全年共完成外业采伐设计 296 起，完成林木采伐 8 087.28 立方米，办理林木采伐证 276 份，木材运输证 1 250 份，共办理征占用林地 8 起；积极开展木材市场管理工作和林业行政案件的查处，认真做好林业基金规费征收，顺利通过二类资源调查报告专家评审。二是严厉打击各类涉林违法犯罪活动。结合严峻的林区社会治安状况，通过在全市范围内开展"春季严打"、"绿盾三号"、"严厉打击破坏森林资源违法犯罪专项"行动、"冬季严打"等行动，严厉地打击了涉林违法犯罪行为，有效地维护了林区社会治安秩序的稳定。2009 年，共受理各类林业案件 335 起，查处 133 起，其中刑事案件 15 起，治安案件 16 起，林业行政案件 102 起，刑事拘留 15 人，批捕 5 人，起诉 17 人，治安拘留 15 人，罚款 45 万元，挽回经济损失 30 余万元。三是不断完善天然林保护工程。完成了天保工程自查工作，对全市 8 年来的天保工程实施情况进行了科学、全面的总结，为后续工程的实施提出了良好建议，完成了 2008 年度中央新增加投资项目和 2009 年度第四批扩大内需重点工程——2 万亩封山育林工程的实施，强化了对护林员的管护。四是扎实抓好森林防火工作。防火期内，全市共投入 15 万元，开展了内容丰富、氛围浓厚的"六个一"森林防火系列宣传活动，以及"森林防火宣传月"活动，增强了全民森林防火法律意识；市森林防火指挥部通过与各镇及旅游景区等有关单位责任人签订"森林防火目标责任书"，将森林防火行政领导负责制落到实处；充分发挥专业森林扑火队主力军作用，通过加强专业扑火队培训、演练，使得森林火灾扑救快速、安全、有序。五是全力实施林业有害生物防治与检疫。依法开展产地检疫和调运检疫工作，积极开展林业有害生物专项普查，全面完成森防"四率"指标；形成了以国家级中心测报点为中心，市、乡、场相结合的测报网络，科学设置固定测报点 17 个，固定标准地 30 个，使全市的监测覆盖率达 95%，全年及时准确发布林木病虫信息 13 期；全年科学防控了杨树、栎树食叶害虫，积极治理了红脂大小蠹、杨树黄叶病以及杨树天牛等林业有害生物和病虫害，有效维护了林木生长秩序。六是认真开展野生动植物保护工作。利用"爱鸟周"、"野生动物保护宣传月"等活动，积极搞好野生动植物宣传保护工作。全年发放宣传资料 2 000 余份，由多部门组成联合执法检查组，对全市范围内野生动物驯养繁殖与经营利用情况，以及 200 多家宾馆、饭店进行了拉网式排查，有效查处了利用野生动物招揽顾客的违法行为。另外积极进行野生动物救助，全年共救护受伤、病弱、饥饿野生动物 50 余只。七是种苗培育工作有序开展。全年完成林业育苗（包括花卉）4 592亩。制订并通过了《济源市乡土树种研究开发利用实施方案》，完成了国家三级保护树种领春木种质资源专项调查；顺利通过了2009年优质种苗培育工作的检查验收，争取省级财政支农资金10万元。八是自然保护区建设不断纵深规范。开展了太行山保护区范围和功能区调整申报工作，完成了河南太行山猕猴国家级自然保护区一期工程验收工作及二期申报工作；建成了河南黄河湿地国家级自然保护区一期工程，强化疫源疫病监测区建设，加强了对自然保护区的管理。

（五）场圃建设

2009年，济源市各国有场圃不断深化改革，谋发展，上项目，创出了新业绩。蟒河林场成功接管了九里沟景区，进行一体化经营，重新编制了景区规划，逐步理顺了形势、人员、环境等内外因素；蟒河森林生态景区完成年度投资526万元，景区各项基础设施建设进一步完善。黄楝树林场自筹资金新建原始森林拓展训练基地，开创了林场多种经营的新路子。大沟河林场园林公司不断发展壮大，现已拥有两大苗圃基地，在建和管护工程10余处，年创产值超150万元。愚公林场发挥王屋山区的资源优势，成立了林木产品有限公司，积极安排富余职工；与郑州大学合作，在林场挂牌成立了"动物生态研究基地"和"研究生创新实践基地"，树立了林场新形象。邵原林场积极开展黄河度假村旅游开发建设工作，与投资商签订了合作开发协议。苗圃场不断开拓进取，已拥有多处育苗基地，各类林业育苗面积达到250余亩。

二、纪实

全市林业工作会议召开 2月16日，济源市委、市政府召开全市林业工作会议，总结回顾了2008年度林业工作，安排部署2009年各项林业建设任务，并对2008年度涌现出的林业工作先进单位和先进个人进行了表彰。市领导郝祥国、孔祥智、吴丽鸣出席了会议。副市长孔祥智在会上作了重要讲话。

积极组织开展草履蚧壳虫防治工作 2月27日，市森林病虫害防治检疫站技术人员深入环城公路、新济路、207国道等路林，和梨林、五龙口、轵城、克井等镇，全力防治阻隔草履蚧壳虫危害。通过采取有效措施，全市遭受草履蚧壳虫危害严重的2万株杨树，已通过缠胶带、涂拦虫虎等方法，得到了有效阻隔。

开展第三十一个全民义务植树活动 3月10日，市委书记段喜中、市长赵素萍等五大家领导在龙潭生态园义务植树基地，与市直机关干部、驻济部队官兵3 000多人一起，参加了第三十一个全民义务植树活动，以实际行动为济源植绿添绿，建设绿色生态家园。

社会群团积极参加义务植树活动 3月10日，市妇联和市女领导干部联谊会，以及济源日报社职工和广大读者共400余人，在市王莽沟林场积极营建了"三八"绿色基地和济源日报"读者林"。

出台了集体林权制度改革量化考评与奖补办法 3月17日，出台了《济源市集体林权制度改革量化考评与奖补办法》，决定由市财政拿出400万元专项资金用于集体林权制度改革的奖补。该办法对林改工作的考评指标、评分标准、奖补办法及奖补资金使用范围等做了详细的规定。

召开林业系统学习实践科学发展观活动动员大会　3月25日，林业局召开了林业系统学习实践科学发展观活动动员大会。会议对林业系统学习实践科学发展观活动进行了详细安排部署，并下发了《中共济源市林业局党组关于在林业系统开展深入学习实践科学发展观活动的实施意见》，党组书记、局长李天侠作了动员报告，林业系统全体干部职工参加了会议。

济源市林改工作人员赴嵩县考察、调研林改工作　3月27日，济源市集体林权制度改革办公室组织全市各镇、街道分管林业的相关负责人组成的考察团，前往集体林权制度改革进展较快的嵩县进行考察、调研，对其林改工作中的新方法、好经验进行了借鉴和参考。

济源市成功办理首例林权抵押贷款　3月底，济源市大峪镇小浪底明珠岛，拥有280公顷林地的张宗敏，以自己的林权证做抵押从农村信用社成功贷到90万元，成为全市林权抵押第一人。

济源市林业局举行济源林业与祖国同行60周年《济源文学》绿色专号发行仪式暨研讨会　4月10日，济源市林业局与市作家协会等单位联手，联合组织召开了"济源林业与祖国同行60周年"《济源文学》绿色专号研讨暨发行仪式活动。《济源文学》绿色专号收集了由全市林业工作者和省、市作协撰写的讴歌该市林业发展成绩和林业人良好风貌的数十篇优秀文章，抒发了对济源市绿色事业的深厚感情和林业几十年发展变化的感慨之情。

济源市举行国家森林城市编制规划签约仪式　4月11日，济源市与国家林业局规划院签订了创建国家森林城市编制规划合同，标志着该市创建国家森林城市活动全面启动。

省林业厅大项目办公室负责人一行慰问济源市贫困国有林场及困难职工　4月底，省林业厅大项目办公室负责人一行先后深入济源市国有黄楝树林场、国有愚公林场进行走访，向黄楝树林场捐赠了慰问金和体育器材，并看望了林场贫困职工和大亚豁护点林的护林员，并带去了慰问品。

郑州大学研究生创新实践基地在国有愚公林场挂牌成立　5月27日，郑州大学研究生创新实践基地在济源市国有愚公林场正式挂牌成立，副市长孔祥智，郑州大学研究生副院长朱诚身及相关院系负责人参加了挂牌仪式。该实践基地将为郑州大学旅游开发与旅游管理、资源与环境科学等相关学科提供合作研究的平台，同时开展保护区建设相关的探索与研究，为自然保护区的健康发展提供科技支撑。

济源市飞机防治森林病虫害工作圆满结束　6月15日，济源市森林病虫害防治检疫站采用小型直升机，开始对发生杨树和栎树食叶害虫的区域进行防治。此次飞防共飞行70个架次，圆满完成了全市部分林网和王屋林山林区5.2万亩的防治任务。

济源市飞播造林工作拉开序幕　6月25日，围绕恢复济源市沿黄地带森林植被，该市展开了年度飞播造林工作，播区为大峪镇东牧洼播区和邵原镇、邵原林场赵疙瘩播区。飞播面积为2.187万亩，主要树种为黄连木、臭椿和元宝枫。

市林业局举办森林防火民兵队伍应急演练　7月1~3日，市林业局在国有黄楝树林场举办了为期3天的森林防火民兵队伍应急演练，下属5个国有林场共35名民兵防火队员参加，重点演练扑火装备的操作使用和扑救战术。通过培训演练，使参训人员充分掌握扑火装备性能，并能熟练运用扑救战术，增强了扑救森林火灾的信心和能力。

济源市举行九里沟景区经营权转让签约仪式　7月21日，济源市九里沟景区与济源蟒河森林生态旅游开发有限公司举行转让签约仪式，由蟒河森林生态旅游开发有限公司作为承接方，对九里沟景区实施 50 年的经营管理，为该市景区经营体制改革探索出了一条新路。市领导薛兴国、薛玉森、郝清嫩、王月季出席了签约仪式。

湖北钟祥考察团参观济源市薄皮核桃基地建设　8 月 1 日，湖北钟祥考察团一行第二次组团到济源市考察薄皮核桃基地，重点考察坡头留庄薄皮核桃育苗基地、双堂和蓼坞千亩薄皮核桃示范园。

济源市召开集体林权制度改革阶段奖评会议　8 月 4 日，济源市召开了集体林权制度改革阶段奖评会议，分析了当前该市林改工作中存在的问题，并对下一阶段林改工作进行了再动员、再部署。会议还对林改工作开展较快的先进镇和先进村给予了奖励。

济源市委市政府老干部咨询组调研王屋镇林改情况　8 月 21 日，市委市政府老干部咨询组一行到王屋镇调研集体林权制度改革工作，了解掌握该市重点林区林改开展情况。

省森林公安局局长宋全胜调研济源市森林公安工作　8 月 27 日，省森林公安局局长宋全胜、副局长刘宗仁一行莅临济源市，对该市森林公安局"三基"工程建设和公务员过渡情况进行了检查和调研。

济源市超额完成年度林业育苗任务　8 月，济源市林业局林木种子站开展的苗木普查结果显示，2009 年全市共完成大田育苗 4 592 亩，是林业厅下达给济源市 4 000 亩任务的 115%，连续 9 年超额完成了省里下达的育苗任务。其中，核桃苗育苗面积最大为 1 226 亩，其次为 107、108 杨树 1 198 亩，侧柏容器苗 653.6 万袋，黄连木 186.5 亩。全市预计产苗量 2 023.5 万株，预计出圃苗木 1 591.6 万株。

济源市森林资源规划调查成果报告顺利通过评审　9 月 15 日，由省林业厅规划设计院和济源市相关成员单位组成的评审团，对该市森林资源规划设计调查成果进行了审查和质量评定。通过听取汇报和查阅资料，评审团认为济源市森林资源规划设计调查成果报告内容详实，数据准确，分析有力，一致同意该报告通过评审。

济源市国有林场职工刘晓波被评为"全国优秀护林员"　9 月，济源市国有蟒河林场职工刘晓波，被中国农林水利工会全国委员会和国家林业局办公室联合授予了"全国优秀护林员"的荣誉称号。

省检查组检查济源市创建全省绿化模范城市工作　10 月 17 日，以省政府参事赵体顺为组长的省绿化模范城市检查验收组对济源市创建全省绿化模范城市工作进行检查验收。检查组观看了该市创建全省绿化模范城市专题片，听取了该市创建工作的情况汇报，并实地查看了该市城区绿化、环城防护林、城郊森林以及大峪义务植树基地等建设情况，对该市创建全省绿化模范城市工作给予了高度评价。

召开森林防火秸秆禁烧暨清洁家园工作会议　11 月 9 日，济源市森林防火秸秆禁烧暨清洁家园工作会议召开。会议对全市森林防火、秸秆禁烧、清洁家园等工作进行点评、总结和表彰，并对全市 2009 年冬 2010 年春森林防火工作进行安排部署。会上，11 个镇和部分职能单位负责人向副市长孔祥智递交了《森林防火目标责任书》。

济源市组织开展野生动物保护宣传月活动　10月中旬，全省第15个"野生动物保护宣传月"期间，济源市围绕"关爱野生动物，保护绿色家园，人与自然和谐共处"的宣传主题，通过设立咨询台、发放宣传资料和出动宣传车等，开展了形式多样的咨询解答和宣传活动。并组成专项行动小组，对全市野生动物驯养繁殖与经营利用情况，以及270家宾馆、饭店进行了排查。

济源市启用新版林木种子生产经营许可证　11月，按照国家林业局要求，济源市林木种子站开始对《林木种子生产许可证》和《林木种子经营许可证》进行换证工作，启用新版林木种子生产经营许可证，旧样式的"两证"同时作废。

温室自动控制系统在济源市苗圃场创研成功　11月底，济源市林业局苗圃场成功研发出一套温室自动控制系统，该系统可完全实现温室的无人值守管理，彻底解决温室育苗中人工不易控制温度、湿度及通风的难题，自动调控环境温湿度，实现温室育苗管理的全自动化，管理成本大大降低，育苗能力极大增强。